Utz Claassen
Unbequem

UTZ CLAASSEN
Unbequem

Konsequent erfolgreicher
als andere

ARISTON

Verlagsgruppe Random House FSC® N001967
Das für dieses Buch verwendete FSC®-zertifizierte Papier
EOS liefert Salzer Papier, St. Pölten, Austria.

Bibliografische Information der Deutschen Bibliothek

Die Deutsche Bibliothek verzeichnet diese Publikation
in der Deutschen Nationalbibliografie; detaillierte bibliografische Daten
sind im Internet unter http://dnb.ddb.de abrufbar.

Die Idee zu diesem Buch entstand in Zusammenarbeit mit
Klaas Jarchow Media, Hamburg
Umschlaggestaltung: Nele Schütz Design, München
unter Verwendung eines Motivs von Kay Blaschke
Satz: EDV-Fotosatz Huber/Verlagsservice G. Pfeifer, Germering
Druck und Bindung: GGP Media GmbH, Pößneck
Printed in Germany 2013

ISBN 978-3-424-20096-6

*In Erinnerung an meine über alles geliebte Mutter,
die mir beibrachte, stets Respekt vor Alter und
Position zu haben, aber niemals Angst, und von
der ich lernte, dass unbequeme Ehrlichkeit
die höchste Form des Respektes darstellt.*

INHALT

GEGEN DEN STROM

Dieses Buch ist ein Plädoyer gegen das Weichspülen und gegen das Weichgespülte. Ferner ist es ein Plädoyer gegen die Weichspüler und gegen die Weichgespülten. Es plädiert für Ecken und Kanten, für Wahrheit und Mut – und damit auch für das Schwimmen gegen den Strom.

Wer mit dem Strom schwimmt, hat es zwar bequem – zumindest bequemer –, aber er wird getrieben, weggetrieben oder abgetrieben, irgendwohin gespült, ist nicht Herr seiner eigenen Situation. Wer gegen den Strom schwimmt, hat es schwerer, muss kämpfen, benötigt mehr Kraft. Doch wer gegen den Strom schwimmt, weiß, wo er hinwill, erreicht die Quellen, erlangt Genugtuung und tankt Inspiration.

Wer gegen den Strom schwimmt, schwimmt bergan, steigt also auf, erreicht damit ein neues und höheres Niveau. Nicht der Angepasste, Weichgespülte ist langfristig und dauerhaft erfolgreich, sondern der Unbequeme mit seinen Kanten und seinem Mut. Wer unbequem ist, hat es zwar auch unbequem, den belohnt am Ende aber der Erfolg. »Mit dem Strom« ist *out*, »unbequem« ist *in*. Und erfolgreich.

Das Schwimmen gegen den Strom darf dabei kein Selbstzweck sein, das Schwimmen gegen den Wasserfall bringt wenig, unter den tosenden Massen hat ohne schützende Tonne kaum je jemand überlebt. Das Schwimmen gegen den Strom muss stets

Sinn und Zweck haben, und in den meisten Fällen hat es dies allemal. Allein deshalb, weil in unserer von Opportunität und Populismus geprägten Zeit des Entlanghangelns an Gemengelagen und der Vermeidung jeglicher unpopulären Position der Strom sich meistens in die falsche Richtung bewegt: nämlich in die Richtung von Misserfolg und Versagen, von Rückschritt oder Stagnation, von Pragmatismus und Beliebigkeit.

Selbst Papst Franziskus als Oberhaupt der vielleicht konservativsten und langfristig erfolgreichsten Institution der Welt hat jüngst auf dem Weltjugendtag im brasilianischen Rio von seiner Kirche mehr Mut verlangt, gegen den Strom zu schwimmen, gerade auch in einer von modernen Dogmen wie Effizienz und Pragmatismus geprägten Zeit. Und in der Tat: Pragmatismus und Populismus mögen modern, modisch und bequem sein – nachhaltig zielführend sind sie nicht.

»Schwimmt gegen den Strom, spielt nach vorne, geht nach vorne« – die Worte des Papstes könnten treffender und programmatischer kaum sein. Streng genommen gab es kaum eine bedeutende Person in der Geschichte, die nicht auf ihre Art unbequem war und die nicht gegen den Strom geschwommen ist – egal ob es um die Macht in der Welt oder um eine Welt der Brüderlichkeit ging. Das dürfen wir in unserer von Verzagtheit und Wankelmut geprägten Zeit nicht vergessen, darüber dürfen uns Zeitgeschichte und Tagesaktualität nicht hinwegtäuschen. Wer meint, es sei besser, niemals Position zu beziehen, irrt. Wer meint, jede Entscheidung sei schlecht und eine unbequeme erst recht, liegt ebenfalls falsch. Und wer den Erfolg allein im Bequemen, auf ausgetretenen Pfaden sucht, wird ihn niemals finden – oder nur für kurze Zeit.

Der konsequente Mut zum Unbequemen und das Schwimmen gegen den Strom machen den Einzelnen oder die Einzelne erfolgreich – und dienen der Allgemeinheit noch obendrein. Der unbequeme Weg ist nicht nur für die einzelne Person, sondern auch für die Sache oftmals der bessere. Wer mutiger ist, wer den bequemen, oft falschen und fast immer inkonsequenten Weg des geringsten Widerstandes verlässt, hat persönlichen Nutzen und Erfolg – und erzielt zugleich bessere Ergebnisse für alle.

Nur wer unbequem ist, ist langfristig erfolgreich und frei. Berthold Beitz, der im Sommer 2013 im Alter von 99 Jahren verstorbene große Industrie-Patriarch, dessen Jahrhundertleben eine vielleicht einzigartige Geschichte dauerhaften Erfolgs und persönlichen Glücks darstellt, berief sich in einem beeindruckenden Interview auf Perikles, den griechischen Staatsmann, Redner und Reformer, der im 5. Jahrhundert vor Christus lebte, mit den Worten: »Das Geheimnis des Glücks ist die Freiheit! Das Geheimnis der Freiheit ist der Mut!«

Glücklich und zufrieden kann in der Tat nur der sein, der frei ist. Freiheit aber ist untrennbar mit Unbequemlichkeit verbunden. Nicht der ist frei, der die Bequemlichkeit sucht, sondern jener, der die Unbequemlichkeit wagt. Und am Ende haben die Unbequemen auch mehr Spaß!

Geht es um Rebellion? Ja. Aber nicht um der Rebellion willen, sondern im Sinne von Konsequenz und produktiver Veränderung. Geht es um Revolution? Warum nicht, wenn notwendige Veränderung anders nicht zu erreichen ist.

Doch vorrangig geht es um Evolution und Entwicklung als Folge sachlicher Konsequenz. Letztere ist letztlich allein handlungsleitend. Wer jedoch durch den Spiegel gehen will, »through the looking glass«, in die und in der chiffrierten Welt der Wirtschaft und Politik, der braucht eine besondere Stärke, Durchsetzungsfähigkeit und Kompromisslosigkeit. Jedenfalls, wenn man Wahrheit, Klarheit und sachliche Konsequenz für die entscheidenden Handlungsmaximen hält. Wenn man die Dinge sieht und sehen will, wie sie wirklich sind. Und wenn man konsequent handeln will, entsprechend der Realität, die man gesehen hat. Mit aller Kraft. Und mit aller Konsequenz.

Mit einem solchen Lebensprogramm steht man quer zu vielem und zu vielen, vielleicht zu allem. Doch was könnte ehrenhafter sein, als »geradliniger Querkopf« genannt zu werden? Man genießt zudem das Privileg, man selbst zu sein, Mensch zu bleiben und nicht unterzugehen in der kalten Anonymität der oft genug gesichtslosen ökonomisierten digitalen Welt. Und der Erfolg gibt den Unbequemen recht.

»BURNING HARD«: immer alles zu geben, unendlich hart für den Erfolg zu arbeiten (und ihn dann auch zu feiern) und mit brennendem Herzen, einem »BURNING HEART«, für seine Ideen, Ideale und Werte einzutreten: dies sind die wesentlichen Ratschläge, die ich als konsequent unbequemer Bürger und durch unbequeme Konsequenz erfahrener Manager den Lesern geben möchte.

DAS BEQUEME UND
DAS UNBEQUEME: TEIL 1

Bequem sind Teilwahrheit und Beliebigkeit, unbequem Wahrheit und Präzision.
Bequem ist das Entlanghangeln an Gemengelagen, unbequem sind Führung und Vision.
Bequem ist das Opportune, unbequem das Erforderliche. Bequem sind eingetretene ausgetretene Pfade, unbequem Neuland und mutige Exkursion.

Bequem ist es immer abzuwarten, unbequem allenthalben, den Aufbruch zu wagen oder gar »aufzubrechen«. Bequem ist stets das vielfach Erprobte, unbequem der schwierige Weg zur Innovation.

Bequem ist das Schönen und Biegen, unbequem harte Arbeit und ehrliche Profession.

Bequem sind fröhliche Spiele, bequem ist die Manipulation. Unbequem ist der Sieg durch Argumente, und unbequem ist auch der Erfolg auf dem Wege von wirklich echter und mühevoll selbst erworbener eigener Qualifikation.

Bequem sind Gelage bei Zigarre und Rotwein, unbequem nächtliche Arbeit bei höchster Konzentration.

Bequem sind Abnicken und das Vermeiden von Fragen; unbequem sind berechtigte Fragen, und unbequem ist natürlich auch sachkritische Diskussion.

Bequem ist die Trennungsmitteilung per E-Mail, unbequem das Überbringen der schlechten Nachricht mittels persönlicher Konversation.

Bequem ist es, immer zu schweigen, unbequem mitunter eine deutliche Kommunikation.

Bequem ist es, nie zu entscheiden, unbequem sind Stringenz und eine klare Position.

Bequem ist der kleinste gemeinsame Nenner, unbequem jede deutliche Resolution.

Bequem sind Tümeleien, bequem ist die Weicheierei. Unbequem ist es jedoch, sich stets zu behaupten auch in der allergrößten Schweinerei.

Bequem ist es, sich wegzuducken, abzutauchen in nahezu jeder Situation; unbequem ist es, Position zu beziehen, Kurs zu halten, Gesicht zu zeigen. Und unbequem ist auch nötige Provokation.

Bequem sind Selbsttäuschung und Selbstzufriedenheit, unbequem Kampfgeist und Disziplin. Bequem sind Passivität und Dummheit, unbequem Intelligenz und Reflexion.

Bequem sind Schönmalerei und Schönfärbereien, unbequem deutliche Worte und klare Artikulation.

Bequem sind Stromlinie und Kurve, unbequem Kante und Kontur. Bequem sind Unverbindlichkeit und Unbestimmtheit, Unwahrheit und Illusion, unbequem hingegen Klarheit und Konsequenz im Handeln und in der Diktion.

Bequem ist für viele im Leben das Vermeiden jeglicher Irritation. Unbequem ist stets der Kampf für das Wahre und Gute. Mit offenen Worten zu gewinnen, gilt vielfach als Sensation.

Bequem sind das Versprechen und die Verteilung von Leistungen, unbequem ist das Erbringen oder Einfordern von Leistung. Bequem sind Plagiate und Ehrendoktortitel, unbequem ist das Anfertigen einer wirklich substanziellen und ehrlichen Dissertation.

Bequem kann es sein, sich in den Irrsinn zu flüchten, unbequem sind der wahrhaftige Umgang mit dem Irren und das Irre in wahrhaftiger Perfektion.

Bequem ist das Beharren auf Altem, und bequem ist das beharrliche Verwalten, doch unbequem jegliche Rebellion.

Bequem ist das Ignorieren der Zukunft, unbequem auch jede gute und friedliche Revolution.

1. HABE RESPEKT, ABER NIEMALS ANGST

Schon vor mehr als 2000 Jahren lebte Gaius Julius Caesar, der große römische Feldherr und Namensgeber aller Kaiser- und Zarendynastien, konsequent nach dem Motto, dass ihn die anderen keineswegs lieben müssten, solange sie ihn wenigstens zu respektieren wüssten. Das ist letztlich nichts anderes als die klare Erkenntnis der eigenen Unbequemlichkeit wie auch die deutliche Einsicht in die Nützlichkeit dieser Unbequemlichkeit. Wer so unbequem war wie Caesar, der konnte nicht von den Massen geliebt werden. Wer aber so erfolgreich war wie er, dem war zwangsläufig Respekt entgegenzubringen. Und Respekt heißt ausdrücklich nicht: Angst. Caligula, jener römische Kaiser, der den Wahnsinn des Nero, die Verklärtheit des Claudius und die Bösartigkeit des Commodus in einer einzigen Tyrannenge- stalt vereinte, pervertierte Caesars Einsicht später, indem er den Respekt durch die Furcht ersetzte und diese gar zum Selbstzweck erhob: »Es macht mir nichts aus, wenn man mich nicht liebt. Es reicht, wenn man mich fürchtet.« Oder auch: »Mögen sie mich hassen, wenn sie mich nur fürchten.« Doch Caligula wurde zum Bösewicht der römischen Geschichte, und Caesar ist auch heute noch immer ihr Held.

Mit großem Mut zur Unbequemlichkeit revolutionierte Caesar erst Rom und prägte dann mit seinem Namen die Titel für Kaiser und Zaren und damit 2000 Jahre die Welt. Caesars Erfolg kann noch heute als Maßstab für den nachhaltigen Erfolg des Unbequemen gelten. Und hätte Caesar – so wie etwa 200 Jahre später Marcus Aurelius, der Philosoph auf dem Caesarenthron, – seine eigenen »Selbstbetrachtungen« neben den Kriegsbetrachtungen von »De bello Gallico« und »De bello civili« veröffentlicht, dann hätten sie zweifelsfrei auch unter dem Titel »Incommodus« erscheinen können, dem lateinischen Wort für »unbequem«. Vielleicht auch unter dem Titel »Incommodesticus«, zumal unbequem ja allenthalben als lästig gilt.

Das Thema dieses Buches ist also seit mindestens 2000 Jahren gesellschaftlich und geschichtlich relevant, und vermutlich wird es auch in 2000 Jahren noch so aktuell sein wie heute.

Ein besonderes Problem unserer Zeit ist die Frage nach dem Unbequemen, zumal man zunehmend den Eindruck gewinnen muss, dass das Bequeme, dass Weichgespülte, der Weg des geringsten Widerstandes und die Bequemlichkeit kaum je zuvor eine solche Hochkonjunktur hatten wie in der heutigen Periode der ersten Jahrzehnte eines neuen Jahrtausends. *DER SPIEGEL* setzte im August 2013 über das Auftaktstück einer Serie zur Bestandsaufnahme vor der Bundestagswahl nicht ohne Grund den Titel »Die bequeme Republik«.

Die Beispiele der aktuellen Zeitgeschichte dafür, dass das Entlanghangeln an Gemengelagen und die Beliebigkeit der demoskopischen Opportunität inzwischen geradezu zum politisch-gesellschaftlichen Dogma geworden sind, sind so mannigfaltig und eindeutig, dass sie allein eine ganze Reihe von Sachbüchern füllen würden. Wer so unbequem ist, in wichtigen Gremien der Wirtschaft unangenehme Fragen zu stellen, der darf sich nicht wundern, wenn man ihn zum Gesetzlosen der Seilschaftsökonomie erklärt. Und wer so unbequem ist, im politischen Wahlkampf auch noch die Wahrheit zu sagen, darf sich nicht wundern, wenn er schlussendlich als unwählbar gebrandmarkt wird. Wahrheit gleich Unbequemlichkeit gleich Dummheit. Das ist die Gleichung, die in der postmodernen Mediendemokratie an die Stelle der Einsicht getreten ist, mit der der Feldherr Gaius Julius Caesar einst als Konsul zum faktischen Imperator Roms aufsteigen konnte. Das ist aber auch eine Gleichung, die für Politik und Wirtschaft, für Unternehmen und Behörden, für Wohlstand und Zukunft, im Ergebnis also für uns alle und ganz besonders für unsere Kinder und Kindeskinder vorrangig, wenn nicht sogar ausschließlich Nachteile mit sich bringt. In Wirklichkeit ist das Weichgespülte nämlich nicht die Lösung der Probleme unserer Gesellschaft, sondern vielmehr ihr größtes Problem. Am Weichgespülten geht langfristig alles zugrunde, durch das Weichspülen geht irgendwann alles kaputt.

Denn die Wahrheit bleibt doch stets die Wahrheit, die Fakten bleiben die Fakten, die Zahlen bleiben die Zahlen, und Adam Ries alias Adam Riese wird auch weiterhin nicht besiegt. Der Sieg des Bequemen über das Wahre und der Erfolg der Bequemlichkeit über die Wahrheit sind allenfalls von kurzer Dauer. Wer unbequem ist, ist konsequent erfolgreicher als andere. Das Bequeme und die Bequemlichkeit hingegen fahren uns an die Wand.

Grenzen überwinden – frei und ohne Angst

Dabei wollen und sollten wir in der langfristigen historischen Betrachtung Caesars mitunter brutale Rücksichtslosigkeit oder die Gräueltaten anderer historisch zu großem Ruhm gelangter Herrscher wie etwa Dschingis Khan oder auch Alexander dem Großen keinesfalls zum falsch verstandenen Synonym für Unbequemlichkeit, für das Unbequeme machen. Caesar und Alexander waren auch im positiven Sinne unbequem, sie stellten eine Weltordnung infrage, sie überwanden bis dahin als unüberwindbar geltende Grenzen. Und sie hatten davor und dabei keine Angst.

Die intellektuellen Revolutionäre der Aufklärung, die mutigen Vorkämpfer der Französischen Revolution, die noch mutigeren Widerstandskämpfer gegen den Naziterror: sie alle waren unbequem. Und auch Martin Luther und Sir Isaac Newton dürfen als Sinnbilder und Vorbilder der intellektuellen Unbequemlichkeit und des für ihre Zeit zutiefst Unbequemen betrachtet werden. Albert Einstein war gar so genial unbequem, dass er die Grundfeste einer Königswissenschaft aus den Angeln heben und eine ganze Disziplin der Wissenschaft für immer transformieren konnte.

Im Revolutionsjahr 1789 hielt Schiller seine epochale Antrittsvorlesung. Sie kann als besonders gutes Beispiel für eine fernab jeglicher Gewalt oder physischen Härte liegende intellektuelle Schärfe und Unbequemlichkeit gelten. Wie viel unbequemer kann man schon noch werden, als dem versammelten ehrwürdigen wissenschaftlichen Establishment den Gegensatz zwischen dem opportunistischen »Brotgelehrten« und dem wahrheitsliebenden »philosophischen Kopf« vor Augen zu führen? Es waren schon damals ganz überwiegend nicht die bequemen Lösungen, die wirkliche Antworten auf vorhandene Erfordernisse lieferten und zu selbst erworbener Mündigkeit führten. Ohne den unbequemen Mut von Aufklärung und Aufklärern müssten wir wohl noch heute um Bürgerrechte, Freiheit und Rechtsstaat kämpfen. Nicht die Bequemen, sondern die Unbequemen haben die Welt vorangebracht.

»Habe Respekt, aber niemals Angst!« Diese Aufforderung an sich selbst in Anknüpfung an die Caesarentradition und an die mutigen Thesen, die Schiller einst in Jena seinen Wissenschafts-kollegen in die Feder diktierte, ist heute so aktuell wie ehedem. Und sie wird ganz sicher auch noch in 200 und in 2000 Jahren so relevant und bedeutsam sein wie heute.

Schiller hatte zweifelsfrei Respekt vor der Minderheit der philosophischen Köpfe, aber keinerlei Angst vor der Mehrheit der Brotgelehrten. Sir Isaac Newton, der wohl bedeutendste Wissenschaftler des vergangenen Jahrtausends, hatte sicherlich Respekt vor seiner Wissenschaft und auch vor der Royal Society, aber ganz sicher keine Angst vor dem wissenschaftlichen Wettbewerb und dem Neid seiner unterlegenen Kollegen. Martin Luther, der Gigant der Reformation, dem auf dem Heiligen Stuhl ein Zwerg gegenübersaß, hatte ohne jeden Zweifel höchsten Respekt vor Gott, vor seinem Glauben und seinen Mitmenschen, aber keinerlei Angst, in eine Konfrontation mit der vielleicht mächtigsten Institution der Menschheitsgeschichte einzutreten.

Und Margaret Thatcher, die ebenso wie Caesar von den Massen vielleicht nicht geliebt, aber doch zutiefst respektiert und auch bewundert wurde, hat bewiesen, dass auch in moderner Neuzeit und medienaffiner Gegenwart man nicht geliebt werden muss, um über alle Maßen erfolgreich zu sein. Seit dem großen Feldherrn Roms haben wohl nur wenige so wie die große britische Premierministerin das Motto verinnerlicht, dass die anderen sie keineswegs lieben müssten, solange sie sie wenigstens zu respektieren wüssten. Auch Maggie Thatcher wusste ganz genau um die Nützlichkeit ihrer eigenen Unbequemlichkeit. Kein anderer Premierminister hat Großbritannien so nachhaltig geprägt und verändert.

Sei nie zu langsam unterwegs!

Und nicht nur in der Welt von Wissenschaft oder Politik, von Religion oder Krieg gilt, dass diejenigen, die Respekt, aber keine Angst haben, erfolgreicher sind als andere. Auch in Unternehmen und Management kommen diejenigen zu besonderen Erfolgen, die zwar vor nichts und niemandem Angst haben, aber doch stets Respekt, auch vor dem Gegner und seinen Stärken – und ganz besonders vor der Verantwortung und der Größe ihrer Aufgabe. Ferdinand Piëch wird gemeinhin als der bedeutendste Automobilmanager unserer Zeit gesehen. Vielleicht ist er sogar der erfolgreichste Entwickler und der eindrucksvollste Konzernlenker aller Zeiten. Angst kennt er nicht. Das würden ihm treue Weggefährten ebenso bestätigen wie seine größten Feinde. Er ist durch keine noch so große Bedrohung oder Gefahr von seinem Weg abzubringen, wenn er diesen für richtig hält. Gleichzeitig ist er jedoch nicht nur sehr respektvoll im persönlichen Umgang, sondern er hat geradezu höchsten Respekt vor Gefahren und Risiken, vor Herausforderungen und Unwägbarkeiten, vor den Stärken seiner Gegner wie auch vor deren Schlechtigkeit. Er fürchtet nichts und niemanden. Aber er unterschätzt auch nichts und niemanden. Diese Kombination von Mut und Demut macht ihn fast unbesiegbar. Und notfalls äußerst unbequem.

Daran habe ich mich stets zu orientieren bemüht. So war es für mich auch das größte Kompliment, das ich jemals in meinem Leben erhalten habe, als Ferdinand Piëch einmal über mich sagte, ich sei unbestechlich, unerpressbar und uneinschüchterbar. Diese Beschreibung an sich hätte mich schon unendlich stolz gemacht, in Verbindung mit ihrem Verfasser trägt sie mich bis heute über höchste Gipfel ebenso wie durch tiefste Täler.

Und Piëch wusste, dass diese rigorose Form der Geradlinigkeit im Zweifelsfall auch gegenüber ihm selbst Bestand haben würde.

Sonst wäre sie ja ohnehin nichts wert. Das hatte er auch schon mehrfach erlebt, bei wichtigen und auch bei weniger wichtigen Anlässen.

Am 7. Mai 1994, meinem 31. Geburtstag, hatte anlässlich eines mehrtägigen Führungstreffens des Topmanagements des Volkswagen-Konzerns auf dem Automotodrom von Brünn, einer ähnlich diffizilen Rennstrecke wie dem alten Nürburgring, eine Art Testfahren – um nicht zu sagen: Rennfahren – der versammelten Spitzenmanager stattgefunden. Ich drehte gerade in einem Audi Coupé S 2 mit rund 230 PS meine Runden, als im Rückspiegel ein RS 2 mit Ferdinand Piëch am Steuer auftauchte. Obwohl er über etwa 80 PS mehr verfügte, gelang es mir knapp drei Runden lang, seine Überholversuche tapfer abzuwehren. Er merkte danach nur kurz an, er habe noch nie jemanden aus der Finanz gesehen, der so schnell fahre. Mir war dabei zunächst nicht ganz klar, ob dies ein Lob für meinen Fahrstil oder eine Kritik an meiner Eigenschaft als Nichttechniker darstellen sollte.

Abends, bei dem wunderschönen Bankett in Schloss Austerlitz, durfte ich dann neben Ursula Piëch, der Gattin des damaligen Konzernchefs, sitzen. Mir war nicht ganz klar, ob dies meinem Geburtstag oder meiner mutigen Gegenwehr auf dem Motodrom geschuldet war. Acht Tage später wurde ich zum »Vicepresidente Ejecutivo de Finanzas« von SEAT in Barcelona bestellt und war damit der mit Abstand jüngste Markenvorstand, den der Volkswagen-Konzern jemals gesehen hatte. Weitere vier Wochen danach wurde ich zum offiziellen Vertreter des Präsidenten der katalanischen Aktiengesellschaft ernannt. Ferdinand Piëch war dort Vorsitzender des Aufsichtsrates. Erkennbar hatte mir meine Unbequemlichkeit auf der Rennstrecke nicht geschadet.

Für mich war mein Fahrverhalten übrigens nicht nur eine Folge fehlender Angst, sondern vor allem hohen Respektes vor dem

Konzernchef. Es ist nämlich schlicht und einfach eine Frage des Respektes, in einer vermeintlichen Wettbewerbssituation – sei es auf dem Tennisplatz oder an der Tischtennisplatte, sei es im Wettbewerb um Innovation oder technologischen Fortschritt, sei es im Rededuell im Fernsehen oder beim Austausch von Argumenten am Vorstandstisch, sei es beim Dauerlauf im Wald oder eben auf der schlecht asphaltierten Rennstrecke – dem Gegner oder Partner immer die bestmögliche Leistung entgegenzustellen.

Einen Wettbewerb ohne Einsatz und Anstrengung zu führen, ist nichts anderes als großer Mangel an Respekt und zudem die größtmögliche Demütigung, die man seinem Gegenüber überhaupt entgegenbringen kann – egal ob es um wichtige oder um gänzlich unwichtige Dinge geht. Ich hätte mich geradezu geschämt, den Konzernchef aus falsch verstandener Höflichkeit einfach vorbeiziehen zu lassen. Und auf Karriere zu setzen, indem man andere ohne Not überholen lässt, allein um ihnen zu gefallen, war meine Sache noch nie. Piëch wusste ohnehin, dass er selbst wohl der beste Fahrer im Konzern war, und hätte mich nicht nur deshalb nie in eine Notsituation gebracht.

Respekt für die Putzfrau, keine Angst vor dem Chef

Bleiben wir in diesem Zusammenhang noch kurz beim Respekt: Das zweitschönste Kompliment, an das ich mich erinnern kann, hat mir bezeichnender Weise Daniel Goeudevert in seiner Zeit als Chef der Marke Volkswagen gemacht, nachdem er sich im viel beobachteten Wettstreit um den Chefsessel des Gesamtkonzerns seinem vermeintlichen Widersacher Piëch beugen musste. Goeudevert sagte, ich hätte denselben Respekt für die

Putzfrau wie für Ferdinand Piëch. Und das stimmte, und es stimmt immer noch. Ich hatte und habe allerhöchsten Respekt und größte Bewunderung für und vor Ferdinand Piëch. Und ich bringe jedem Menschen grundsätzlich den gleichen Respekt entgegen, egal ob er über Milliarden gebietet oder die Toilette putzt. »Habe Respekt, aber niemals Angst!« Das, was mir zur einen Hälfte Daniel Goeudevert und zur anderen Hälfte Ferdinand Piëch attestiert hatte, war ein Satz und ein Grundsatz, den mir meine über alles geliebte Mutter von Kindesbeinen an immer wieder nahegebracht und zu beherzigen anempfohlen hatte. Meine Mutter hatte dabei weder an Konzernchefs noch an Reinigungspersonal gedacht. Sie hatte mir gleichwohl sehr deutlich mit auf den Lebensweg gegeben, stets Respekt gegenüber Alter und Position zu zeigen, aber niemals Angst vor der Erfahrung oder der Bedeutung einer mir gegenüberstehenden Person zu haben. Und mein ebenfalls zutiefst geliebter Vater hatte mir in ähnlicher Weise geraten, mich bei Entscheidungen niemals von der Furcht leiten zu lassen: »Nichts ist so schlimm wie die Angst davor« war einer seiner beiden Lieblingssätze. Der andere lautete: »Erfolg hat im Leben und Treiben der Welt, wer Ruhe, Humor und die Nerven behält.«

Meine Mutter hatte mir zudem immer und immer wieder erklärt, dass Ehrlichkeit die höchste Form des Respektes sei – dass es also gerade nicht respektlos, sondern vielmehr dem Respekt geschuldet sei, dem respektierten Gegenüber notfalls auch sehr unbequeme Wahrheiten zu sagen. Und obwohl ich meiner lieben Großmutter, die 100 Jahre alt geworden ist, immer mit Liebe und Respekt gegenübergetreten bin, war für mich doch auch stets klar und einsichtig gewesen, dass Alter an sich noch kein Verdienst darstellt. Älter werden wir in jeder Minute, auch ohne eigenes Tun. So hatte ich auch keine Sekunde gezögert, im Alter von neun Jahren den Klassenraum zu verlassen und mich beim Schuldirektor zu beschweren, als mein wohl knapp 60-jähriger Klassen- und Deutschlehrer der 5. Klasse am Gymnasium »Anna-Sophi- aneum« in Schöningen mir doch allen Ernstes hatte weismachen wollen, dass drei Einsen und eine Zwei in den Klassenarbeiten zu einer Zwei als Gesamtnote führen würde. Aber er war ja schließlich kein Mathematiklehrer – sein zweites Lehrfach war Musik.

Und ich hatte ebenso wenig gezögert, kurze Zeit später auf ei- nige Besonderheiten des Religionsunterrichts und einige beson- dere Verhaltensweisen des Religionslehrers hinzuweisen, der nach meinen Hinweisen und den darauf folgenden Untersu- chungen als Lehrer unserer Schule aus dem Verkehr gezogen wurde. Viele Jahre später schreckte ich weder davor zurück, als Rangniedrigerer von einem mächtigen Konzernoberen eine Ent- schuldigung für infame und unzutreffende Anschuldigungen gegen meine Person zu verlangen, noch hatte ich als Vorstands- vorsitzender irgendwelche Bedenken, von einem Aufsichtsrats- mitglied eine Entschuldigung dafür zu verlangen, dass er einen Kollegen in für mich inakzeptabler Weise angegriffen hatte.

Respekt und Mut schließen sich eben keineswegs aus. Sie be- dingen einander vielmehr. Und die Sache und die Wahrheit müssen stets wichtiger sein als das eigene Karriereinteresse. Langfristig macht ohnehin nur der eine große Karriere, der sein Handeln nicht stets mit kurzfristigen Karriereüberlegungen überlagert und überfrachtet. Derjenige, der keine Angst davor hat, unbequem zu sein.

Wenn meine kleine 7-jährige Tochter – nicht gerade selten – nach meinem Empfinden ziemlich angstfrei denkt und das Ge- dachte auch ziemlich deutlich sagt und ich sie dann frage, ob das, was sie da gerade gesagt habe, nicht vielleicht ein bisschen frech oder respektlos sei, dann antwortet sie mir meistens: »Papa, das war doch nur eine faktenbasierte Aussage.« Aha! Sie könnte wohl

auch sagen: »Ich habe eben Respekt vor der Wahrheit und auch
Respekt für die Putzfrau, aber doch keine Angst vor dem ›Chef‹!«

Unbequeme Versetzungskonferenz

Wie wichtig es ist, nicht aus falschem Respekt Angst zu haben,
und dass man seine Ziele nur erreichen kann, wenn man weitgehend angstfrei ist oder seine Ängste zumindest beherrscht und
überwindet, hatte ich geradezu in Reinkultur in den Tagen meiner schriftlichen Abiturprüfung erlebt.

Obwohl mich in meiner Schulzeit im Grunde alle Fächer in
gleicher Weise sehr interessierten und ich mich von Differenzial-
und Integralrechnung bis hin zu Geschichte oder Sozialkunde
wirklich für fast alles begeistern konnte (und auch sehr hohen
Respekt vor etlichen Lehrern hatte!), fand ich Schule – wie Millionen andere Kinder und Jugendliche auch – als Institution einfach ziemlich blöd. Also entschied ich, mich für den Herbst 1980
zur vorzeitigen Abiturprüfung anzumelden, um nach der einge-
sparten ersten Klasse doch auch das letzte Schuljahr weitgehend
einsparen zu können.

So könnte ich bereits im Dezember 1980 statt im Mai 1981 das
Gymnasium verlassen und noch im Jahr 1980 statt erst ein Jahr
später mein Studium an der Universität Hannover aufnehmen.
Die Universität Hannover hatte mir in Aussicht gestellt, im Falle
eines erfolgreichen Abiturs noch nachträglich in das bereits lau-
fende Wintersemester einzusteigen. Möglich war die vorzeitige
Abiturprüfung im damaligen Kurssystem, sofern man bereits
über einen besonders hohen Punktestand verfügte, was in meinem Falle gegeben war.

Im Ergebnis war ich der einzige Schüler meiner Schule, der im
Herbst 1980 zur vorzeitigen Abiturprüfung zugelassen war, und

trat quasi als »Einzelkämpfer« zu der Herausforderung an, der man sich gemeinhin doch lieber im Schutze einer Gruppe stellt. Dies war nicht ganz unbedeutend, da ich mehrfach den Zorn meiner Schulleiterin auf mich gezogen hatte. Im Sommer 1978 hatte mich meine Klasse in eine Versetzungskonferenz für die Sekundarstufe II entsandt, obwohl ich gar nicht Klassensprecher war. Vermutlich traute man mir zu, mutig und unbequem genug zu sein, mich auch gegen deutliche Widerstände nachhaltig für Mitschüler einzusetzen. So machte ich mich in der Konferenz dann auch sehr offensiv und sehr nachdrücklich für die Versetzung von zwei Mitschülern in die elfte Klasse stark, denen der Einzug in die Sekundarstufe II vor dem Hintergrund schlechter Noten in Deutsch verwehrt werden sollte. Ich stellte dabei notfalls sogar das Einschalten von Schulaufsicht und Presse in Aussicht.

Beim Verteilen der Aufgabe der letzten Klassenarbeit in der zehnten Klasse hatte der Deutschlehrer einem dieser beiden Schüler bedeutet, wie schade es sei, dass dieser sich jetzt nicht selbst sehen könnte, so, wie er aussehe: »naiv und impotent«. Wenn in einer solchen Situation jemand eine Sechs schrieb, dann durfte das nach meiner ganz festen Überzeugung nicht einen negativen Einfluss auf seine weitere schulische Entwicklung oder gar auf sein ganzes Leben haben können. Der Fall des anderen Mitschülers, der bis heute ein enger Freund und inzwischen ein äußerst erfolgreicher Facharzt ist, war ähnlich gelagert.

Ungeachtet der Tatsache, dass in Schülerkreisen immer wieder darüber spekuliert und getuschelt worden war, dass dieser Deutschlehrer angeblich ein Verhältnis mit der Schulleiterin hätte – bewiesen wurde es nie –, sprach ich die fraglichen und aus meiner Sicht höchst fragwürdigen Vorgänge in der Versetzungskonferenz dennoch in aller Deutlichkeit an – mit Erfolg für die beiden betroffenen Mitschüler und mit dem Ergebnis, dass meine Direktorin mich selbst ganz offensichtlich noch weniger mochte als vorher. Schon zuvor hatte sie sich mir gegenüber meinem Empfinden nach diverse Male recht merkwürdig verhalten. Ob das damit zu tun hatte, dass sie eine stramme CDU-Anhängerin war, die bekanntermaßen auch erwogen hatte, für den niedersächsischen Landtag zu kandidieren, und meinen Vater, der auf fast 50 Jahre Mitgliedschaft der SPD zurückblicken konnte, allem Anschein nach als »Sozi« betrachtete, vermag ich nicht wirklich zu beurteilen. Nach der höchst emotionalen Versetzungskonferenz verwehrte sie mir jedenfalls meinen Wunsch, einen dritten Leistungskurs belegen zu dürfen, und behauptete auf Nachfrage, auch der Schuldezernent habe sich dieser Ablehnung angeschlossen.

Womit sie nicht gerechnet hatte, war, dass meine Eltern und ich beim Schuldezernat nachfragten und in Erfahrung brachten, dass unser Schreiben offensichtlich in der Schublade der Direktorin liegen geblieben war und den Dezernenten niemals erreicht hatte. Der Schuldezernent ordnete dann an, dass ich – entgegen dem Willen der Schulleiterin – drei statt zwei Leistungskurse belegen dürfe, zumal ich daraus keinerlei Vorteile ziehen wollte und insofern bereit war, vorab festzulegen, welche zwei der drei Leistungskurse für die Fragen der Punkteermittlung als Leistungskurse gelten sollten und welcher nur im Sinne des eigenen Lernfortschritts quasi außer Konkurrenz mitlaufen sollte.

Wer kennt nicht das Phänomen, dass Kritik der Eltern am Lehrpersonal später mitunter von den lernenden Kindern auszubaden ist? Wer stets mit dem Strom schwimmt und nie aneckt, kennt dieses Problem möglicherweise nicht. Kommen Kritik und Widerspruch jedoch direkt vom Schüler oder von der Schülerin selbst, verstärkt sich der Rückkopplungseffekt. Unabhängig von parteipolitischen Divergenzen war die »Liebe« meiner Direktorin zu mir nach Versetzungskonferenz und dem erbrachten Beleg dafür, dass sie die Unwahrheit gesagt hatte, jedenfalls nur noch ausgesprochen begrenzt. Ich war ihr wohl einfach zu revolutionär oder ganz einfach zu unbequem.

»Aber Sie sind dann nicht mehr da«

Vor diesem Hintergrund trat ich am 10. November 1980, einem Montag, zur schriftlichen Abiturprüfung im Leistungskurs Biologie an. Als Ort der Prüfung war ein Klassenraum in einer Dachschräge zu einer Straße hin, an der an jenem Tage Bauarbeiten stattfanden, ausgewählt worden, und in den angrenzenden Klassenräumen fand kein Schulunterricht statt, sodass einzelne Schüler dort nach Belieben spielen, tollen und Krach machen konnten. Als Aufsicht für diese schriftliche Prüfung war – wen würde es wundern – der vorerwähnte Deutschlehrer bestimmt worden, den ich seinerzeit von Angesicht zu Angesicht und in Gegenwart des gesamten Lehrerkollegiums damit konfrontiert hatte, einen Schüler als »naiv und impotent« abqualifiziert zu haben.

Kurz nachdem der Umschlag mit der Abituraufgabe geöffnet war und ich mich der Bearbeitung des Themas zugewandt hatte – mein ehemaliger Lehrer als Aufseher und ich als Prüfling waren nunmehr allein im Raum –, öffnete er die Fenster zu der Straße hin, von der nicht nur aufgrund des dichten Verkehrs, sondern vor allem aufgrund der Bauarbeiten ein ohrenbetäubender Lärm in unsere Dachschräge hineinhallte. Nach einem angemessenen Warten, ob er die Fenster auch wieder schließen würde, was er jedoch nicht tat, erhob ich mich, um selbst die Fenster zuzumachen und wieder halbwegs konzentriert an meinem Abiturthema arbeiten zu können. Doch es waren kaum zwei Minuten vergangen, bis sich das ganze Schauspiel wiederholte. Erneut öffnete mein ehemaliger Deutschlehrer die Fenster, erneut drang massiv störender Krach in den Prüfungsraum ein, erneut wartete ich vergeblich darauf, dass er die Fenster wieder schließen würde, und erneut schloss ich sie selbst, um die Arbeit an meinem Biologieabitur fortzusetzen.

Dieser Ablauf wiederholte sich noch einige Male, jedes Mal identisch, fast schon wie ein Ritual. Doch dann wurde es mir irgendwann zu bunt, und irgendwie wollte ich ja auch noch meine Prüfungsaufgabe angemessen und möglichst gut und ausführlich lösen. Also stand ich ein letztes Mal auf, um die soeben erneut von meinem Aufseher geöffneten Fenster zu schließen, setzte mich und sagte dann ruhig (und respektvoll), aber doch mit einer Klarheit und Bestimmtheit, die an Deutlichkeit nichts zu wünschen übrig ließ: »Wenn Sie jetzt noch ein einziges Mal das Fenster aufmachen, gehe ich nach Hause. Es gibt zwischen uns allerdings einen Unterschied: Ich werde mein Abitur dann eben in einem halben Jahr mit Bestnote machen – aber Sie sind dann nicht mehr da, das verspreche ich Ihnen.« Danach war Ruhe. Ich beantwortete meine Biologieaufgabe auf etwa 60 handgeschriebenen Seiten und erhielt dafür 15 Punkte, also eine »1+«. Meinen ehemaligen Deutschlehrer habe ich danach nie wieder gesehen.

»15 Punkte – wie immer!«

Doch sollte ich an jenem 10. November 1980 gedacht haben, dass damit die größte Schwierigkeit auf dem Weg zum erfolgreichen Abitur bereits überwunden wäre, dann hatte ich mich getäuscht. Bereits am nächsten Vormittag wurde ich nämlich eines Besseren belehrt. An jenem Dienstag, den 11. November 1980, stand die schriftliche Abiturprüfung im Leistungskurs Mathematik an.

Mathematik war immer mein Lieblingsfach gewesen, und mein Mathematiklehrer hatte schon seit Jahren zu meinen Lieblingslehrern gehört. Umso überraschter war ich gewesen, als er mir einige Tage vor der Prüfung sagte, von den beiden von ihm gestellten Aufgaben sei eine sehr schwer und eine »ein Hammer«. Offenbar traute er mir viel zu. Eine solche Erklärung schien mir dennoch keine angemessene Motivation vor einem so wichtigen Tage zu sein. Und auch sonst schon irgendwie merkwürdig.

Mein Mathematiklehrer erschien zur Prüfung an jenem Morgen in Begleitung meiner Direktorin, die mich rechtzeitig vor dem Öffnen eines der beiden Umschläge mit den Abituraufgaben noch wissen ließ, wie viel Arbeit die Vorbereitung einer vorgezogenen Abiturprüfung für einen einzigen Schüler gemacht habe und dass ich mir hoffentlich für den Fall, dass ich die Prüfung nicht bestehen sollte, bewusst wäre, wie viel unnötigen Aufwand ich dann der Schule verursacht hätte. Ich entgegnete kurz, höflich und respektvoll, dass diese Gefahr ganz sicher nicht bestünde.

Ein Umschlag wurde geöffnet, und mein Mathelehrer ließ bei einem Lächeln meiner Direktorin noch kurz verlauten, dass es sich bei dieser Aufgabe um den »Hammer« handele, bevor er sich wegen eines Dienstgangs außerhalb der Schule verabschiedete, weshalb ich im stündlichen Rhythmus verschiedene Aufsichtspersonen begrüßen durfte. Und es war in der Tat ein Hammer! Eine derart schwere Aufgabe eines hochkomplexen Beweises hatte ich nach meiner Erinnerung nie zuvor gesehen. Und schon gar nicht bearbeitet oder zu lösen gelernt.

Ich war fassungslos. Nachdem ich mein Leben lang in Mathematik eigentlich fast immer nur eine Eins hatte, würde ich nun im schriftlichen Abitur eine Sechs schreiben, also null Punkte in dem von 0 bis 15 Punkten reichenden Punktesystem. So saß ich von kurz vor 8:30 Uhr bis etwa 10:00 Uhr nur da, stierte vor mich hin und dachte, was für eine Schweinerei es doch sei, der ich mich hier gegenübersähe. Während dieser etwa eineinhalb Stunden hatte ich ehrlich gesagt gar nicht in Erwägung gezogen, diese mir unlösbar erscheinende Aufgabe ernsthaft lösen zu können. Doch irgendwann und irgendwie überwand ich meine Angst vor dem mir zunächst unlösbar Erscheinenden. Ich dachte mir ganz einfach, es könne doch nicht schaden, sich die ganze Sache einmal völlig stressfrei anzuschauen, frei nach dem Motto »Schlechter kann es ja nicht mehr werden«. Wenn man schon alles verloren hat, wieso will man dann nicht wenigstens versuchen, ein ganz klein wenig wieder hinzuzugewinnen? Und dann geschah das Unfassbare: Innerhalb nur einer von insgesamt fünf dafür zur Verfügung stehenden Stunden war der Beweis erbracht, die Beweiskette geschlossen und die Aufgabe damit gelöst. Genau um 11:11 Uhr am 11.11. wusste ich, dass mein Abitur Geschichte schreiben würde. Am Ende erreichte ich mit gerade einmal 17 Jahren insgesamt den rechnerischen Notendurchschnitt 0,7.

Bevor ich an jenem 11. November dann frühzeitig nach Hause ging, bot ich noch meinem Englischlehrer, der zu diesem Zeitpunkt die Aufsicht über die Prüfung führte, einen Teil meiner restlichen Frühstücksbrote und eine Dose Cola an, um mit mir zu feiern. Als ich die Schule dann endlich verließ, begegnete mir – man mag es kaum glauben – mein Mathelehrer, der seinen »Dienstgang« offenbar gerade beendet hatte. Er war sichtlich überrascht, dass ich schon auf dem Nachhauseweg war, und fragte mit etwas besorgtem Blick, wie die Prüfung denn gelaufen sei. Ich sagte nur kurz: »15 Punkte – wie immer! Was haben Sie denn gedacht?« So war es dann auch.

Angst ist ein schlechter Berater

An keinem Tage davor und an keinem Tage danach, an keinem anderen Tag meines Lebens hätte ich diese Aufgabe lösen können, aber am 11. November 1980 ist es mir gelungen. Heute kann ich sagen: Nichts auf der Welt hat mich stärker gemacht als diese Matheprüfung! Seither weiß ich, dass es wirklich unlösbare Aufgaben nicht gibt. Und immer, wenn ich in eine schwierige Prüfung, eine unangenehme Gerichtsverhandlung oder eine emotionsgeladene Hauptversammlung gegangen bin, habe ich daran gedacht, dass der anstehende Termin nicht etwa das Risiko des Scheiterns birgt, sondern vielmehr die Chance zur Lösung eines Problems mit sich bringt.

Sollte meine alte Schulleiterin also, was ich bis heute nicht unterstellen will und mir nicht einmal vorstellen mag, damals tatsächlich direkt oder mittelbar auf die Schwierigkeit der entsprechenden Aufgabenstellung Einfluss zu nehmen versucht haben – der sympathische Mathelehrer wurde in einer gewissen zeitlichen Nähe zum Studiendirektor befördert, was er aufgrund seiner zweifelsfreien Kompetenz allerdings ohnehin eindeutig verdient hatte –, so hätte sie mir rückblickend betrachtet einen unschätzbaren Dienst erwiesen. Meinen Freunden und Förderern – etwa meinem wunderbaren Lehrer Rolf Meyer, der inzwischen ein lieber Freund geworden ist – bin ich unendlich dankbar für alles, was sie für mich getan haben und was ich von ihnen lernen konnte. Doch meinen Gegnern und Feinden verdanke ich fast noch mehr: Den Mut und die Kraft zur Unbequemlichkeit hätte ich ohne sie niemals in der Art und Weise entwickeln können, die mich letztlich zu großen Erfolgen geführt hat.

Ich hatte großen Respekt vor der damaligen Abiturprüfung. Ich bin auf Empfehlung meiner Mutter mit meinem Vater am Abend davor noch zu Fuß um die Schule gegangen, um mich zu motivieren und heiß zu machen und vor allem um mich psychisch und emotional auf etwaige Unwägbarkeiten einzustellen. Aber im entscheidenden Moment hatte ich keine Angst – weder vor dem ehemaligen Deutschlehrer noch vor der unerwarteten Matheaufgabe.

Habe Respekt, aber niemals Angst! In diesem Sinne »unbequem« zu sein, heißt nichts anderes, als niemals vor der Macht zu kuschen – die Institutionen der Macht und die Personen, die diese Institutionen repräsentieren, zwar zu respektieren, aber doch stets eine sachkritische Position aufrechtzuerhalten. Und den Mut zu haben, sich dem Unsinn zu widersetzen! Wenn eine noch so mächtige oder noch so ehrwürdige Regierung nachts um 24:00 Uhr entscheidet, es sei jetzt 12:00 Uhr mittags, dann bleibt es trotz allem Mitternacht. Und wenn in einem Protokoll einer im August stattfindenden Vorstandssitzung eines auf der nördlichen Halbkugel angesiedelten Konzerns vermerkt wird, es sei Winter, dann bleibt diese Feststellung ungeachtet aller Macht und Hierarchie schlichtweg falsch.

Meine damalige Schuldirektorin ist übrigens nie mehr in den Landtag eingezogen. Nach meiner schriftlichen Abiturprüfung – die dritte fand im Fach Englisch zwei Tage nach der Matheprüfung statt – wurde sie vom Schuldezernenten als Vorsitzende der Prüfungskommission abgesetzt. Möglicherweise hatte die Schwierigkeit meines Mathematikabiturs auch das Interesse der Aufsichtsbehörde geweckt. An der mündlichen Abiturprüfung im Fach Religion, die ich ebenfalls mit 15 Punkten, also einer 1+, abschloss, nahm der Schuldezernent selbst teil, und mein Abiturzeugnis, das üblicherweise zweimal von der Direktorin unterschrieben worden wäre, unterschrieb als Vorsitzender der Prüfungskommission der Dezernent höchstpersönlich und als Schulleiter ihr Stellvertreter. Dies war umso pikanter, als die *BUNTE* die Zeugnisurkunde im Frühjahr 1981 unter dem Titel

»Der Liebling aller Lehrer« abdruckte. Der Liebling meiner Direktorin war ich ganz sicherlich nicht gewesen.

Habe Respekt, aber niemals Angst! Respekt gibt dir Demut und Kraft, doch Angst ist ein schlechter Berater. Das gilt 24 Stunden am Tag, 365 Tage im Jahr und in jedem einzelnen Jahr deines Lebens! Und in jedem Bereich deines Schaffens und deiner Aktivität, sei es an der Schule oder der Universität, in der Wirtschaft oder der Politik, in der Wissenschaft oder der Kultur, in der Gesellschaft oder im Sport.

2. DENKE QUER UND SAGE ES

Wenn der österreichische Kommunikationswissenschaftler Paul Watzlawick recht damit hatte, dass der Andersdenkende kein Idiot sei, sondern sich lediglich eine andere Wirklichkeit konstruiert habe, dann kann der Querdenkende (und damit Unbequeme) erst recht kein Idiot sein, da er dieselbe Wirklichkeit möglicherweise nur aus einem anderen Blickwinkel betrachtet.

Im Gegenteil: Der oder die Querdenkende ist nicht nur hilfreich, sondern sogar erforderlich, um durch das Einbringen einer anderen, zusätzlichen Perspektive uns erst in die Lage zu versetzen, die richtigen Beurteilungen und Bewertungen vorzunehmen und darauf aufbauend dann die richtigen Entscheidungen zu treffen.

Welch besseres Beispiel könnte es hierfür geben als den weltberühmten Ryōan-ji, den wohl berühmtesten der zahllosen Zen-Tempel in Kyoto, der ehrwürdigen Kaiserstadt des alten Nippon? In seinem berühmten Steingarten sind die 15 wundervoll in geharktem Kies verteilten Steinbrocken von keiner einzigen Betrachtungsposition aus in ihrer Gesamtheit sicht- und zählbar. Egal von welcher Seite und aus welchem Betrachtungswinkel der staunende Besucher die Gesteinsgruppe betrachtet, meint er aus seiner jeweiligen Position heraus stets, dass es sich um 13 oder 14 Findlinge handeln müsse, die in dem eindrucksvollen Zen-Garten verteilt seien. Nur wer mindestens zwei *verschiedene* Perspektiven eingenommen und in Ruhe miteinander *verglichen* hat, ist in der Lage, die wahre Anzahl der Steinbrocken richtig zu bestimmen.

Nur wenn wir eine Sache oder ein Problem aus mehr als einem Blickwinkel betrachten, können wir zu einem hinreichenden Verständnis kommen. Und ohne Andersdenkende oder Querdenkende werden wir niemals denselben Reichtum an Perspektiven haben wie mit ihnen. Querdenker erhöhen folglich die Entscheidungsqualität, ebenso wie generell heterogene Gruppen bessere Entscheidungen treffen können als solche, in denen Einförmigkeit und Eintönigkeit dominieren, selbst dann, wenn es sich um Uniformität auf höchstem Qualifikationsniveau handeln sollte.

Querdenken und Querdenker bereichern Unternehmen, Wissenschaft und Gesellschaft. Das sollten wir wissen und verstehen im Umgang mit diesen Unbequemen und ihrer Unbequemlichkeit. Albert Einstein, der wohl bedeutendste Wissenschaftler des 20. Jahrhunderts, ist ein herausragendes und möglicherweise sogar einzigartiges Beispiel dafür, wie Querdenken und Querdenker die Welt und unsere Wahrnehmung von der Welt für immer verändern können.

Mit Querdenken zur Innovation

Querzudenken heißt zunächst einmal, nichts, aber auch gar nichts als unveränderbar hinzunehmen, und stattdessen alles, aber auch alles zu hinterfragen und infrage zu stellen. Challenge everything! – Stelle alles infrage!

Als ich am 9. März 2013 als erster Manager oder Unternehmer überhaupt den »Innovationspreis der deutschen Wirtschaft –

Erster Innovationspreis der Welt®« zum zweiten Male mit einem anderen Unternehmen in einer ganz anderen Branche und in einer ganz anderen Größenkategorie entgegennehmen durfte, wurde ich von vielen gefragt, wie es überhaupt möglich sei, Forschungs- und Entwicklungsprozesse in so unterschiedlichen technologischen Bereichen wie denen von Laboranalysewaagen oder bioabsorbierbaren Implantaten erfolgreich zu gestalten. Noch mehr wurde ich danach gefragt, wie es der Syntellix AG, als deren Gründer, Mehrheitsaktionär und Aufsichtsratsvorsitzender ich den Preis in Empfing nahm, eigentlich gelingen konnte, gleich mit ihrem ersten zur Marktreife entwickelten Produkt einen der begehrtesten Wirtschaftspreise der Welt zu erringen. Und am meisten interessierte es meine Gesprächspartner, wie es denn möglich sein konnte, dass die Syntellix AG so schnell ein Problem gelöst hatte, an dem sich namhafte Unternehmen und Forschungsgruppen rund um die Welt bereits seit deutlich mehr als einem Jahrzehnt mit ungleich größerem Ressourcenaufwand die Zähne ausgebissen hatten.

Meine Antwort war einfach:»Das Geheimnis ist: Challenge everything! – Stelle alles infrage!« Innovation heißt Querdenken und Infragestellen – das ist die Quelle unseres zukünftigen Wohlstandes. Wer infrage stellt, kritisiert nicht vorrangig das Bestehende, sondern ermöglicht vielmehr erst das Zukünftige. Wer zielführend querdenkt, ist nicht etwa ein Querulant, sondern vielmehr ein Pionier und Innovator. Wir können als Gesellschaft nicht stets Innovation und Zukunftsfähigkeit fordern, ohne zugleich Raum für Querdenken und Hinterfragen zu geben. Und für Querdenker. Zielführendes Querdenken und konsequentes Infragestellen schaffen Zukunft und Zukunftswerte.

Wenn dir jemand sagt, dass ein bestimmtes Problem unlösbar sei, dann frage ihn, wie man innerhalb unseres unergründbaren Universums die Lösung irgendeines Problems kategorisch ausschließen könne. Wenn dir jemand sagt, dass eine bestimmte Analyse oder Untersuchung vier Monate dauert, dann frage ihn, ob es wissenschaftlich bewiesen sei, dass man es nicht auch in zwei Monaten schaffen könne. Wenn dir jemand sagt, dass er für die Bewältigung einer bestimmten Aufgabe sechs Monate brauche, dann frage ihn, ob er jemanden kennt, der es auch in der Hälfte der Zeit schaffen (und ihn damit ersetzen) könne. Und wenn dir jemand sagt, dass er das, was ökonomisch, juristisch oder aus welchen Gründen auch immer innerhalb einer bestimmten Zeitspanne erforderlich ist, nur in der doppelten Zeit bewerkstelligen kann, dann sage ihm, dass es eine ganz einfache Lösung für ihn gibt: doppelt so viel zu arbeiten wie bisher – oder doppelt so schnell.

Mit Syntellix hatten wir in der Tat praktisch bei null angefangen, als im Januar 2008 vor einem Notar in Hannover die Gründungsurkunde unterzeichnet wurde. Alles, was es gab, war ein faszinierendes Problem, das zu lösen höchst spannend und höchst lohnenswert erschien. Außer dem vergleichsweise bescheidenen Gründungskapital und einem hochambitionierten Gründergeist gab es damals auf unserer Seite noch nichts: kein Büro, kein Personal, keine Infrastruktur, keine Patente, keine Kunden, keinen Umsatz, keinen Ertrag. Nichts. Nichts außer einer Idee – und außer dem unbändigen Willen, diese Idee zum Erfolg zu führen.

5 Jahre und 4 Monate später, im Mai 2013, war die Syntellix AG nach unserem Kenntnisstand das einzige Unternehmen der Welt, das über eine entsprechende Zulassung für ein bioabsorbierbares metallisches Implantat verfügt. Und diese Zulassung gilt nicht nur für Deutschland, sondern für die gesamte Europäische Union plus Schweiz und Fürstentum Liechtenstein. Ein unfassbarer Erfolg, den noch wenige Jahre zuvor niemand für möglich gehalten hätte. *BILD* sprach später von einer »Medi-

zin-Sensation«. Um diese zu erreichen, mussten klinische Studie, umfangreiche medizinische Tests, zahlreiche Gutachten, Prüfungen und Bewertungsverfahren sowie Audits, Zertifizierung und Zulassung erfolgreich durchlaufen werden. Auf diesem Weg waren viel Geduld, viel Mut und sehr viel Risikobereitschaft nötig.

Und Unbequemlichkeit. Innovation heißt nämlich nicht nur Querdenken und Infragestellen. Innovation erfolgreich zu gestalten heißt auch, unbequem zu sein. Sehr unbequem. Immer wieder zu drängen und zu drängeln. Immer wieder Druck zu machen. Immer neue Fragen zu stellen. Immer neue Potenziale zu suchen. Sich nie mit dem bereits Erreichten zufriedenzugeben. In diesem Sinne gibt es kaum einen Unterschied zwischen harter Sanierung und zukunftsorientierter Innovation.

Gut ist nie gut genug

Als das Syntellix-Team in der Nacht auf den 10. März den Gewinn des Innovationspreises – zu Recht! – feierte, wies ich deutlich darauf hin, dass ab dem nächsten Tag mit doppelter Kraft gearbeitet werden müsse, da wir nun nicht nur unter der Lupe der Öffentlichkeit lägen, sondern uns auch im Teleskopbereich von Neidern, Pifferern und potenziellen Wettbewerbern befänden. Die erfolgreich errungene Auszeichnung sei mithin kein Anlass zum Zurückschalten, sondern vielmehr zur weiteren Beschleunigung.

Gerade in Zeiten des Erfolges muss man besonders wachsam sein. Und hinreichende Risikobereitschaft mit vorausschauender Vorsicht verbinden. Fehler, insbesondere große Fehler werden fast immer in Zeiten vermeintlichen Erfolges gemacht. In der Wirtschaft können diese Fehler etwa in unüberlegten Akquisitionen, unnötigen Investitionen oder falscher Diversifizierung liegen – Diversifizierung in Bereiche, von denen man in Wirklichkeit nichts versteht.

Warum ein Energiekonzern wie die EnBW seinerzeit allen Ernstes auch Dinge wie Schuhe, Schuhcreme, Kabelfertigung, Fensterprofile oder Bodensanierung im Portfolio hatte, erschließt sich mir bis heute nicht. Mehr als 150 Beteiligungen mussten unter meiner Ägide verkauft, geschlossen, in Partnerschaften eingebracht oder anderweitig entkonsolidiert werden.

In der Politik können solche Fehler im Überschwang höchster Popularitätswerte beispielsweise in zunehmender Selbstgefälligkeit und einer zunehmenden Entfernung von Basis und Wahlvolk liegen. In der Wissenschaft in zu häufigen lukrativen Rednerauftritten zulasten fortgesetzter präziser und fleißiger Forschungsarbeit. Und im privaten Bereich in unüberlegten Geldausgaben oder zunehmender partnerschaftlicher Entfremdung.

Solchen Tendenzen lässt es sich mit ganz einfachen Gesten und Symbolen entgegenwirken, auch wenn diese zum jeweiligen Zeitpunkt nicht immer populär sein müssen. Nach jeder EnBW-Hauptversammlung gab es während meiner Zeit als Vorstandsvorsitzender – meistens nach knapp 14-stündiger Hauptversammlung, so etwa ab Mitternacht – in der Karlsruher Stadthalle noch eine kleine Feier mit all jenen, die die Veranstaltung so hervorragend vorbereitet und während des ganzen Fragemarathons auch so tapfer begleitet hatten. Und in aller Regel konnten wir uns bei Bier oder Cola light dann darüber freuen, trotz aller Querschüsse und Widrigkeiten am Ende Zustimmungsquoten zu den Vorschlägen der Verwaltung in Höhe von 99,99 Prozent erhalten zu haben. Doch damit war der Arbeitstag längst nicht beendet. Im Anschluss an die verdiente Feier setzte ich mich dann noch mit engen Mitarbeiterinnen und Mitarbeitern zusammen, um im Detail zu besprechen, was im kommenden Jahr besser laufen müsse. Dasselbe taten wir nach jeder Aufsichtsratssitzung, egal über wie viele Stunden sich diese hingezogen hatten. Und nach einer Vorstandssitzung im Zweifel sogar dann, wenn diese bis weit nach Mitternacht gegangen war. Gut ist gut. Aber gut ist nie gut genug.

Der Vertrieb funktioniert wie eine Fabrik

Querdenken heißt auch, Querbeziehungen zu erkennen und offenzulegen, die man unter Bequemlichkeitsaspekten vielleicht lieber nicht so gern ansprechen mag. Unbequeme Analogien und Analogieschlüsse können in vielen Situationen helfen, die Augen zu öffnen, Fehler zu vermeiden, unerwartete Probleme zu erkennen und zu unkonventionellen Problemlösungen zu kommen. Im Watzlawick'schen Sinne des Andersdenkenden die Dinge aus dem Blickwinkel einer anderen Wirklichkeit oder im Sinne des unbequem Querdenkenden dieselbe Wirklichkeit aus einem anderen Blickwinkel zu betrachten, kann große Potenziale schaffen und große Probleme erfolgreich zu umgehen helfen.

Ein schönes Beispiel für einen solch kreativen (und noch dazu langhaarigen) Querdenker ist mein ehemaliger SEAT- und EnBW-Vorstandskollege Detlef Schmidt, einer der besten Automobilverkäufer aller Zeiten, der diverse Verkaufsrekorde für die Ewigkeit aufgestellt hat und es auch im eher weniger glamourösen und innovationsaffinen Bereich der Energiewirtschaft als Vertriebsvorstand zu herausragenden Erfolgen brachte. Von meinem Trauzeugen Detlef lernte ich die unternehmerische Grundweisheit: »Der Vertrieb funktioniert wie eine Fabrik.«

Diese verblüffende Einsicht mag Maschinenbauingenieure und Produktionsplaner ebenso schrecken wie Vertriebsmanager und Marketing-Gurus. Falsch ist sie jedoch nicht. Und obgleich

ich den überraschend anmutenden Schmidt'schen Leitsatz allse-
mesterlich auch meinen Controlling-Studenten an der Leibniz
Universität Hannover mit auf den Weg gebe, haben weder die
Produktions- noch unsere Marketing-Professoren bisher gefordert, mich der Uni zu verweisen.

Was sich hinter dieser Erkenntnis verbirgt, ist ebenso einfach
wie eingängig. Wenn wir ein Problem in der Produktion haben,
also beispielsweise einen dreiwöchigen durch interne technische
oder externe Zulieferprobleme bedingten Produktionsausfall
wieder aufholen müssen, dann verstehen wir alle, dass es dazu
konkreter Maßnahmen und zusätzlicher Ressourcen bedarf:
Überstunden, Nachtschichten, Wochenendarbeit, Entfall der
Werksferien, der Einsatz von Leiharbeit oder die Einstellung zusätzlicher Mitarbeiterinnen und Mitarbeiter. Das alles lässt sich
präzise rechnen und berechnen.

Hinken wir jedoch im Vertrieb unseren Zielen hinterher, dann
scheint das eine weit weniger präzise Wissenschaft zu sein, und
den Erklärungen und Rechtfertigungen sind Tür und Tor geöffnet. Hat ein weltweit verantwortlicher Vertriebschef seine Halb-
jahresziele deutlich verfehlt, dann mag dies doch ganz vielfältige
Ursachen haben, die vermeintlich kaum beeinflussbar sind und
die man als Erklärung insofern nur schwer in Abrede stellen
kann: die große Messe in Italien, die aufgrund katastrophalen
Wetters die Erwartungen nicht erfüllt hat; den Streik im öffentlichen Bereich in Frankreich, der die Konjunktur gelähmt hat; das
Marktumfeld in Großbritannien, das alle Prognosen unterboten
hat; den Wettbewerber aus Korea, der die Preise gesenkt hat;
oder die unerwartete Innovation aus Japan, die den Verkauf der
altbewährten Produkte so deutlich erschwert hat. Schöne Erklärungen liefern bequeme Rechtfertigungen.

Entsprechend vage und willkürlich ist die Reaktion, die auf
eine solche Zielverfehlung hin oftmals erfolgt: »Das holen wir in

der zweiten Jahreshälfte schon wieder auf!« – mit zusätzlicher Motivation und noch mehr Einsatz der Vertriebsmannschaft, vielleicht mit der einen oder anderen Werbekampagne, mit dieser oder jener neuen Werbebotschaft. Dabei wird oftmals übersehen, dass jeder Tag, jede Stunde und jede Minute, die Vertriebsmitarbeiterinnen und -mitarbeiter ohne entsprechenden Umsatz eingesetzt haben, genauso verloren ist wie jeder »Manntag« im Werk ohne entsprechendes Produktionsvolumen. Und entsprechend auch die Maßnahmen zum Gegensteuern ähnlich präzise und konkret sein müssen wie in der Produktion.

Wer erfolgreich sein will, muss dabei stets unbequem genug sein, das Wer, das Was, das Wann und das Wieviel exakt festzulegen, also genau zu bestimmen, welcher Funktionsbereich unter welcher persönlichen Verantwortung wann welche Maßnahmen mit welcher wirtschaftlichen Auswirkung zu ergreifen hat. Und dann auch noch genau nachzuverfolgen, ob jeder Einzelne das von ihm Versprochene auch tatsächlich eingelöst hat.

Erfolg lässt sich nicht erzwingen. Aber man kann mit einer angemessenen Mischung aus Kompetenz, Fleiß und Unbequemlichkeit die Wahrscheinlichkeit, erfolgreich zu sein, sehr deutlich erhöhen. Das gilt im Unternehmen in allen Bereichen, egal ob es um Themen von Einkauf oder Produktion, Vertrieb und Marketing oder auch Forschung und Entwicklung geht. Die beschriebene Entwicklung von Syntellix hat bewiesen, dass man, ohne ein technischer Spezialist zu sein, technologische Prozesse verbessern und beschleunigen und Innovationsprozesse erfolgreich gestalten kann, indem man alles infrage stellt. Der Innovationsprozess ist nicht etwa ein rein kreativer Prozess, bei dem man alles dem Zufall überlassen könnte, sondern es ist vielmehr ein hochkomplexer Prozess, den man genauso wie Produktions- und Vertriebsprozesse organisieren, strukturieren, managen und natürlich auch verbessern und beschleunigen kann.

Der unbequeme Innovator als erfolgreicher Unternehmer

Fast alle großen Unternehmer der Wirtschaftsgeschichte waren herausragende Innovatoren, fast alle dachten in den entscheidenden Fragen quer, fast alle waren unbequem. Die Geschichte des Querdenkens, die Geschichte der Unbequemlichkeit und die Geschichte des unternehmerischen Erfolgs sind untrennbar miteinander verbunden. James Watt ist ein hervorragendes Beispiel dafür, der Schotte aus Glasgow, der sich mit seiner Idee der Dampfmaschine trotz größter Widrigkeiten und härtester persönlicher Schicksalsschläge niemals beirren ließ und vom englischen Birmingham aus die Welt veränderte. Er war ein konsequenter Querdenker. Und er war unbequem auch gegenüber sich selbst.

Auch Alexander Graham Bell ist ein herausragendes Beispiel eines historischen Querdenkers: ein anderer Schotte, der in den Vereinigten Staaten mit seiner revolutionären Idee vom Telefon zeigte, wie erfolgreich der Unbequeme sein kann, und der im Grunde bis in die heutige Zeit hinein mit seinem Wirken die Welt ebenso fundamental verändert und beeinflusst hat wie ein Jahrhundert zuvor sein Landsmann Watt.

Die Liste der großen Unternehmer, die durch Querdenken, durch das Infragestellen von allem und jedem, vor allem verbesserungsbedürftiger althergebrachter Lösungen ohne entsprechende Zukunftsfähigkeit, nicht nur starke Unternehmen und berühmte Dynastien schufen, sondern die Welt wahrlich veränderten, ist lang. Henry Ford gehört ganz sicher dazu, mit seiner – der zweiten – industriellen Revolution, in der vorrangig überkommene Abläufe und Prozesse und nicht nur das Produkt an sich infrage gestellt und revolutioniert wurden. Steve Jobs wird möglicherweise eines Tages als Inbegriff der dritten industriellen Revolution in den Geschichtsbüchern stehen, als derjenige, der die Chancen und Vorteile der Digitalisierung bis in die entlegensten Wohn- und Kinderzimmer der letzten Ecken unseres Globus trug. Und welcher Spitzenmanager wäre je in der Ära der Bequemlichkeit unbequemer zu sich selbst gewesen als der amerikanische IT-Pionier, der noch in Zeiten schlimmsten Leidens und schlimmster Krankheit die Welt veränderte – mit unfassbarem Einsatz und unglaublicher Kreativität?

Und auch Ferdinand Piëch dürfte ohne jeden Zweifel in diese Kategorie der ganz großen Unternehmer und Manager gehören, deren zentrale Gemeinsamkeit das Querdenken und die Unbequemlichkeit ist. Der Aufsichtsratsvorsitzende des Volkswagen-Konzerns ist – es wurde an anderer Stelle schon erwähnt – der vielleicht bedeutendste aktive Unternehmer und Manager unserer Zeit. Und eines ist er wohl ganz sicher: unbequem! Unbequem kreativ, unbequem fordernd, unbequem herausfordernd, unbequem deutlich, unbequem unverrückbar, unbequem unbeugsam und – natürlich – in Konsequenz all dessen vor allem unbequem erfolgreich.

Alle großen Manager und Unternehmer waren oder sind auf ihre Weise unbequem und vor dem Hintergrund ihrer großen Unbequemlichkeit mitunter auch schwierig. Doch ohne den konsequenten Mut zum Unbequemen gibt es keinen nachhaltigen unternehmerischen Erfolg. Nicht auf die Weichgespülten und die Opportunisten, sondern auf die Unbequemen und Unkonventionellen sollten wir hören – und ihre unbequemen Erfahrungen beherzigen! –, wenn wir langfristig vorankommen wollen. Zitieren darf man sie, und von ihnen lernen muss man sogar, wenn man in unserer Welt der immer schneller werdenden Veränderungsprozesse seine vielleicht auch noch so kleinen Mosaiksteine zum Geschehen der Welt und zum eigenen Erfolg beitragen will.

Ich hatte das Glück, einige der ganz herausragenden und besonders markanten und kantigen Persönlichkeiten aus Wirtschaft und Politik persönlich kennenzulernen, selbst sehr nah zu erleben, mich zumindest an ihnen zu orientieren – und an ihrer besonderen unternehmerischen Statur. Und von vielen durfte ich lernen, mich an ihnen reiben und immer wieder zehren von ihrer kreativen Natur. So will dieses Buch keine falschen Analogien oder Parallelen schaffen, aber doch anhand von Selbst-Erlebtem einzelne Erklärungsansätze dafür liefern, warum gerade die Unbequemen so ungewöhnlich erfolgreich sind.

Probleme lösen wie im Traum

Wie sehr echtes Querdenken helfen kann, nahezu unlösbar erscheinende Probleme erfolgreich zu überwinden, hatte ich bereits vor meiner Laufbahn in der Wirtschaft festgestellt, als ich meine Dissertation schrieb. Ich musste für die Zwecke einer empirischen Vergleichsstudie ein statistisches Methodenproblem lösen, über das ich mir immer wieder den Kopf zerbrach und für das ich dennoch keine vernünftige Lösung fand. Auch verschiedene mir gut bekannte Empirik- und Statistikexperten und -professoren konnten mir nicht wirklich helfen.

Ich machte mir zunehmend Sorgen um meine Doktorarbeit, habe mich und andere immer wieder gefragt und gefragt, doch keiner hatte eine Lösung. Bis ich die Lösung dann geträumt habe! Ich wachte aus dem Traum auf, schrieb das Geträumte so gut es eben ging im Detail nieder – und hatte tatsächlich im Schlafe die Lösung für das Problem gefunden, das mir bei Tage doch stets so unlösbar zu sein schien. Der Promotion zum Doktor der Staatswissenschaften stand nach dieser für mich noch immer recht denkwürdigen Nacht nichts mehr im Wege. So blieb mir eine Karriere als frustrierter Dauerdoktorand oder notorischer Wissenschaftskritiker glücklicherweise erspart. Für das Querdenken braucht es eben auch Voraussetzungen, ein bestimmtes Ambiente, eine stressfreie Umgebung. Problemlösungen lassen sich ebenso wenig erzwingen wie Erfolg. Aber ebenso wie beim Erfolg können wir auch für das Lösen schwieriger Aufgabenstellungen die Erfolgswahrscheinlichkeit deutlich erhöhen, indem wir uns etwa von der Vorstellung lösen, etwas erreichen zu müssen, und uns stattdessen mit der Chance begnügen, etwas erreichen zu können. Der Schlaf war als Arbeitszeit nicht eingeplant, der Traum stand unter keinerlei Leistungsdruck.

Seit jener Erfahrung habe ich mich stets bemüht, besonders komplexe Problemstellungen nicht unter Zeitdruck und nicht vorrangig in einer formalen Arbeitssituation zwischen Schreibtisch und Telefon, zwischen terminierter Besprechung und Telefax anzugehen. Oftmals hatte ich die besten Ideen unter der Dusche oder im Whirlpool, beim Dösen auf dem Sofa oder beim Spazierengehen. Und ich habe seit jener traumhaften Nacht immer einen Zettel oder einen Block auf dem Nachttisch liegen – man weiß ja nie, was man in der nächsten Nacht träumt.

Lehrauftrag statt Zwangsexmatrikulation

Doch ohne Querdenken und Quersagen hätte ich es auch bis zum Beginn des Verfassens einer Doktorarbeit wohl niemals gebracht. Mein Grundstudium der Wirtschaftswissenschaften fand ich jedenfalls – trotz durchgängig sehr guter Noten und noch sehr viel besserer Freunde – eigentlich furchtbar. Es störte mich unheimlich, dass der ganze Lehrbetrieb darauf ausgerichtet zu sein schien, Dinge für Klausuren auswendig zu lernen, die dann im Modus des Massenbetriebs als Wissen abgefragt würden, ohne dass irgendjemand überprüft hätte, ob der jeweilige Student (Mädchen gab es bei uns damals kaum) das abgeprüfte Wissen auch sinnvoll einzusetzen und anzuwenden in der Lage wäre. Studentischer Dreikampf eben: Kopieren, Lochen, Abheften. Und dann für die nächste Klausur auswendig lernen, bevor der Stoff wieder aus dem Arbeitsspeicher gelöscht und der Kopf damit wieder frei werden konnte – frei für die Themen der dann darauf folgenden Klausur.

Daneben nahm ich großen Anstoß an der definitorischen Überfrachtung selbst einfachster Sachverhalte. Das Fach »Kostenrechnung«, indem man zwar keine eigentliche Diplomvorprüfung ablegen, jedoch einen Schein erwerben musste, war dafür ein hervorragendes Beispiel. Selbst trivialste Sachzusammenhänge wurden in derart komplexe und unverständliche Worthülsen eingekleidet, dass man am Ende dachte, man selbst sei entweder zu blöd oder das Fach eben ganz einfach zu schwer. Ich habe es damals tatsächlich auf irgendeine wundersame Art und Weise geschafft, den Schein mit der Note »sehr gut« zu bestehen, ohne bei korrekter Beantwortung der Klausuraufgabe wirklich zu verstehen, worüber ich eigentlich schrieb. Wie einfach die Welt der Kostenrechnung in Wirklichkeit ist, begriff ich erst viel später, als ich nämlich als Controlling-Chef auch für die Kostenrechnung verantwortlich war. Wer das Unbequeme nicht scheut, baut Ängste und Widerstände schließlich am besten dadurch ab, dass er sich mit dem Objekt des Widerwillens möglichst eingehend beschäftigt.

Gegen Ende meines Grundstudiums an der Universität Hannover fand am Fachbereich Wirtschaftswissenschaften eine von der internationalen Studentenorganisation AIESEC ausgerichtete Veranstaltung statt, bei der sich für mich endlich einmal die Gelegenheit ergab, meinen angestauten Frust gegenüber einigen der anwesenden Hochschullehrer persönlich zum Ausdruck zu bringen. Auf das mitunter recht überschaubare Niveau an Vorlesungsqualität hatte ich bereits zuvor, nach meiner Rückkehr vom Spiel Deutschland gegen England bei der Fußballweltmeisterschaft in Spanien und 48 Stunden ohne Schlaf, in England-Trikot und mit England-Fahne und -Schweißbändern im Rahmen einer Vorlesung deutlich hingewiesen, als der Dozent sich nach verschiedenen von mir gestellten Fragen und Nachfragen zunehmend in Widersprüche zu verwickeln begann. Als er die Widersprüche schließlich nicht mehr zu entflechten vermochte, verließ ich den Hörsaal, nicht ohne hinreichend unbequemen Kommentar zu seiner akademischen Darbietung. Viele Jahre später begegnete ich ihm nochmals auf dem Bahnsteig und war über seine überaus freundlichen Kommentare zu meinem beruflichen Werdegang sehr positiv überrascht.

Einer der Professoren, denen ich dann später beim AIESEC-Abend meine Unzufriedenheit höchst unbequem und mit gebotener Klarheit mitteilte, war Udo Müller, bei dem ich bis dahin keine Veranstaltungen belegt hatte. Ich ließ ihn auch deutlich wissen, dass ich für mein Hauptstudium bereits mit einem Hochschulwechsel liebäugele, da die Dinge andernorts ja eigentlich nur noch besser werden könnten. Zu meiner großen Überraschung initiierte er nicht etwa ein Verfahren zu meiner sofortigen Zwangsexmatrikulation, sondern gab mir in vielen Punkten recht und empfahl mir nachdrücklich, im Hauptstudium bei ihm Wirtschaftspolitik als Vertiefungsfach zu belegen – dort würde vieles wirklich besser werden.

Ich folgte dem Vorschlag, und damit begann für mich eine einzigartige Beziehung zur Universität Hannover, die sich seither über 30 Jahre hinweg stetig weiter vertieft hat. Nach dem trotz Kostenrechnung erfolgreich erlangten Vordiplom schrieb ich bei Professor Müller eine weit mehr als 500 Seiten lange Diplomar-

beit zum Thema »Großhirnforschung, Unternehmer und Wirtschaftspolitik – Ein interdisziplinärer Ansatz am Beispiel inter-
hemisphärischer Relationen«, der er in seinem schriftlichen
Gutachten attestierte, dass sie mit der Notenskala der Prüfungs-
ordnung »nicht einzufangen« sei und ihr eine Bewertung mit der
Note »sehr gut« (0,7) nicht gerecht werde. Später wurde diese
Arbeit an der Schnittstelle zwischen Volkswirtschaft, Betriebs-
wirtschaft und Neuropsychologie auch als Buch veröffentlicht.

Ich erlangte im Alter von 22 Jahren erfolgreich mein Diplom,
wurde wissenschaftliche Hilfskraft mit Abschluss, ebenfalls bei
Udo Müller, der danach auch mein Doktorvater wurde. Später
wurde ich zunächst Lehrbeauftragter und dann Honorar-
professor, und inzwischen bin ich auch Botschafter der Leibniz
Universität Hannover.

Zu meiner Universität empfinde ich – so ungewöhnlich das
auch klingen mag – eine institutionelle Loyalität. Mein ehemaliger
Professor für Unternehmensführung und Organisation, Arnold
Picot, wurde später bei Sartorius mein Aufsichtsratsvorsitzender,
mein ehemaliger Volkswirtschaftsprofessor Lothar Hübl ist für
mich bis heute wichtiger Berater und väterlicher Freund. Mit dem
Uni-Präsidenten Erich Barke pflege ich einen regelmäßigen vertrauensvollen Diskurs. All das wäre nicht möglich gewesen, hätte
ich nicht an jenem AIESEC-Abend die Wahrheit gesagt – oder
zumindest das, was mir damals als wahr und angemessen erschien.

Und hätte nicht der Querdenker Müller den Querdenker Claassen so hervorragend gefördert und immer wieder zu neuen Anstrengungen motiviert. Da sei meinem verehrten akademischen
Lehrer auch ausdrücklich verziehen, dass er mehr als 20 Jahre
nach dieser ersten Begegnung und auch nach einigen Jahren meines Erachtens eher überschaubarer Veröffentlichungstätigkeit
und wissenschaftlicher Medienpräsenz noch einmal mit seinem

Foto eine große Öffentlichkeit fand, als er gegenüber dem *Handelsblatt* für einen Artikel unter dem Titel »Die Tücken der Intelligenz« im Jahr 2009 einige nach meinem Empfinden eher merkwürdige und fragwürdig anmutende Erklärungen im Zuge des journalistischen Versuches meiner »Enträtselung« abgab. Querdenken kann offensichtlich ganz unterschiedliche Formen annehmen. Und das ist im Grunde ja auch gut so.

Meine Unbequemlichkeit hatte mir jedenfalls erst den Weg geebnet. Zum einen hatte mir Professor Müller einen interessanten Weg aufgezeigt, den ich nach so deutlich geäußerter Kritik nicht wirklich ablehnen konnte. Zum anderen fühlte ich mich nach meinen kräftigen und unbequemen Worten seither stets verpflichtet, den Worten auch entsprechende Taten folgen zu lassen – sei es damals durch exzellente Noten oder heute durch Vorlesungen, in denen gerade nicht die bloße Vermittlung von Wissen, sondern vielmehr das Erarbeiten von Urteilsfähigkeit und Problemlösungskompetenz im Vordergrund steht.

Durch den Taifun zum Traualtar

Wie hilfreich Querdenken und Quersagen auch auf dem Weg zum privaten Glück sein können, habe ich im Vorlauf der vielleicht wichtigsten Entscheidung meines Lebens eindrucksvoll erlebt, jener für meine Frau nämlich. Unsere Ehe ist tatsächlich im wahrsten Sinne des Wortes ein Beispiel für den persönlichen Erfolg des Unbequemen.

Im September 1993 befand ich mich als Bereichsleiter Controlling Produktlinien der Volkswagen AG mit einer Reisegruppe um den »Controlling-Papst« Péter Horváth auf einer Studienreise durch Japan, als sich einer der schwersten Taifune seit dem Zweiten Weltkrieg auf die Hauptinsel Honshu zubewegte. Wir hatten gerade die Automobilfabrik für den neuen Toyota Supra besichtigt und uns über den Status quo des japanischen Target Costing unterrichtet, als die äußere Glocke der herannahenden Naturgewalt den Bahnhof von Toyota City erreichte. Der Himmel wurde am helllichten Tage schwarz, es wurde dunkel – fast wie in der Nacht –, und man hätte die Luft in Scheiben schneiden können.

Noch gerade rechtzeitig erreichten wir später unser Hotel in Kyoto, der alten japanischen Kaiserstadt, in der die nächste Übernachtung anstand. Es wurde uns dringend geraten, uns nicht in den Hotelzimmern aufzuhalten, da für den Fall, dass der Sturm die Fensterscheiben eindrücken würde, auch damit zu rechnen sei, dass alles im Zimmer befindliche einschließlich etwaiger Hotelgäste herausgeweht oder herausgesogen werden könnte. Folglich wurden Koffer und sonstiges Gepäck nicht etwa im Hotelzimmer, sondern im Bad verstaut und förmlich verbarrikadiert. Unsere Gruppe folgte nicht ungern der dringenden Empfehlung, die Abend- und Nachtstunden in der Bar im Untergeschoss zu verbringen, wo man vor den durch den Taifun zu erwartenden Verwüstungen doch ziemlich sicher sein würde.

Da das Zentrum des Sturms sich trotz unvorstellbarer Windgeschwindigkeit nur recht langsam fortbewegte, wurde es eine ziemlich lange und feuchtfröhliche Nacht. Dabei entwickelte sich irgendwann ein recht intensives Streitgespräch zwischen dem Chefredakteur des damaligen Industriemagazins *TopBusiness* und mir. Irgendwie hatte das besondere Ambiente den Querdenker in mir noch mehr zutage gebracht. Und im Auge des Taifuns hatte niemand mehr Hemmungen, das deutlich zu sagen, was er wirklich dachte.

Am nächsten Vormittag zog sich durch Kyoto eine Spur der Zerstörung. Der Sturm hatte gewütet wie nur wenige zuvor. Alle Teilnehmer unserer Reisegruppe waren froh, ohne Schaden davongekommen zu sein, doch ich fürchtete ein wenig, mein Verhältnis zu dem mitreisenden Journalisten könnte durch unseren intensiven nächtlichen intellektuellen »Diskurs« ähnlich geknickt sein wie so viele Bäume in den wunderbaren Park- und Tempelanlagen der Stadt.

Doch genau das Gegenteil war der Fall. Das hitzige Gespräch in dem überheizten Hotelkeller hatte auf ihn offensichtlich Eindruck gemacht – oder zumindest einen bleibenden Eindruck bei ihm hinterlassen. Einige Wochen nach der Reise kontaktierte mich sein Magazin jedenfalls mit der Bitte um ein Interview mit Fototermin. Es entstand ein sehr schöner Artikel, der im Februar 1994 in *TopBusiness* erschien, obendrein mit einem wirklich interessanten Farbfoto mit Wurfpfeil vor einer Dart-Scheibe. Der von Rainer Burkhardt unter dem Titel »Volltreffer mit Methode. Target Costing« erschienene Bericht fand später sogar Eingang in die betriebswirtschaftliche Fachliteratur. *Target Costing*, der (recht unbequeme, aber äußerst nützliche) Prozess der Erreichung ambitionierter Zielkosten, war eine meiner Hauptverantwortlichkeiten bei Volkswagen, und mit Dart-Pfeilen geworfen hatte ich schon immer gern, nicht nur auf dem Hannoverschen Schützenfest.

Der besagte Artikel samt Foto fand seinen Weg irgendwie auch auf den Schreibtisch meiner heutigen Frau, die damals für die C. Rudolf Poensgen-Stiftung Fortbildungsseminare organisierte, bei denen Führungskräfte aus dem gehobenen und oberen Management auf Positionen im Topmanagement vorbereitet werden sollten. Als Referenten dienten namhafte Vorstandsvorsitzende und Vorstandsmitglieder bekannter Konzerne und großer Publikumsgesellschaften wie etwa der seinerzeitige Vorstandssprecher der Deutschen Bank Rolf E. Breuer, der damalige Lufthansa-Chef Jürgen Weber, der frühere Siemens-Primus Heinrich von Pierer oder auch der ehemalige Chef der Metallgesellschaft Kajo Neukirchen.

Umso geehrter fühlte ich mich, als mich einige Zeit später – ich war inzwischen Finanzvorstand von SEAT geworden – in Barcelona eine Einladung erreichte, bei einem Seminar der Stiftung als Dozent mitzuwirken. Am 25. Oktober 1995 war es dann so weit: Ich sprach bei einer großen Veranstaltung in Nürnberg über Controlling- und Sanierungskonzepte. Und offensichtlich war mein Vortrag gar nicht so schlecht. Ich wurde erneut eingeladen und gab noch bei weiteren drei Gelegenheiten zum Besten, dass die Umsetzung von Sanierungsmaßnahmen stets ebenso unbequem sei wie die hinter dem Sanierungsbedarf stehenden Wahrheiten.

Meine Frau schien jedenfalls keine Angst vor dem Unbequemen zu haben. Sie hörte konzentriert zu, als ich vortrug, dass der bloße Abgang bestimmter Manager aus Sicht der Unternehmung manchmal schon die größte Verstärkung bedeuten könne und die Entlassung überforderter Führungskräfte ein sozialer Akt sei. So hatten wir bei SEAT quasi über Nacht 102 von 201 oberen Führungskräften entlassen – aus Gründen notwendiger Kostensenkung, mangelnder Leistungsfähigkeit oder auch im Einzelfall aufgedeckter Korruption. Wer gedacht hätte, danach würde nichts mehr funktionieren, sah sich getäuscht. Die Abgänge spürte man gar nicht, abgesehen davon, dass alles plötzlich viel schneller lief und auch viel besser als jemals zuvor.

Inzwischen bin ich mit der damals wie heute bildschönen und über alle Maßen sympathischen seinerzeitigen Fortbildungsorganisatorin seit mehr als 14 Jahren verheiratet, und auf den Tag genau zehn Jahre nach meinem Vortrag in Nürnberg und unserer ersten Begegnung wurde unsere Tochter geboren. Hätte ich mich nicht in Kyoto als mutiger Querdenker geoutet, dann hätte ich meine Frau wahrscheinlich niemals kennengelernt. Und hätte ich bei meinen Vorträgen in Nürnberg, Krefeld und Münster nicht mit markanten Worten unbequeme Wahrheiten verkündet, hätte ich auf sie vielleicht nie einen hinreichenden Eindruck gemacht.

Bequem hätte ich die Liebe meines Lebens – sozusagen meinen superemotionalen Dauertaifun – jedenfalls nicht gewinnen können. Und ohne pazifischen Wirbelsturm wäre unsere Tochter jetzt nicht auf der Welt.

3. SEI UNBEQUEM UND UNNACHGIEBIG AUCH ZU DIR SELBST

Wie schön, wie bequem wäre es, wenn wir die Fortschritte der Medizin dazu nutzen könnten, uns mittels permanenter, elektronisch und digital gesteuerter Zuführung wundervoller Substanzen quasi dauerhaft – unser ganzes Leben lang und rund um die Uhr – in einen Zustand höchsten Glücks und höchster Freude versetzen zu lassen, um unser Sein und Dasein euphorisch zu verbringen und geradezu orgiastisch vor uns hinzudämmern. Wir reden hier nicht etwa von einer Optimierung unseres Bewusstseinsstandes, sondern vielmehr von einer Maximierung unseres Wohlbefindens, genau von dem also, was die nicht mehr enden wollende Freizeitgesellschaft zwischen digitaler Verblödung und Cybersex uns ohnehin täglich verspricht. Ein Leben in höchster Glückseligkeit.

Doch wann ist ein Leben wirklich glücklich, wann ist es wirklich erfüllt? Haben Glück und Erfüllung nicht auch mit Streben nach Sinn zu tun? Das Streben nach Sinn mag unbequem sein. Unbequemlichkeit und Streben nach Sinn sind wohl in der Tat untrennbar aneinander gekoppelt, bedingen einander wechselseitig, mittelbar und auch direkt. Und strebten wir nicht nach Sinn, hätten wir dann nicht die großen Möglichkeiten leichtfertig verworfen und die großen Potenziale geradezu sinnlos verspielt, die Gott oder der Sternenstaub uns gaben?

Doch auch wer nicht gleich nach Sinn streben will, sondern schlicht und einfach erfolgreich oder auch besonders erfolgreich sein möchte, um auf diesem Wege Leistung und Lebensqualität zu erreichen und in Einklang zu bringen, sollte stets unbequem und unnachgiebig auch zu sich selbst sein, anstatt der Trance der gesteuerten oder ungesteuerten Glückseligkeit des Permanentberieselt-Werdens der Cybergesellschaft zu verfallen. Wer nur Bewusstseins- und Glückszustände optimiert, statt bewusst zu leben und zu gestalten, hat am Ende womöglich umsonst gelebt.

Stell dich immer wieder infrage!

Die wichtigste und vielleicht zugleich einfachste Form der Unbequemlichkeit und Unnachgiebigkeit gegenüber sich selbst liegt darin, sich selbst und das eigene Handeln permanent und immer wieder zu hinterfragen und infrage zu stellen. »Sei unbequem und unnachgiebig auch zu dir selbst« heißt insofern auch: Stelle auch dich selbst jeden Tag, jede Stunde und jede Minute infrage! Stelle jede deiner Handlungen und ihre Ergebnisse infrage! Stelle deine Arbeitsweise infrage! Stelle dein Geschäftsmodell infrage! Stelle deine Ziele infrage! Aber zweifle niemals an deinen Werten.

Nur indem man alles, was man ist, tut und will, immer und immer wieder hinterfragt und infrage stellt, kommt man an die Spitze und bleibt man an der Spitze. Nur so lassen sich Vorsprünge erarbeiten und aufrechterhalten. Nur so wird man erfolgreich. Nur so wird man erfolgreicher als andere. Nur so bleibt man erfolgreicher als die anderen.

Und nur so wird man und bleibt man innovativ. In einer global vernetzten Gesellschaft, in der im Grunde alle Zugang zu allem

haben, ist der entscheidende Erfolgsfaktor schlechthin die Innovation: die Neuerung und Erneuerung also. Wer mehr Innovationsfähigkeit hat, ist und bleibt erfolgreich. Das gilt für die einzelne Person genauso wie für die große Organisation, es gilt für den
einzelnen Bürger genauso wie für seinen Staat. Und Innovationsfähigkeit heißt nichts anderes, als fähig zu sein, Neuerungen
und Erneuerungen voranzutreiben und auch in die Realität umzusetzen. Genau dies wiederum erfordert eben nichts anderes als
die Fähigkeit, das, was man ist, tut und will, permanent zu hinterfragen – ebenso wie das, was man bereits erreicht hat (oder
noch nicht erreichen konnte).

»Stelle auch dich selbst jeden Tag, jede Stunde und jede Minute infrage! Stelle jede deiner Handlungen und ihre Ergebnisse
infrage! Stelle deine Arbeitsweise infrage! Stelle dein Geschäftsmodell infrage! Stelle deine Ziele infrage!« All diese Forderungen lassen sich auch in einer einzigen Forderung zusammenfassen: »Bleibe innovativ!« Oder in einer einzigen Schlussfolgerung:
»Nur so bleibst du innovativ.«

Doch selbst das Infragestellen des eigenen Geschäftsmodells
ist möglicherweise noch nicht kreativ, innovativ und unbequem
genug. Steve Jobs ging sogar so weit, als mögliche Maßnahme
zumindest indirekt zu empfehlen, das eigene Geschäftsmodell
anzugreifen: Auf Seite 408 der englischen Originalversion des
Weltbestsellers »Steve Jobs« von Walter Isaacson heißt es wörtlich: »If you don't cannibalize yourself, somebody else will« –
wenn du dich nicht selbst kannibalisierst, wird es jemand anderes tun.

Dieser Ansatz reflektiert das Streben nach Innovation in seiner
höchsten Form: Wer sich oder seine früheren Innovationen
nicht selbst durch eigene weitere Neuerungen obsolet macht,
wird möglicherweise schlussendlich von anderen verdrängt. Die
Kannibalisierung des zuvor Erreichten durch weitere eigene Er-

rungenschaften – das wäre wahrlich Unbequemlichkeit gegenüber sich selbst in Perfektion.

Innovation ist und bleibt nichts anderes als das Ergebnis des permanenten Hinterfragens und Infragestellens von allem und jedem und vor allem sich selbst. Und Innovation ist die Urquelle des Erfolges. Das war schon vor 2000 Jahren so, etwa in Gestalt römischer Aquädukte und Thermen, römischen Rechts und militärischer Schlagkraft. Und das wird sich auch niemals ändern.

Ein »100-Millionen«-Handy für unter 500 Euro

Es kann kein Zweifel daran bestehen, dass schon immer derjenige besonders erfolgreich war, der seine Probleme innovativ lösen oder seine Gegner und Feinde mit Innovationen überraschen konnte. Doch Innovation ist in unserer Zeit mehr als je zuvor Quelle und Motor des Erfolges zugleich – in einer Zeit von Bits und Bytes, Globalisierung und grenzenloser Mobilität, unendlicher Vernetzung und sich scheinbar ins Unendliche beschleunigender Veränderungsgeschwindigkeit.

Ausmaß und Intensität dieses Beschleunigungsprozesses werden an folgendem Beispiel anschaulich und fast schon körperlich greifbar: Im Rahmen der Erstellung meiner Dissertation schaffte ich vor etwas mehr als 25 Jahren einen PC mit separatem Drucker und separatem Schwarz-Weiß-Monitor an. Es handelte sich um einen Atari ST^F 1040 plus, der anders als die seinerzeit üblichen »IBM Compatibles« als eines der ersten Geräte überhaupt einen Speicher von mehr als 1 Megabyte hatte, um ganz präzise zu sein: genau 1024 Kilobyte. Ich war unendlich stolz, über eine derart fortschrittliche Maschine zu verfügen, wurde von vielen Studienkollegen allein schon aufgrund meines im Vergleich zu ihren – sofern sie überhaupt welche hatten – IBM-kompatiblen Geräten mit 512 Kilobyte Speicherkapazität doppelt so hohen Speichervolumens zutiefst beneidet und wähnte mich entsprechend am äußersten Ende der Hochtechnologie. So schien auch der seinerzeit sehr stolze Preis von etwa 4500 D-Mark für das Gesamtpaket verschmerzbar zu sein.

Heute verfüge ich, wie zig Millionen andere Menschen auch, über ein exzellentes Smartphone, welches allerdings im heutigen »Wettbewerbsvergleich« naturgemäß nicht so viel Bewunderung auf sich zieht wie seinerzeit meine fast den ganzen Glasschreibtisch ausfüllende PC-Konfiguration. Einschließlich Speicherkarte verfügt dieses Smartphone über eine Speicherkapazität von sage und schreibe 64 Gigabyte, also fast 64.000-mal (genau 62.500-mal) so viel wie mein damaliger PC, der mit Drucker und Monitor (der bei meinem Smartphone selbstverständlich in Höchstauflösung bereits integriert ist) umgerechnet etwa 2300 Euro gekostet hatte.

Versucht man nun hochzurechnen, wie viel mein heutiges Smartphone ohne die mit Innovation und technologischem Fortschritt verbundene Kostendegression wohl kosten würde, wie viel es mit seiner heutigen enormen Leistungsfähigkeit also zu den vor 25 Jahren vorhandenen Kostenstrukturen theoretisch kosten würde, dann ergibt sich folgendes Bild: Wir vereinfachen zunächst die Betrachtung, indem wir alle weiteren technologischen Fortschritte, die sich in meinem heutigen Produkt widerspiegeln und die zum Teil noch sehr viel extremer sind als jene im Speicherbereich, wie z. B. dramatisch erhöhte Prozessorgeschwindigkeit oder transformierte Bildschirmqualität, gänzlich außer Acht lassen und uns nur auf den Fortschritt bei der Speicherkapazität beschränken. Wir ordnen zudem 600 der 2300 Euro meiner damaligen PC-Monitor-Drucker-Kombination allein dem seinerzeitigen Dot-Matrix-Printer zu, der heute kaum mehr als ein paar Euro wert wäre. Darüber hinaus lassen wir die erheblichen Preissteigerungseffekte, die sich aus den allgemeinen Inflationsdaten der letzten 25 Jahre ergeben, völlig außer Acht. Allein schon in diesem unter allen drei vorstehenden Prämissen sehr konservativen Berechnungsszenario ergäbe sich beim gleichen Preis pro Kilobyte Speicherkapazität für mein heutiges Smartphone ein theoretischer Verkaufspreis von deutlich mehr als 100 Millionen Euro (genau 106,25 Millionen Euro). Ein unvorstellbarer Wert! Ein unvorstellbar wertvolles Produkt!

Diese einfache Rechnung belegt nicht nur die unfassbare Kraft von Innovation und technologischem Fortschritt, sondern auch die gleichermaßen hohe Bedeutung der Bereitschaft zu Veränderung, Umdenken und Hinterfragen. Zudem macht sie mich jeden Tag aufs Neue glücklich. Jeden Tag, an dem ich mit meinem Smartphone (ohne hier Werbeinteressen zu verfolgen, sei der Transparenz halber eingestanden, dass es sich um ein Samsung Galaxy Note II handelt) telefoniere (oder es meiner Tochter zum Spielen überlasse), fühle ich mich reich – dabei hatte es (ohne Speicherkarte) nur ganze 499 Euro gekostet. Und an jedem Tag, den ich dieses Gerät benutzen darf, ist mir klar und bewusst, wie sehr ich von der Fähigkeit anderer, neu zu denken und Dinge notfalls auch unbequem zu hinterfragen, profitiere.

Mit derart zunehmender Veränderungsgeschwindigkeit wird die Fähigkeit zur Innovation immer bedeutender, immer vitaler, immer unentbehrlicher. War Innovation in der Vergangenheit ein probates Mittel, um sich Vorsprünge zu erarbeiten, und half uns unsere Innovationskraft früher, uns über lange Zeiträume währende Wohlstandsdifferenziale zu sichern, so wird Innovationsfähigkeit nun zunehmend überhaupt erst eine Voraussetzung dafür, den Anschluss nicht zu verlieren. Wer scheinbar stehen bleibt, geht in Wirklichkeit drei Schritte zurück. Und wer drei Schritte zurückgeht, hat langfristig nicht mehr, sondern weniger Wohlstand als andere.

Es wird also immer unbequemer. Doch gleichzeitig gewinnt der oder die auch gegen sich selbst Unbequeme zunehmend an Stärke, da es offenkundig auch immer wichtiger, immer unverzichtbarer wird, sich selbst zu hinterfragen und das eigene Tun und Denken fast ununterbrochen infrage zu stellen.

Wie unbequem es dabei werden kann und wie gravierend die technologischen und wirtschaftlichen Veränderungs- und Umwälzungsprozesse mitunter sind, wurde mir an einem Maiabend des Jahres 2013 besonders deutlich, als ich im Videotext noch verschiedene Nachrichten las und im *ARDtext* auf Tafel 104 folgende *Schlagzeilen Wirtschaft* unmittelbar übereinander entdeckte: »Samsung: Galaxy S4 Verkaufsschlager« – »Atari wird nach Pleite zerschlagen«. Der Hersteller meines hochmodernen »100-Millionen«-Smartphones hatte soeben bekannt gegeben, seit Ende April mehr als 10 Millionen Exemplare des neuen Galaxy S4 verkauft zu haben, wohingegen die Insolvenzverwalter der einst so stolzen und progressiven Atari Inc., die mein wissenschaftliches Wirken damals mit einem 1-Megabyte-Computer technologisch so eindrucksvoll begünstigt hatte, die Marke Atari nun offenbar in einem Paket mit Spieleklassikern für ein Mindestgebot von ganzen 15 Millionen Dollar zum Verkauf gestellt hatten. Der *N24 Text* sprach am selben Abend gar von einem traurigen Ende für Atari. So schnell kann sich technologische Substitution vollziehen. Und so kraftvoll ist offenbar koreanische Disziplin.

Sind wir noch radikal genug?

Wie fundamental bedeutsam es ist, sich selbst immer wieder zu hinterfragen und auch das eigene Tun und Denken konsequent und kontinuierlich auf den Prüfstand zu stellen, wurde mir einmal mehr bei einer Veranstaltung klar, die an einem besonderen Datum stattfand, dem »13.3.13« nämlich: Anlässlich des Workshops der Firmengruppe eines Freundes trugen verschiedene Hochtechnologie-Unternehmen verschiedenster Branchen ihre Geschäftsmodelle, ihre weiteren Pläne und auch das bisher von ihnen Erreichte vor. Daraus ergaben sich ein Gedankenaustausch und eine wechselseitige Befruchtung mit Ideen, wie ich sie selten zuvor in derart kreativ institutionalisierter Form erlebt hatte. Ein geradezu sensationelles Event!

Das ganz Besondere an dieser Veranstaltung lag darin, dass ein Großteil der sich präsentierenden Firmen noch sehr jung war und sich schwerpunktmäßig mit geradezu revolutionären Geschäftsideen befasste. Zudem fiel auf, wie frisch, unbefangen, unverfälscht und geradezu unbefleckt die teilweise fast jugendlich anmutenden vortragenden Unternehmer und Unternehmenschefs waren und mit welcher Begeisterung und mit welchem Enthusiasmus sie ihre Visionen vorzutragen wussten. Wer das Privileg hatte, an dieser Zusammenkunft teilnehmen zu dürfen, dem wurde zugleich klar, warum Teile der Deutschland AG die Begrüßungsreden ihrer Hauptversammlungen auch mit den berühmten Worten aus Caesars Zeit beginnen könnten: »Morituri te salutant« – »die Todgeweihten grüßen dich«. In einem Land, in dem es an der einen oder anderen Stelle noch Machtkämpfe scheinbar epischer Dimension um Strukturen oder Geschäftsmodelle des 19. Jahrhunderts zu geben scheint (für die sich in Shanghai oder Abu Dhabi ohnehin niemand mehr interessieren dürfte), entstehen an anderer Stelle aus dem bloßen Hinterfragen des zuvor niemals Infrage-Gestellten ganz neue Geschäftsfelder, Unternehmen und Wachstumsbranchen. Und damit Wohlstand und Wohlstandsdifferenziale. Oder einfacher gesagt: Mancher unbefleckte Jungunternehmer hat mit ganz unkonventionellen Problemlösungen mehr unternehmerische Vision als etliche unserer übererfahrenen Topmanager in halbarchäologischen Branchen. Archäologie ist auch stets spannend, aber sie bildet doch weniger die Zukunft ab als die Vergangenheit oder im Extremfall den Tod.

Ich selbst habe mich an diesem 13. März 2013 mehrmals gefragt, warum ich auf die eine oder andere Idee nicht schon längst selbst gekommen war. Und ich habe mich ehrlich gesagt auch mehr als einmal geradezu dafür geschämt, wie wenig ich selbst – als jemand, der doch von sich selbst und auch von anderen eigentlich nie als zu bequem gesehen wird – den einen oder anderen lang bewährten Ablauf infrage gestellt hatte, der nun von den neuen Technologierevolutionären geradezu pulverisiert zu werden schien.

So fragte ich mich an diesem Tage immer wieder: Bin ich noch frisch genug? Bin ich noch unbefangen genug? Bin ich noch radikal genug? Bin ich noch revolutionär genug? Bin ich noch schnell genug? Bin ich noch mutig genug? Und vor allem: Bin ich eigentlich noch unbequem genug?

Diese Fragen sollte sich jeder von uns jeden Tag stellen. Allein die Fähigkeit, sich diese Fragen zu stellen, wird maßgeblich darüber mitentscheiden, ob wir in Zukunft innovativ, unbequem und damit erfolgreich sein können. Wer nicht in der Lage ist, radikal zu denken und Radikales zu denken, wird in unserer technologisch so schnelllebigen Zeit keine Chance haben, mit den Besten mitzuhalten, geschweige denn erfolgreich zu sein.

Dass ich noch die Fähigkeit hatte, mir sofort diese Fragen zu stellen, beruhigte mich ein wenig, dass ich auch noch die Unnachgiebigkeit hatte, aus diesen Fragen sofort zahlreiche und verschiedenste Aufgaben und Aufträge für mich und mein Umfeld herzuleiten und umgehend anzugehen, sogar sehr. So hat mir jener Tag im März gleich doppelt geholfen: einerseits bei der Wiederbeschleunigung des Mich-selbst-Hinterfragens und andererseits zum besseren Verständnis dessen, wie radikale und revolutionäre Entwicklungen unser Leben verändern werden. Letzteres verheißt nicht nur Bequemlichkeit; die Befassung und Auseinandersetzung mit disruptiven Trends kann wahrlich unbequem sein, wie wir alle sicherlich nicht nur einmal erlebt haben. Intellektuelle Neugier, die uns letztlich doch alle treiben sollte, darf, kann und wird wahrlich nicht auf »Intellektuelles« beschränkt werden. Nur wer sich intellektuelle Neugier umfassend erhält, so wie jedes Kind sie mit der Geburt geschenkt bekommt, wird im tagtäglichen Leben der Cybergesellschaft bestehen und erfolgreich sein können. Wir wissen alle, dass sich die Zeit in unserem Leben immer schneller zu bewegen scheint. Und nicht ohne Grund erklären uns Technologie-, Innovations- und Zukunftsforscher, dass die Veränderungsgeschwindigkeit von Tag zu Tag zunimmt. Nur wer sich selbst jeden einzelnen Tag seines Lebens zu fragen bereit ist, ob er noch hinreichend unbequem und unnachgiebig auch mit sich selbst ist, wird mit diesem Tempo Schritt halten können.

Vorsprung durch Shiva und Brahma

Selbstverständlich gibt es auch sehr viel weitreichendere und sehr viel extremere Formen der Unbequemlichkeit und Unnachgiebigkeit gegenüber sich selbst als die des bloßen Sich-selbst-Hinterfragens. In diesem Zusammenhang sei erneut der große Name des charismatischen Steve Jobs genannt: Wer noch im Angesicht des Todes zu epochalen Höchstleistungen aufläuft, beweist Unnachgiebigkeit gegenüber sich selbst in reinster, im Grunde nicht mehr zu überbietender Form. Und wer den Tod sogar als großartige Erfindung zur Sicherstellung der Ablösung des Alten durch das Neue begreift, der hat auf beeindruckende

Weise jede Form persönlicher Bequemlichkeit auf dem Altar von Kreativität, Fortschritt und Gemeinwohl geopfert – im Grunde ganz im Sinne der Religionsphilosophie des Hinduismus, in der (als Bestandteil des göttlichen Trinitätskonzeptes »Trimurti«) Shiva, der Glücks verheißende, als Gott der Zerstörung zutiefst verehrt wird, da auf jede Zerstörung wieder eine Erschaffung durch den Gotteskollegen Brahma erfolgen kann. Und Vishnu als Gott der Bewahrung wird von den Hindu nicht etwa vorrangig alleinstehend als Erhalter verehrt, sondern vielmehr im Zusammenspiel mit Shiva und Brahma als Teil eines sich stets wiederholenden Zyklus begriffen. Eines Zyklus, der Wiedergeburt und Weltalter am Ende genauso betrifft wie persönlichen Erfolg, gesellschaftlichen Fortschritt und technologische Innovation.

So vermag es selbst ehemalige Atari-Fans wie mich auch nicht mehr wirklich zu überraschen, dass Apple den einst so engen technologischen Wettbewerb mit Atari am Ende mit großem Vorsprung für sich entschieden hat. Unbequemlichkeit und der Erfolg des Unbequemen haben eben stets auch mit ganz besonderen Menschen zu tun. Wer hätte die atemberaubenden Entwicklungen im Bereich von Elektronik und Informatik wohl vorhergesehen, als die Auswahl zwischen Atari, Mac und IBM-kompatiblen Geräten noch fast eine Frage der Lebensphilosophie war?

Doch Unnachgiebigkeit und Unbequemlichkeit gegenüber sich selbst verhelfen nicht nur zu technologischem Fortschritt und bahnbrechender Innovation. Sie helfen in allen Lebensbereichen, in der Wirtschaft wie in der Wissenschaft, sie machen erfolgreich, im Sport wie in der Politik. Dabei können die Erscheinungsformen der Selbstdisziplin völlig unterschiedlich sein, ebenso wie die sie verkörpernden Akteure. Margaret Thatcher, die nicht nur als erste Premierministerin Großbritanniens,

sondern auch als Englands »Eiserne Lady« in die Geschichte ein-
ging, dürfte das wohl beste Beispiel der jüngeren Zeitgeschichte
dafür sein, wie weit man getragen werden und wie weit man andere tragen kann, wenn man unbequem und unnachgiebig auch
zu sich selbst ist. In ganz anderer Form als der mehrfach er-
wähnte Steve Jobs, und doch auch irgendwie ähnlich. Nicht in
der Wirtschaft, sondern eben in der Politik.

»**Sie war hart.** Zu sich. Zu uns. Zu England. Für England.« Das
schrieb *BILD* am 9. April 2013 in Würdigung der verstorbenen
Baroness. Was für eine Huldigung! Maggie Thatcher symboli-
siert geradezu idealtypisch, wie man mit Unbequemlichkeit auch
gegenüber sich selbst konsequent erfolgreicher als andere werden kann. Erfolgreich für sich und für andere. Vielleicht sogar
für alle.

Gefrorene Scheiben, gefrorener Schweiß

Maggie Thatcher hatte in Oxford studiert. Das mag zwar nicht
alles, aber doch einiges von ihrer Härte und Disziplin erklären
können. Ich vermag das deshalb ein wenig zu beurteilen, da
ich selbst zwei sehr prägende Jahre meines Lebens an der inzwischen fast 800 Jahre alten englischen Eliteuniversität ver-
brachte. Unbequemlichkeit und Unnachgiebigkeit gegenüber
sich selbst werden dort als selbstverständliche Grundtugenden
zwingend vorausgesetzt. Wöchentliche Essays, nächtliche Arbeit in den Bibliotheken, allerhöchste Disziplin und uneinge-
schränkte Leistungsbereitschaft gehen Hand in Hand mit Boots-
fahrten auf Cherwell und »Isis« (so heißt die Themse in Oxford),
Rasentennis in wundervollen »Sports Grounds« und Maibällen
in jahrhundertealten College-Gemäuern. Dort, wo einmal für
jeden Studenten das Leben ein Traum und der Traum ein Leben

sein soll, wird nicht nur der Intellekt geschult, sondern auch täglich Härte trainiert.

Ich war gerade zum »MCR President« des Magdalen College, also zum Präsidenten aller postgraduierten Studenten eines der ehrwürdigsten Colleges der Universität gewählt worden – dazu an anderer Stelle in Kapitel 9 später noch mehr –, als ich in einem bitterkalten Winter im Februar 1986 schwer erkrankte. Der junge, freundliche Arzt des National Health Service hatte ohne irgendwelche Differenzialdiagnostik – ganz einfach aufgrund von Anschauen und Anfühlen – Lungenentzündung, Hirnhautentzündung und Drüsenfieber diagnostiziert.

Die Krankenhäuser waren überfüllt, und so musste ich in meinem winzigen Schlafraum im »Longwall House« bleiben, der nachts ungeheizt war, obwohl die Außentemperaturen auf unserem alten Thermometer bis auf minus 23 Grad Celsius sanken. In einem Land mit oftmals außen am Haus befindlichen Wasserzuleitungen war fließendes Wasser längst keine Selbstverständlichkeit mehr, und in der Badewanne, die wir mit etwa zehn Studenten – wenn auch nicht gleichzeitig – zu teilen hatten, fand ich eines Morgens einen Obdachlosen, der in unserem Haus Zuflucht vor der klirrenden Kälte gesucht hatte.

Mein loses Schiebefenster hatte sich schon seit Semesterbeginn nicht wirklich schließen lassen, und in der winterlichen Kälte war seine Scheibe fast durchgängig gefroren. In diesem anheimelnden Ambiente lag ich nun 24 Stunden am Tag in einem eiskalten Zimmerchen von gefühlt kaum mehr als vier Quadratmetern in einem wackligen Bett auf einer Plastikmatratze, auf der mein Schweiß regelmäßig zu gefrieren begann.

Ich war mir nicht wirklich sicher, ob ich all dies lebend überstehen würde, doch dann erreichte mich eine Botschaft, die den Kämpfer in mir zu erwecken begann: Mir wurde zugetragen, dass eine der in der Wahl zum Präsidenten des MCR, des »Middle Common Room«, mir unterlegenen Fraktionen plane, die Gelegenheit meiner Krankheit zu nutzen, um mich als MCR President wegen mangelnder Fähigkeit zur Amtsausübung absetzen zu lassen. Das hatte mir gerade noch gefehlt, zumal ich als Präsident aller Magdalen Postgraduates für das kommende Studienjahr das Privileg haben würde, als Erster aus dem vielfältigen Angebot an Unterbringungsmöglichkeiten des College auswählen zu können. In den ersten Wochen meiner Krankheit hatte mich vor allem die Vorstellung am Leben erhalten, im nächsten Winter über eine bessere und vor allem warme Unterkunft mit eigenem Waschbecken und heißer Dusche verfügen zu können.

Machterhalt trotz Drüsenfieber

Und tatsächlich erreichte mich am nächsten Tage das formale Begehren, eine Versammlung des MCR einzuberufen. Das damit verfolgte Ziel war offensichtlich: Einer der mir in der entscheidenden Abstimmung unterlegenen Kandidaten sollte nun doch noch in mein Amt hineininstalliert werden. Das konnte und das durfte ich nicht akzeptieren. Vor allem aber wollte ich es nicht zulassen. Die Versammlung nicht einzuberufen, kam für mich nicht infrage. Dies wäre weder rechtmäßig noch ehrenwert gewesen. Also gab es nur eine Möglichkeit: trotz Krankheit zu kämpfen.

Angesichts meines wahrlich desolaten Gesundheitszustandes war dies allerdings auch keine wirklich Erfolg versprechende Alternative. Egal! Am Tage der Versammlung pumpte ich mich nicht nur mit Schmerzmitteln, sondern auch mit Cola voll, und hörte, um mich auf den Showdown einzustimmen, von morgens bis abends in voller Lautstärke immer wieder Survivors »Burning Heart«. Mein Toshiba-Radiorekorder gab alles, was in ihm steckte. »Rocky IV« hatte ich noch rechtzeitig vor der Erkrankung im Kino gesehen, und der finale Knock-out gegen Dolph Lundgren hatte meinen mexikanischen Freund Guillermo und mich wahrlich aus den Kinositzen gerissen, auf denen wir Sylvester Stallone am Ende stehend applaudierten.

Derart motiviert und präpariert ließ ich mich trotz brennender Kopfschmerzen und Lungenstiche abends in den Versammlungsraum tragen. Mairi Keenleyside, eine furchtlose schottische Kommilitonin, merkte noch aufmunternd an, dass ich liegend im Schlafanzug, fiebrig und nassgeschwitzt immer noch kampfkräftiger wirke als meine Gegner in Bestform und fein gekleidet. So nahm die Versammlung ihren zwangsläufigen Verlauf. Die weniger bedeutsamen Tagesordnungspunkte, die man allein deshalb ebenfalls erbeten hatte, um das eigentliche Ziel nicht ganz so offensichtlich in den Vordergrund treten zu lassen, wurden Punkt für Punkt unspektakulär abgearbeitet, bis wir zum eigentlich relevanten Thema, dem letzten Punkt der Tagesordnung, kamen.

Ich fragte ruhig und deutlich, ob hierzu – also zu meiner potenziellen Abwahl und der eventuellen Neuwahl eines Nachfolgers – irgendjemand irgendwelche Vorschläge unterbreiten oder Anmerkungen machen wolle. Schweigen. Nichts als Schweigen. Meine Gegner waren von meiner unerwarteten Anwesenheit derart überrascht, dass keiner von ihnen wagte, seine Stimme zu erheben. Sie wollten mich weg haben, ohne Zweifel. Doch keiner von ihnen hatte den Mut, persönlich hervorzutreten und von Angesicht zu Angesicht seinen Hut in den Ring zu werfen. Ich hatte gewonnen. Meine Unnachgiebigkeit gegenüber meinen Gegnern und gegenüber mir selbst hatte gesiegt.

Nur wenige Wochen später wurde ich zusätzlich zu meiner Position als Präsident aller postgraduierten Studenten des Magdalen College auch noch zum Präsidenten aller Postgraduates der gesamten Universität Oxford gewählt. Nach rund 770 Jahren Universitätsgeschichte war ich der erste Deutsche, der beide Positionen gleichzeitig errang. Als GRC President – GRC steht für »Graduate Representative Council«, also etwa Vertretungsrat der Studenten, die bereits über einen Studienabschluss verfügen – durfte ich ein Jahr lang in Talar und Nadelstreifenanzug als Gast an den Sitzungen des »Hebdomadal Council« (»Wöchentliches Konzil«) teilnehmen, dem höchsten Entscheidungsgremium einer der angesehensten Universitäten der Welt. Von dem dort Gelernten profitiere ich bis heute. Der unnachgiebige Einsatz für meine verdiente Position hatte sich ohne jeden Zweifel gelohnt.

Zu meiner Entwicklung beigetragen hatten wieder einmal am allermeisten meine Feinde: Seit den Prüfungserfahrungen in der Schule habe ich nie mehr Angst vor einer Prüfung gehabt – seit den Erfahrungen in Oxford hatte ich nie mehr Angst vor einer Sitzung oder einer Abstimmung! Und wann immer besonders schwierige oder besonders heikel erscheinende Termine oder Begegnungen anstanden, habe ich immer wieder meinen alten Radiorekorder reaktiviert und »Burning Heart« gehört, um mich angemessen einzustimmen. Und an die Bilder von Rocky in Sibirien oder die Kälte von Oxford gedacht.

Erfolg mit Zigeunerschnitzel trotz Kippschalter

Wer sich einmal selbst überwunden hat, wer auch nur ein einziges Mal gegenüber sich selbst so unbequem und so unnachgiebig war, dass er zu einem fast unmöglich erscheinenden Erfolg getragen wurde, der weiß, dass er es im Zweifelsfall immer wieder schaffen kann. Egal ob in Aufsichtsrat oder Vorstand, ob in der Hauptversammlung einer Aktiengesellschaft oder der Mitgliederversammlung eines Vereins, ob auf dem Sportplatz oder im Gerichtssaal.

Jener scheinbar so unbedeutende Abend im Magdalen College, an dem ich aufgrund eiserner Disziplin gegenüber mir selbst meinen Gegnern unerwartet Paroli bieten konnte, hat mein Leben wesentlich geprägt. Immer wieder habe ich mich in Krisensituationen daran erinnert und daraus Kraft geschöpft. Einmal schrieb ich vor dem Hintergrund anstehender Fristen in weniger als zwei Monaten fast 3000 Seiten – trotz Bandscheibenvorfall, unerträglicher Schmerzen und zahlloser Nächte fast ganz ohne Schlaf. Wer es sich auch unter schwierigsten Bedingungen leisten können will, unbequem und erfolgreich zu sein, muss eben notfalls auch bereit sein, sich selbst zu quälen.

Ein andermal schrieb ich einzeilig weit über 300 Seiten komplizierten wissenschaftlichen Textes in 20 Tagen, täglich im Kampf gegen die Uhr und im Wettstreit mit der Zeit. Würde ich nicht rechtzeitig fertig werden, dann hätte ich mehrere Jahre großer Mühen völlig umsonst investiert. Damit auch ja nichts schiefgehen sollte, hatte ich für meinen PC extra einen separaten Stromkreis mit einer schaltbaren Steckdose installiert.

Automatische Zwischenspeicherungen gab es damals noch nicht. Ich schrieb jeden Tag etwa 19 Stunden lang, schlief 4 Stunden und ging zwischendurch in den benachbarten Imbiss, um mich mit Zigeunerschnitzel, Pommes und Cola für die nächsten Textseiten zu stärken. Eines Abends hatte ich mein Tagwerk schon fast verrichtet, als ich noch eine weitere Lampe einschalten wollte. Doch ich schaltete leider nicht die Lampe an. Ich drückte vielmehr versehentlich auf die neben dem Lichtschalter befindliche Kipptaste, an der die schaltbare Steckdose hing. Mit anderen Worten: Der PC war aus, und alles, was ich an diesem Tag erarbeitet hatte, war weg. Endgültig weg, da ich mir keine handschriftlichen Notizen gemacht hatte.

Ich lag danach auf dem Boden, schrie, so laut ich nur konnte, und trommelte mit den Fäusten verzweifelt auf Teppichboden und schwimmenden Estrich ein. Heute lacht man darüber, aber damals war es so, als ob die Welt unterginge. Und es gab nur einen Weg, diesen Weltuntergang abzuwenden und das verlorene Arbeitspensum erfolgreich wieder aufzuholen: Ab dem kommenden Tag erhöhte ich meine tägliche Arbeitszeit von 19 auf 20 Stunden und reduzierte meinen nächtlichen Schlaf von vier auf drei Stunden.

Leistung auch in Badewanne oder Whirlpool

Sich selbst immer wieder zu treiben und die Legitimation zu haben, andere im vertretbaren Rahmen treiben zu dürfen, geht Hand in Hand. Nur wer selbst jeden Tag alles abarbeitet, die Arbeit des Tages nachbereitet und den nächsten Tag vorbereitet – und sei es auch spät in der Nacht –, kann glaubwürdig von anderen erwarten und andere dazu verleiten, selbst ihr Bestes zu geben an jedem einzelnen Tag.

Während der aufreibenden Sanierung von SEAT ließ ich – gemeinsam mit meinem herausragenden und leider viel zu früh verstorbenen Controller und Freund Kurt Leukel – in einem Großgruppenraum oftmals verschiedene Meetings parallel stattfinden, wobei Kurt Leukel und ich von Konferenztisch zu Konferenztisch sprangen, um so viele Aufträge wie möglich gleichzeitig verteilen zu können. Wir haben stets noch Besprechungstermine um Mitternacht angesetzt und selten weniger als bis 3:00 Uhr morgens gearbeitet, um dann bei Burger King auf der »Rambla« noch wenigstens einen Whopper verzehren zu können.

Die Folge derartiger Unbequemlichkeit gegenüber sich selbst und gegenüber anderen war positiv und bedeutsam: Die Sanierung von SEAT, die seinerzeit die meisten ganz unabhängig von zeitlichen Erwägungen für gänzlich unmöglich erachtet hatten, gelang nach nur drei Jahren. Trotz unglaublicher Widrigkeiten bis hin zu massiver persönlicher Bedrohungssituation für zentrale Verantwortungsträger.

Und die Sanierung von EnBW, für die später viele einen Zeitraum von ungefähr zehn Jahren veranschlagt hatten, gelang sogar in noch kürzerer Zeit. Dabei unterlagen im Übrigen all jene einem Irrtum, die meinten, man könne das doch auch alles ein wenig langsamer und vorsichtiger (und damit wohl auch bequemer) machen. Langsamer wäre es nämlich gar nicht gegangen, allein schon deshalb, weil sich jedes Zeitfenster irgendwann schließt. Und mit Bequemlichkeit ist kein Unternehmen jemals erfolgreich saniert worden.

Doch derart erwünschte Höchstleistung entsteht nur bei entsprechender Flexibilität und Freiheit. Menschen können nur dann ungewöhnliche Erfolge erreichen, wenn sie sich trotz allem Zeit- und Leistungsdruck zufrieden, wohl und frei fühlen. Mir persönlich ist es deshalb egal, ob meine MitarbeiterInnen und Führungskräfte ihre Arbeit in der Badewanne erledigen oder am Schreibtisch, im Whirlpool oder im Büro, freudig am Konferenztisch in Hannover oder konzentriert im Freudenhaus in Bangkok. Solange sie sich dabei rechtmäßig, anständig und korrekt verhalten, zählen für mich nur Arbeitsergebnis und Erfolg. Jeder ist so frei, wie er gut ist. Das ist die bestmögliche Motivation für mündige Mitarbeiter auf dem Weg zu Innovation und Erfolg.

Unbequem zu sein, auch gegenüber sich selbst, heißt übrigens auch: bereit sein zum Aufbruch in die Welt. Watt und Bell, Piëch und Jobs, Alexander und Caesar hätten ihre großen Erfolge niemals erringen können, wenn sie sich geweigert hätten, ihre Heimat zu verlassen. Wer schon eine Verlagerung der Firmenzentrale um 30 Kilometer als soziale Härte empfindet, wird dieses Kriterium jedenfalls nicht erfüllen können.

Und unbequem zu sein, auch gegenüber sich selbst, heißt ebenfalls: bei Bedarf dorthin zu gehen, wo es wehtut – also auch in die Zweikämpfe und auch in die vorderste Position. Ein erfolgreicher Unternehmenschef kann – um es in der alten Fußballterminologie auszudrücken – ebenso wie ein erfolgreicher Politiker niemals nur Libero oder Spielmacher sein. Er muss vielmehr auch die Positionen von Vorstopper und Mittelstürmer spielen können. Mit Mut – und unnachgiebig gegenüber dem Gegner und vor allem gegenüber sich selbst.

4. MACH DICH NIE ANGREIFBAR

Jede Scheiße holt einen irgendwann ein. Und wer sich nur lange genug im großen Scheißhaus oder auch im kleinen Toilettenhäuschen aufgehalten hat, nimmt irgendwann den merkwürdigen und abstoßenden Geruch der Fäkalien an. Das mag sich zwar sehr drastisch anhören, bringt es aber auf den Punkt und beschreibt im Grunde präzise die tagtäglich gelebte und erlebte Realität in einer Welt, in der es wahrlich nicht nur wohldesignte Marmorbäder oder japanische WCs mit hygienischen Selbstreinigungsanlagen gibt. Einer Welt, in der die Keime und Schädlinge überall lauern und in der man die Inkubationszeit oftmals unterschätzt.

Wer sich also wirksam davor schützen will, irgendwann von irgendetwas eingeholt zu werden, das ihm oder ihr die Freiheit des Denkens, des Handelns oder auch nur jene, man selbst zu sein, nehmen könnte, für den oder die gibt es nur einen, nur einen einzigen Weg: sich stets von jeder echten Scheiße so weit wie möglich entfernt zu halten. Koste es, was es wolle. Um jeden auch noch so hohen Preis. Nichts auf der Welt ist wertvoller als die Freiheit des Denkens und des Handelns. Und nur wer sich nirgends und niemals angreifbar gemacht hat, wird sich diese Freiheit für immer erhalten können. Wer auch nur ein einziges Mal den Pakt mit dem Teufel eingegangen ist, hat das Geschenk freiheitlichen Lebens womöglich für immer verspielt.

Dabei ist es am Ende egal, ob die Betroffenen im Sumpf versinken oder nur von einem mikroskopischen Virus befallen sind, dessen nachhaltige Wirkung ihre Kraft am Ende doch völlig verzehrt. Die Dämpfe der Müllhalden von Manila sind nicht mehr und nicht minder gefährlich als der Duft der feinen Intrige, die mitunter eine ganze vornehme Seilschaft verschlingt. Und die Missgunst zwischen Kollegenkreis und Vorstandsetage kann ansteckender und unerbittlicher sein als die Malaria im alten Batavia, mancher bequeme Vorstandssessel ist gefährlicher als die stinkenden Grachten des Todesackers des Orients.

Nichts ist stärker als ein reines Gewissen

Wer wirklich unbequem sein will und wer es sich auch dauerhaft leisten können will, unbequem zu sein, muss also zweifelsfrei die folgenden drei Eigenschaften aufweisen: Er oder sie muss unbestechlich sein, unerpressbar und uneinschüchterbar. Dass mir der wohl beste Aufsichtsratsvorsitzende, den ich je hatte, diese drei Eigenschaften einst zuschrieb, freut mich bis heute und erinnert mich jeden Tag daran, mich immer wieder zu hinterfragen, ob ich sie auch nach wie vor wirklich aufweise. Bisher konnte ich diese Frage glücklicherweise stets mit »Ja« beantworten.

Unbestechlichkeit dürfte dabei eine Charaktereigenschaft sein, die man entweder hat oder auch nicht. Unerpressbarkeit und Uneinschüchterbarkeit hingegen haben neben charakterlichen Grundvoraussetzungen auch viel mit situativen Gegebenheiten und vor allem auch mit dem eigenen Verhalten und den eigenen Erfahrungen in der Vergangenheit zu tun.

Uneinschüchterbar kann man nur sein, wenn man durch und durch verstanden hat, dass man sich niemals brechen lassen darf, und wenn man zusätzlich gelernt hat, sich auch unter schwierigsten Bedingungen nicht brechen zu lassen. Wie wichtig es ist, sich niemals brechen zu lassen, wird in Kapitel 7 noch eingehend diskutiert werden.

Und nur der- oder diejenige kann dauerhaft unerpressbar sein, der bzw. die sich nie etwas hat zuschulden kommen lassen, mit dem man ihn oder sie erpressen oder anderweitig unter Druck setzen könnte. Nichts ist stärker als ein reines Gewissen. Und nichts beruhigt mehr, als zu wissen, dass es in der eigenen Vergangenheit gar nichts geben kann, mit dem man jemals erpresst werden könnte.

Dabei sei Erpressung hier ausdrücklich in einem sehr viel weiteren als dem strafrechtlichen Sinne verstanden. Erpressbarkeit, Kompromittierbarkeit und Kompromittiert-Sein sowie der Verlust der eigenen Freiheit, unbequem zu denken und zu handeln, können sich schon aus vergleichsweise kleinen Fehltritten, aus geringfügigen Unsorgsamkeiten, denen man seinerzeit gar keine Bedeutung beigemessen hat, oder auch aus falschen Kompromissen der Vergangenheit und der irregeleiteten Bereitschaft, um des lieben Friedens (oder eigener Vorteile) willen »einen Kuchen zu backen«, herrühren.

Auf den Aspekt des »Kuchenbackens« wird in Kapitel 9 noch näher einzugehen sein: Wer kennt nicht Situationen, in denen haarsträubende Fehlentscheidungen, eklatante Missstände oder gravierendes Fehlverhalten Einzelner unter den Tisch gekehrt werden sollen – und damit auch alle mitmachen, bekommen die wichtigen Spieler ein zusätzliches Stück Kuchen zur Sättigung des eigenen großen Appetits und alle anderen zumindest ein paar Kuchenkrümel, die beim Aufschneiden und Verteilen der größeren Stücke abfallen oder übrig bleiben.

»Kuchen backen« heißt auch: *eine Hand wäscht die andere.* Etwa nach dem Motto: »*Lass mir mein Förmchen, und ich lass dir das deine.*« Oder: »*Ich sag niemandem, dass du es nicht gebacken kriegst, wenn du niemandem sagst, was ich eingebacken habe.*« Und beim Kuchen- und Krümelessen haben sich dann alle (wieder) lieb, man schaut einander freundlich in die Augen. Kuchenbuffet statt Problemlösung, Umverteilung statt Aufräumen. Unter den Tisch fallen lassen oder unter den Teppich kehren statt ordentlich saubermachen.

Doch dies ist das falsche Rezept. Nur wer sich niemals angreifbar gemacht hat, kann nicht nur unbestechlich sein, sondern ist auch stets unerpressbar und uneinschüchterbar – und damit in der Lage, dauerhaft unbequem erfolgreich zu sein.

Tue Gutes und dokumentiere darüber

Sie müssen sich also sauber verhalten, und Sie müssen zudem auch sauber dokumentieren, dass Sie sich sauber verhalten. Das ist fundamental wichtig. Sich sauber zu verhalten allein nützt wenig, in unserer Gesellschaft im Grunde nichts. Im Zweifel werden Ihre Feinde auch vor der Manipulation oder Unterdrückung von Unterlagen nicht zurückschrecken, und im Zweifel wird sich wohl auch immer irgendwo irgendein »Medienberater« finden, der scheinbar belastendes Material unabhängig von Authentizität und Wahrheitsgehalt aus wenig ehrbaren Motiven weiterverteilt. Rufmord als Geschäftsmodell ist eine wachsende Branche in einer zunehmend verrückteren Welt. Deshalb ist Ihre eigene Dokumentation noch mal um ein Vielfaches wichtiger, als sie es ohnehin schon wäre. Die muss sauber sein, nicht nur Sie! Der Weg ist das Ziel!

»Tue Gutes und rede darüber« ist ein weitverbreiteter, vor allem von der Politik nur allzu gern beherzigter Grundsatz. In unserem Zusammenhang könnte man ihn abwandeln zu: »Tue Gutes und dokumentiere darüber!« Sich sauber zu verhalten und diese Reinlichkeit auch noch sauber zu dokumentieren: das ist für jeden wichtig, an jedem Tag und in jeder Situation.

Dabei darf man die potenzielle spätere Relevanz vermeintlich vollkommen unbedeutender Vorgänge und Abläufe nicht unterschätzen. Was heute vollkommen unbedeutend erscheinen mag, kann sich morgen schon zu einem echten Problem auswachsen. Und man darf nie unterschätzen, wie verkehrt, verquer und verrückt andere bei dem Versuch sein mögen, die Wahrheit in ihr Gegenteil zu pervertieren. Im Hinblick auf dieses Risiko sind im Übrigen wirklich alle Menschen gleich: Es kann Lieschen Müller genauso treffen wie eine Bundeskanzlerin, den Stahlkocher genauso wie den Starkoch, die Sekretärin genauso wie den Vorstandsvorsitzenden.

Wie schnell und wie unerwartet aus scheinbar belanglosen Kleinigkeiten plötzlich echte Probleme entstehen können, haben zahlreiche Spitzenpolitiker und Spitzenmanager bereits erlebt. Dabei spielt es oftmals keine Rolle, ob die Kritik an ihnen gerecht sein mag oder nicht, ob etwaige sie betreffende Vorwürfe überhaupt berechtigt erscheinen mögen. Der ehemalige Bundespräsident Christian Wulff könnte sich hierzu sicherlich ebenso kompetent äußern wie der frühere Ministerpräsident Lothar Späth, Grünen-Chef Cem Özdemir ebenso qualifiziert wie Linken-Ikone Gregor Gysi.

Der frühere Thyssen-Manager Jürgen Claassen, mit dem ich ausdrücklich nicht verwandt bin, verlor sein Vorstandsamt kurz nach einem Bericht der *WELT am SONNTAG* über eine USA-Reise, der er vermutlich keinerlei problematische Relevanz beigemessen hatte. Sein Chef-Aufseher Gerhard Cromme gab sein Amt als Vorsitzender des Aufsichtsrates der ThyssenKrupp AG einige Zeit danach ebenfalls ab. Der ebenfalls einst von Cromme als Aufsichtsratchef kontrollierte frühere Siemens-Chef Heinrich von Pierer, den ich persönlich recht gut kenne und für einen höchst integren Menschen halte, hatte Medienberichten zufolge einst vor dem Hintergrund der sogenannten »Siemens-Affäre« trotz nachdrücklich bekundeter Unschuld und Zurückweisens aller Vorwürfe im Rahmen eines Vergleiches mit der Siemens AG gar 5 Millionen Euro freiwillig bezahlt, um endlich Ruhe und Frieden für sich und seine Familie zu haben.

Doch genauso, wie man die potenzielle spätere nachteilige Relevanz vermeintlich vollkommen unbedeutender Vorgänge und Abläufe nicht unterschätzen darf, sollte man auch niemals unterschätzen, welch positive Auswirkung die sorgfältige Dokumentation selbst noch so scheinbar bedeutungsloser Vorgänge und Unterlagen später einmal haben kann. Als ich an einem Dezembertag des Jahres 2005 im Wartezimmer meines Zahnarztes – stark übermüdet und zudem bereits ein wenig von den Betäubungsspritzen »narkotisiert« – in Anwesenheit meiner Sekretärinnen ordnerweise Weihnachtskarten unterschrieb, hätte ich nicht im Traum für möglich gehalten, dass daraus einmal ein fast drei Jahre dauerndes Ermittlungs- und Strafverfahren – die sogenannte WM-Ticket-Affäre – resultieren könnte, bei dem der Vorsitzende Richter die Staatsanwaltschaft am Ende nicht nur kritisierte, sondern ihr hinsichtlich des von ihr initiierten Verfahrens sogar eine gewisse Exotik attestierte. Und ebenso wenig hätte ich in Erwägung gezogen, dass eine einzige, scheinbar völlig belanglose E-Mail einer Mitarbeiterin einer Tochtergesellschaft an eine andere Mitarbeiterin in diesem Verfahren ein wichtiges Beweisdokument würde werden können, an dessen Ende ein grandioser Freispruch erster Klasse stand.

Handele also stets korrekt, und dokumentiere es auch! Doch selbst die beste Dokumentation ist natürlich nur so gut wie das, was sie dokumentiert. Insofern ist die eigene persönliche Integrität und die eigene Sauberkeit selbstverständlich eine zwingende und die entscheidende Voraussetzung dafür, am Ende nicht angreifbar zu werden – unabhängig davon, wie gut oder wie schlecht man sein Handeln auch dokumentieren mag. Mein Freispruch in der »WM-Ticket-Affäre« resultierte am Ende nicht vorrangig aus der genannten E-Mail, sondern vielmehr aus dem Sachverhalt, dass ich aus rechtlichen und aus sachlichen Gründen ganz einfach freizusprechen war. Ich hatte schlichtweg nichts Unrechtes getan.

Kleine Münzen, große Scheine

Man sollte sich also stets sauber verhalten, und man sollte zudem auch stets sauber dokumentieren, dass man sich sauber verhalten hat. Das ist klar und eindeutig. Und einleuchtend. Das Erhalten der eigenen Sauberkeit kann dabei allerdings ganz unterschiedliche Aspekte haben, die von scheinbar mikroskopischen Themen kleiner Ritzen und Falten bis hin zur gesamthaften Ganzkörperhygiene reichen. Quasi von kleinen Münzen für die Autobahntoilette bis hin zu großen Scheinen für den entspannenden Aufenthalt im Luxus-Spa. Und die kurze Einkehr in die Autobahnraststätte kann den schnellen Hunger doch ebenso befriedigen wie das 4-Gänge-Dinner im 5-Sterne-Hotel.

Nehmen wir ein von mir gern verwendetes Beispiel dafür, um wie kleine Beträge es dabei manchmal gehen kann: Meine erste Berufserfahrung nach der Zeit in Oxford war ein spannendes Projekt in Mannheim. Unser Beraterteam logierte in einem sehr schönen Hotel in Heidelberg. Damals betrug der Tagessatz, den man gemeinhin während einer Dienstreise für Verpflegung erhielt, 46 D-Mark, also etwa 23,50 Euro. Wurde man zu einzelnen Mahlzeiten eingeladen, war der Tagessatz entsprechend zu kürzen. Eine Einladung musste also stets angegeben werden. Ich erin-

nere mich noch, dass für ein Frühstück 20 Prozent von der Tages-
pauschale abzuziehen waren. Wer also zum Frühstück eingeladen war oder das Frühstück mit in seinem Übernachtungspreis
enthalten hatte, bekam als Verpflegungssatz statt 46 D-Mark nur
36,80 D-Mark, also 9,20 D-Mark weniger.

Eine der ersten Sachen, die ich gleich zu Beginn meiner Tätigkeit
von einem Teamkollegen verklickert bekam, war, dass auf der Ho-
telrechnung nicht etwa »Übernachtung mit Frühstück«, sondern
vielmehr »Arrangement« stehen sollte. Man erklärte mir sinngemäß: Wenn auf dem Beleg »Übernachtung mit Frühstück« steht,
dann musst du ja die 20 Prozent abziehen, und du bekommst dann
nur 36,80 D-Mark; wenn dort aber »Arrangement« vermerkt ist,
dann kannst du die vollen 46 D-Mark verrechnen, und du hast
9,20 D-Mark am Tag mehr. Einer der Kollegen ergänzte dazu wörtlich: »Von den Spesen leben wir, das Gehalt sparen wir.«

Für mich kam das nicht infrage. Integrität ist nicht eine Frage
der Beträge. Ich wäre zudem niemals bereit gewesen, mich für
9,20 D-Mark am Tag zu kompromittieren und damit angreifbar
zu machen. Ich wollte aber auch niemanden verraten. Durch eine
abweichende Abrechnungspraxis im selben Hotel hätte ich möglicherweise indirekt andere bloßgestellt und belastet. Stattdessen
entschied ich mich, in ein anderes Hotel, nämlich ins Maritim-
Hotel nach Mannheim zu wechseln. So mussten die betroffenen
Teamkollegen auch nicht auf die für sie scheinbar so wichtigen
9,20 D-Mark pro Kopf und Tag verzichten. Ob sie dies – meinem
Beispiel folgend – dennoch taten, weiß ich selbstverständlich
nicht. Ich jedenfalls konnte unangreifbar und sauber bleiben.

Angreifbarkeit beginnt mitunter schon bei sehr kleinen Beträ-
gen, im Grunde schon beim ersten sinnlos verschleuderten Euro
und beim allerersten veruntreuten Cent. Die schnellen Verlockungen des Lebens enden jedoch keineswegs bei 9,20 D-Mark
oder knapp 5 Euro. Sie können mitunter auch millionenmal grö-

ßer sein und wahrlich viele große Scheine betreffen. Auch das folgende Beispiel, das nur allzu gut veranschaulicht, wie Geld mitunter als einfacher und bequemer Köder eingesetzt wird, habe ich bereits in anderem Zusammenhang verwendet: Ich traf mich einmal vor vielen Jahren am Flughafen London-Heathrow in einem der vielen kleinen anonymen Besprechungsräume mit einem mir bis dahin persönlich unbekannten Manager eines größeren Unternehmens aus dem internationalen Branchenumfeld. Der Mann hatte höflich um ein Gespräch mit mir gebeten, angeblich um die Möglichkeit gemeinsamer Aktivitäten unserer Firmen in Forschung und Entwicklung auszuloten. Er ließ dann jedoch während unserer Begegnung unvermittelt und ziemlich unverblümt durchblicken, worum es ihm eigentlich ging: Für den Fall, dass ich bereit sei, die von ihm offenbar geplante Übernahme des von mir seinerzeit geleiteten Unternehmens zu begünstigen, halte er ein Handgeld für mich in Höhe von 10 Millionen Dollar für angemessen. Ich war schockiert. Auf meinen sehr deutlichen Hinweis, dass ich nicht bestechlich oder käuflich sei und die von ihm beabsichtigte Akquisition vor einem deutschen Gericht ohnehin keinen Bestand haben würde, ließ mein Gesprächspartner mich cool wissen: Um das Gericht werde er sich schon kümmern, und das Übrige werde er auch klären.

Ich brach das Gespräch ab und gab ihm noch in sehr deutlichen Worten mit auf den Weg, dass er eine völlig falsche Vorstellung von unserer Form des Wirtschaftens und offensichtlich auch von unseren Gerichten habe. Er entgegnete aggressiv und verständnislos, ich sei eben so ein typisch deutscher Sozialist, mit dem man nicht reden könne und der noch nicht begriffen habe, wie das Geschäft laufe. Dass es Menschen gibt, die auf solch überaus »bequeme« Weise niemals würden Geld »verdienen« wollen, erschloss sich ihm offenbar nicht. Mein mich begleitender Mitarbeiter war ebenso entsetzt wie ich.

Komplexe Konstellationen, klare Kante

Und auch irgendwo in der Mitte zwischen 5 Euro und 10 Millionen Dollar gibt es Unsauberkeiten, denen man sich entziehen muss und kann. So wurde mir einmal bei einem Pferderennen ein Betrag in Höhe von 1 Million D-Mark für den Fall angeboten, dass ich mich in meiner vermeintlich machtvollen Position bestimmten Bestrebungen nicht widersetzen würde. Ein Koffer voll Geld nicht etwa für eine aktive kriminelle Handlung, sondern einzig und allein für Nichtstun und Passivität. Heathrow ist offenbar überall.

Es versteht sich von selbst, dass ich auch auf die Rennbahn-Offerte nicht eingegangen bin. Und die Liste persönlich erlebter Beispiele für unsittliche Angebote, aus denen – nähme man sie wirklich an – persönliche Angreifbarkeit resultieren könnte, ließe sich nahezu beliebig fortsetzen. Dabei sind die Konstellationen mitunter sehr viel komplexer als vorstehend illustriert. Wenn etwa ein Dienstherr den Gefallen erwartet, etwas unter den Teppich zu kehren, und insofern die Angreifbarkeit, die daraus resultieren würde, mit ihm »einen Kuchen zu backen«, gegen die Unannehmlichkeit abzuwägen ist, die daraus resultiert, dass man sich seinem Ansinnen widersetzt.

Doch auch dann gilt stets: Unter Integritätsaspekten ist einzig und allein die saubere, klare Lösung akzeptabel, und wenn sie auch noch so unangenehm und unbequem ist. Und unter Aspekten der Nichtangreifbarkeit darf man ebenfalls nicht eine einzige Sekunde darüber nachdenken, einen einzigen falschen Kompromiss zu schließen. In der von mir erlebten Realität hieß dies einmal: Rücktritt meines Gegenübers in den frühen Morgenstunden, nach etwa 17-stündiger Sitzung, Diskussion von Gutachten und Gegengutachten, zahllosen Versuchen der Verlockung ebenso wie des Aufbaus von Druck – und am Ende die Erkenntnis, dass ich in der Frage von Recht oder Unrecht unter keinen Umständen auch nur einen einzigen Millimeter nachgeben und im Zweifelsfall eher meine eigene Entlassung in Kauf nehmen würde.

Noch komplexer wird die Situation, wenn man in der Frage von Stringenz und Nichtangreifbarkeit in einen Interessenkonflikt mit einer Person gerät, der man sich über Jahre oder Jahrzehnte persönlich oder gar freundschaftlich verbunden fühlt. Auch solche Situationen habe ich nicht nur einmal erlebt. Beispielsweise als ein Professor, bei dem ich ehemals Vorlesungen belegt hatte und zu dem ich eine hohe Loyalität empfand, ohne angemessene rechtliche Grundlage von einer Aktiengesellschaft, der ich vorstand, Geld dafür verlangte, dass er mir informell eine ehemalige Studentin zur Einstellung empfohlen hatte.

Das war für mich eine menschlich sehr schwierige Situation. Trotzdem kam es für mich nicht eine einzige Sekunde infrage, ihm auch nur eine einzige Mark zu gewähren, auf die er nach meiner festen Überzeugung und auch ausweislich der Expertise unserer Rechtsabteilung keinen Anspruch hatte. Persönliche Verbundenheit ist niemals ein Ersatz für rechtliche Legitimität und Legitimation. Und jeder falsche Kompromiss holt einen irgendwann ein. Deshalb erfordern auch komplexe Gemengelagen stets eine klare Kante.

Die Mitarbeiterin, um die es ging, hat im Übrigen eine der interessantesten Karrieren gemacht, die es in der deutschen Wirtschaft je gab. Sie wurde nach ihrer Assistentinnentätigkeit zunächst Personalchefin einer Aktiengesellschaft, danach Revisionschefin einer weiteren und schließlich Vorstandsvorsitzende einer dritten Aktiengesellschaft – ein unvergleichlicher Werdegang auch ganz ohne Frauenquote. Und dennoch rechtfertigten ihre Fähigkeiten nicht eine Zahlung, für die ein Anlass weder rechtlich noch sachlich bestand.

Ehrlich zwischen Puff und Gottesdienst

Und es muss bei Verlockungen und Gewissenskonflikten gar nicht immer um Geld oder materielle Vorteile gehen. Und auch nicht um Dinge, die rechtswidrig oder gar strafbar wären. Während meiner Zeit als Vizepräsident von SEAT in Barcelona war ich unter anderem verantwortlich für ein Desinvestitionsprogramm, das wir gestartet hatten, um die anstrengenden Sanierungsbemühungen zu beschleunigen. Dabei standen unter anderem diverse große Immobilien der Gesellschaft in Spanien zum Verkauf.

Während unserer entsprechenden Verkaufsaktivitäten begegnete ich irgendwann auch Jesús Gil y Gil, dem damals vielleicht schillerndsten Immobilien-Tycoon der iberischen Halbinsel, der unter anderem auch als Bürgermeister von Marbella und Präsident von Atlético Madrid von sich reden gemacht hat. Auch er hatte im Rahmen unseres Immobilien-Verkaufsprogramms Interesse signalisiert. Wer jemals in bewegten Bildern seinen Auftritt im Whirlpool mit verschiedenen ihm zur Seite sitzenden bzw. hinter ihm stehenden oder knienden schönen jungen Frauen gesehen hat – es waren genau 11, also rein zahlenmäßig eine komplette Fußball-Damenmannschaft –, der mag sich vielleicht vorstellen können, was wohl so alles im Angebot hätte sein können, wenn jemand wie er ein Ziel mit entsprechendem Nachdruck verfolgt hätte. Doch nicht jeder, der ein Ziel mittels heißer Verlockungen verfolgt, versteht, dass der Umworbene an solchen Verlockungen vielleicht gar kein Interesse hat.

Werde niemals schwach! Sonst bist du angreifbar – und damit verloren. Werde niemals schwach, egal ob eine Einladung zur Großwildjagd in Botswana auf dem Programm steht, eine Gruppe feuriger und bildhübscher Mulatas im Hotelzimmer wartet – oder auch nur ein einfacher Aktenkoffer voller Geld. Und macht dich auch dann nicht angreifbar, wenn es ganz einfach nur um dein Privatleben geht und die Verlockungen, denen du ausgesetzt bist, die mit beruflichen oder geschäftlichen Themen gar nichts zu tun haben.

Ein ehemaliger süddeutscher Landrat sagte mir einmal, es sei für einzelne Personen nicht verwerflich, sondern im Einzelfall vielmehr selbstverständlich, abends in den Puff zu gehen, um am nächsten Tage in der Kirche ehrlich beichten zu können. Kompromittierbarkeit – so lernte ich von ihm – entstehe in einem solchen Umfeld nicht durch derart Gewohntes, sondern erst bei Fotos aus dem Nachtklub in Moskau, dem Teehaus in Shanghai oder dem Massagesalon in Bangkok. Denn Shanghai oder Bangkok seien doch schon etwas anderes. Und wohl auch etwas exotischer als Schwarzwald oder Schwäbische Alb.

Doch Shanghai und Bangkok sind in der virtuellen Welt mitunter näher, als man denkt. In der Welt von Cumshots und Screenshots ist alles visibel, ist alles transparent, verlieren sich deine Spuren nie. Tue also nie etwas, von dem du nicht möchtest, dass es morgen mit Foto und Text auf der Titelseite der *BILD*-Zeitung auftauchen könnte oder in den Abendnachrichten der *Tagesschau*. Trinke nie so viel, dass du nicht mehr weißt, wo du warst und was war. Und frag dich bei all deinen Handlungen stets, was denn wohl wäre, wenn sie morgen auf *YouTube* für die ganze Welt plastisch und anschaulich zu sehen wären.

Und lese im Übrigen auch stets mit den Augen des Teufels. Selbst dann, wenn du ein Engel bist. Produziere niemals ein Schriftstück und schreib nie ein Papier, bei dem du Sorgen haben müsstest, wenn du wüsstest, dein größter Feind auf der Welt hätte davon eine Kopie. Und versende niemals eine E-Mail, deren Inhalt du nicht irgendwann an einer Litfaßsäule wiederfinden möchtest.

Schwache Führung, starker Missbrauch

Wenn Menschen sich unbeobachtet fühlen, tun sie oftmals Dinge, die sie niemals tun würden, falls sie sich unter Beobachtung wähnten. Und wenn Menschen glauben, dass Kontrollsysteme nicht funktionieren oder für sie nicht mehr gelten, dann neigt die Mehrheit von ihnen leider in aller Regel irgendwann dazu, dieses Nichtfunktionieren oder dieses Nicht-mehr-Gelten zu missbrauchen. Das ist wohl der entscheidende Grund dafür, dass Korruption und Machtmissbrauch oftmals gerade dort stattfinden, wo man meinen würde, dass Selbstbereicherung doch nicht mehr wirklich attraktiv sein könnte – und schon gar nicht notwendig: am oberen Ende der sozialen Pyramide nämlich.

Schwache Führung verstärkt dabei Risiko von und Anreiz zum Missbrauch. Wo Kontrollsysteme gänzlich abwesend sind, ist der Missbrauch naturgemäß besonders hoch. Und schwache Führung hat in diesem Zusammenhang noch einen weiteren Nebeneffekt: Wo die Führung schwach ist, zählt das Risiko der Angreifbarkeit nicht – oder zumindest sehr viel weniger. Dort haben im Zweifel Vergewaltiger, Spesenbetrüger und Showmaker bessere Karrierechancen als diejenigen, die ehrlich, mutig und zu Recht auf Missstände hinweisen. Und wo Führung schwach ist, zählt auch Ehrlichkeit oftmals nicht. Oder nur als Alibi.

Aber Führung kann sich ändern. Und die Führungspersonen ohnehin, oftmals sogar kurzfristig und unerwartet. Das Getane hingegen nicht. Und wo kämen wir hin, hätten wir allenthalben körperliche oder geistige Triebtäter in einer industriellen Spitzenposition? Die über Frauen ebenso lachen wie über die Schwäche jeder ihnen vorgesetzten Person. Oder sogar mit Billigung oder auf Wunsch ihres Chefs den Missbrauch begehen – zum vermeintlichen Vorteil des Unternehmens und auch der eigenen Position.

Das Gute mag, wie in Kapitel 11 noch näher zu beleuchten sein wird, zwar strukturell einen Nachteil haben, und es ist auch wesentlich anstrengender und unbequemer, aus einem einzigen Quadranten des Spielfeldes (dem von Wahrheit und Rechtmäßigkeit) heraus diejenigen zu besiegen, die sich in vier Quadranten (einschließlich denen von Lüge und Rechtsbruch) bewegen können. Und dennoch zahlt es sich langfristig aus, wenn man sich selbst ausschließlich im Bereich von Wahrheit und Rechtmäßigkeit bewegt. Allein schon deshalb, weil man so niemals angreifbar wird. Jedenfalls nicht wirklich angreifbar!

Jedes Problem muss sofort auf den Tisch

Sich nicht und niemals angreifbar zu machen, erfordert nicht nur, sich stets rechtmäßig und auch über die Rechtmäßigkeit hinaus stets anständig und integer zu verhalten. Es bedingt vielmehr auch, jederzeit den Mut zu haben, Probleme sofort und unverzüglich anzusprechen. Probleme müssen gleich auf den Tisch! Ohne Angst und ohne falsches Zögern.

In Wirtschaft und Politik, Wissenschaft und Verwaltung entstehen riesengroße Probleme meistens dann, wenn man kleine Probleme zu lange nicht erkannt, unterschätzt oder unter den Teppich gekehrt hat. Das hat in den allermeisten Fällen überhaupt nichts mit böser Intention oder krimineller Energie zu tun. Sondern allein damit, dass Menschen ganz generell ein ganz klein wenig dazu neigen, sich selbst und ihre Fähigkeiten zu über- und damit möglicherweise vor ihnen liegende Schwierigkeiten zu unterschätzen.

Dies lässt sich an folgendem zugegebenermaßen etwas überzeichneten Beispiel einfach veranschaulichen: Nehmen wir an, ein Student habe ein teures Hobby – etwa den regelmäßigen Kasinobesuch – und eine teure Freundin, und er finanziere beides aus zwei lukrativen Nebenjobs. Nehmen wir weiter an, er verlöre unerwartet und ohne jegliche eigene Schuld einen dieser beiden Jobs und damit eine seiner beiden wesentlichen Einnahmequellen. Er könnte dies seiner Freundin im Grunde ohne Probleme gestehen, da er schließlich nichts dafür konnte, dass das ihn beschäftigende Unternehmen ohne sein Verschulden in die Insolvenz gegangen ist. Doch es widerspricht seinem Stolz und seinem Ego, sich seiner Freundin zu offenbaren. Zudem ist er sicher, schnell eine neue Zweitbeschäftigung zu finden. Doch diese bleibt aus. Inzwischen ist zu viel Zeit vergangen, als dass er seiner Freundin – zumindest ohne einen gewissen Glaubwürdigkeitsverlust – noch die Wahrheit sagen könnte. Also versucht er, sein Problem anderweitig zu lösen. Er erhöht seinen Einsatz im Kasino, den er bisher sehr gut kontrolliert und unter Kontrolle hatte. Doch statt dort durch erhoffte Gewinne das verlorene Einkommen auszugleichen, verliert er mehr und mehr, sammelt Schulden über Schulden. Er wird zunehmend besorgt und unkonzentriert und verliert aufgrund inzwischen mangelhafter Leistungen am Ende auch noch seinen anderen Job, der mittlerweile seine einzige Quelle von Einkünften war. Sich nun – nach zwei Jobverlusten und jeder Menge im Kasino verspielten Geldes sowie möglicherweise inzwischen bis über beide Ohren verschuldet – noch seiner Freundin zu offenbaren, erscheint ihm nicht mehr möglich. So sieht er nur noch einen Ausweg: Er überfällt eine Bank.

Das Beispiel mag extrem anmuten, und überzeichnet ist es ohnehin. Und dennoch ist es gut geeignet, exemplarisch zu veranschaulichen, dass missbräuchliche Handlungen vielfach nicht von vornherein geplant sind, sondern aus einer gewissen Verzweiflung heraus entstehen. Hätte unser Student gleich sein allererstes Problem, den Verlust einer von zwei lukrativen Tätigkeiten, seiner Freundin »gebeichtet«, dann wäre es – sofern sie nicht nur auf Geld aus war – zu all den Folgeproblemen gar nicht gekommen.

Dasselbe gilt analog für Wirtschaft und Politik. Wer als verantwortliche Führungskraft in einem Unternehmen etwaige Probleme seinen Vorgesetzten oder seiner Muttergesellschaft unverzüglich meldet, hat noch alle Chancen, die Lösung dieser Probleme sachgerecht anzugehen. Wer zu lange verdeckt oder verheimlicht, sieht am Ende oftmals keine Alternative zu Vertuschung und Manipulation.

Ein Unternehmen wird niemals von heute auf morgen gegen die Wand gefahren. Probleme entwickeln sich über die Zeit, Zerfallsprozesse geschehen schleichend. Das gilt im privaten Bereich wie auch in einer großen Organisation, in der Ökonomie wie auch in der Politik. Politiker stürzen selten über Affären, aber häufig über den Umgang damit. Wer rechtzeitig die Wahrheit sagt, braucht sich später nicht von Notlüge zu Lüge zu flüchten. Und wer stets rechtzeitig alle Probleme auf den Tisch legt, macht sich damit auch niemals angreifbar.

5. MACH DICH NIE ZUM SKLAVEN DES SYSTEMS

Jeder Mensch bewegt sich innerhalb bestimmter Systeme – zunächst im System der Familie, später innerhalb des Bildungssystems, danach im Beruf eingebettet in die Systeme von Unternehmen und Organisationen, wieder später vielleicht irgendwann im Rahmen des Rentenversicherungssystems. Wir verlassen uns stets aufs Gesundheitssystem, gebrauchen fast täglich die Systeme von Verkehr und Telekommunikation, leben jede Sekunde im Kontext sozialer Systeme und Beziehungen.

Die Liste für unser Leben bedeutsamer Systeme zwischen Mikrobiologie und Sonnensystem ließe sich beliebig fortsetzen. Bekanntlich bringen die meisten von uns neben dem Schlafen den relativ größten und vielleicht auch wichtigsten Teil ihrer Zeit mit Arbeit zu. Ganz besondere Bedeutung hat deshalb naturgemäß für fast jeden das Gesamtsystem der Organisation und der beruflichen Umwelt, in der er oder sie tätig ist und somit den größten Teil der Schaffenskraft investiert. Und jeder, der ein solches System beruflicher Umwelt einmal erlebt hat, weiß, wie schnell es einen absorbieren und aufsaugen, verändern und auch verzehren kann.

Ich selbst habe einmal zufrieden in einer hervorragenden großen Organisation gearbeitet, über die von außen mitunter gesagt wurde, ihre Hierarchie sei härter als die des amerikanischen

Militärs. Und in der Tat waren Entscheidungsregeln und Entscheidungsprozesse außerordentlich stark strukturiert. Der Entfaltung des Einzelnen waren damit Grenzen gesetzt, doch ein entscheidender Vorteil für die Organisation bestand darin, niemals vom Einzelnen zu abhängig zu werden.

Und Freiraum für Mut zur Wahrheit bestand selbst hier. Als ich dem Chef des Chefs meines Chefs einmal sagte, was mir alles nicht gefiel, und der ebenfalls anwesende Chef meines Chefs mich unterbrach, um seinem Chef zu sagen, dass ich das alles nicht so meine, entgegnete der nur: Lass Utz reden – er meint, was er sagt, und er hat sogar recht.

Dschungelkämpfer statt Systemsklaven

Doch nicht nur komplexe hierarchische Organisationen, sondern jede noch so kleine Firma kann die Menschen prägen, kann ihre Mitarbeiterinnen und Mitarbeiter verändern. Wenn jemand als »Firmenmensch« qualifiziert wird, kann dies hohen Respekt vor der Loyalität zum Unternehmen ebenso reflektieren wie Verachtung vor dem Verlust eigener Meinung und Individualität.

Der Psychoanalytiker Michael Maccoby unterschied in seinem hochinteressanten Buch »Die neuen Chefs« schon vor Jahrzehnten zwischen Fachleuten und Firmenmenschen, Spielmachern und Dschungelkämpfern. Meine vielleicht etwas überspitzte Interpretation im Hinblick auf das Bequeme oder Unbequeme ist dabei einfach: Während der Dschungelkämpfer auch in noch so widrigem Umfeld unerschrocken kämpft, manipuliert der Spieler die Spielregeln und damit das System notfalls zu seinen Gunsten, um am Ende erfolgreich dazustehen. Wer hat solche Menschen in Politik oder Wirtschaft nicht selbst schon mehrfach erlebt?

Die für den Beruf und die Entfaltung der Schaffenskraft relevanten Systeme können dabei äußerst vielfältig sein. Jedes Unternehmen stellt ein solches System dar, oder auch jeder Unternehmensverband. Jedes Ministerium ist ein solches System, ebenso wie eine ganze Regierung oder auch die Politik insgesamt. Die Wissenschaft ist ein solches System, ebenso wie eine jede Universität oder auch jede einzelne Fakultät.

Selbst eine Region kann einen eigenen systemischen Kosmos begründen. Das Ruhrgebiet beispielsweise ist offenbar auch so ein »System«. Ein höchst erfahrener Vorstandschef empfahl mir einst, dieses System »niemals anzutasten«.

Auch Wettbewerb und Branchen definieren Systeme und Systemgrenzen. Die Energiewirtschaft beispielsweise ist ganz sicher ein eigenes, ein ganz besonderes System. Ein System mitunter starker Einflussnahme von allen auf alles, bis hin zu Gesetzentwürfen oder politischen Handlungsempfehlungen auf Konzern-Briefpapier.

Ein schönes Beispiel für die Auswirkungen der besonderen Wirkungszusammenhänge solcher Systeme ist der viel diskutierte Emissionshandel. Eigentlich ist er vom Grundsatz her ein »Superinstrument« zur Optimierung an der Schnittstelle zwischen ökologischem Fortschritt und wirtschaftlicher Vernunft. Doch die hehren Ziele wurden auf dem Altar des politisch Opportunen und Bequemen am Ende geopfert. Wer am lautesten schrie, hat am meisten kostenlos gekriegt. Das Ergebnis ist, dass Emissionszertifikate zwischenzeitlich nur noch 2,75 Euro pro Tonne CO_2 kosteten, obgleich sie konzeptionell eigentlich eher 70 oder 80 Euro je Tonne hätten kosten müssen. Die verständnisvolle und großzügige Behandlung von Großverschmutzern durch die Politik bei der Erstzuteilung von Verschmutzungsrechten hat sich nachhaltig nicht bezahlt gemacht. Am allerwenigsten für die Umwelt.

Doch in der Sache kontraproduktive Systemzusammenhänge gibt es nicht nur an der Schnittstelle zwischen Wirtschaft und Politik. Auch innerhalb der Einzelsysteme folgt bei Weitem nicht alles der Logik der Vernunft und dem Interesse des Systems. Teil des Systems der Wirtschaft sind etwa auch Aufsichtsratsvorsitzende, die sich als Vorstandschef den schlechtesten und schwächsten Kandidaten suchen, den sie überhaupt finden können, um selbst glänzen zu dürfen. Gerade wer in seiner hauptberuflichen Rolle seine Karriereträume nicht verwirklichen konnte, versucht dies dann mitunter später irgendwo als Aufsichtsratsvorsitzender doch noch zu tun. So zahlen mitunter ganze Konzerne den kollektiven Preis für einen an anderer Stelle geplatzten persönlichen Traum.

Man muss ein solches System wohl respektieren – zumindest sofern man sich darin halbwegs wohl und zu Hause fühlt und nicht etwa den Eindruck hat, es sei mit den eigenen Werten vollkommen inkompatibel oder man könne aus anderweitigen Gründen vielleicht rechtlicher oder moralischer Art nicht länger verantworten, dem System anzugehören. Doch zum Sklaven des Systems machen lassen darf man sich nie, schon im eigenen Interesse nicht. Und auch nicht im Interesse des Systems. Denn der wirkliche Erfolg jedes Systems hängt am Ende ganz entscheidend davon ab, dass sich seine einzelnen Mitglieder mündig und vernünftig verhalten und nicht etwa sklavisch unsinnige Regeln befolgen oder willenlos mitwirken an seiner eigenen Destruktion.

Gladiatoren der Revolution

Sich nie zum Sklaven des Systems zu machen, setzt voraus, niemals als endgültige Wahrheit zu akzeptieren, dass alles im vorhandenen System angeblich immer richtig ist und richtig funktioniert. Sich nie zum Sklaven des Systems zu machen, impliziert aber umgekehrt auch, niemals zu akzeptieren, dass in diesem System irgendetwas angeblich niemals funktioniert. Dass bestimmte neue Dinge – noch – nicht funktionieren und deshalb auch noch nicht existieren, liegt im Übrigen auf der Hand. Hätten sie schon früher funktioniert, würde es sie schließlich schon geben. Wenn also irgendjemand sagt: »Das funktioniert nicht«, dann sollte das für den Unbequemen oder die Unbequeme stets ein gutes Zeichen dafür sein, dass man auf unbequeme Weise auf dem richtigen Wege ist.

Von Zukunftsforscher Sven Gábor Jánszki können wir dabei lernen, dass gerade ein Markt, in dem oder auf dem »100 Jahre nichts passiert« ist, besondere Chancen bietet. In einen solchen Markt könne man immer reingehen und solle nur irgendetwas machen, man könne im Grunde gar nichts falsch machen – wohl auch angesichts des enormen Veränderungsdrucks in einem solch statischen System. Das berühmte Beispiel der traditionellen Kreuzfahrten von Seegang, Landgang und Stuhlgang, die nach einem Jahrhundert ohne nennenswerte Veränderungen dann plötzlich revolutioniert wurden, sei hier beispielhaft genannt.

Nichts ist profitabler als die Vision eines Sklaven zur Revolution seines Systems. Hollywood hat dies mit »Gladiator« in unvergesslichen Bildern und mit ergreifender Musik für immer in Szene gesetzt. Maximus alias Russell Crowe hat mit seinem Mut und seiner schier unerschöpflichen Kraft uns unvergesslich in Erinnerung gerufen, dass auch unter härtesten und widrigsten Bedingungen man sich selbst als Sklave mental niemals versklaven lässt, sondern notfalls etwa ein kaputtes und korruptes System eben revolutioniert.

Und auch ökonomisch ist nur weniges rentabler als eine gute revolutionäre Idee. Hohe Innovationsintensität ist per se wirtschaftlich lohnenswert, und umso mehr noch, wenn sie – wie uns Sven Gábor Jánszki erklärt – zu einem »vision change« oder »mission change«, also zu einer Evolution oder Revolution unseres gesamten Geschäftsmodelles, führt. Nicht weniger als 19,9 Prozent »return on invest« hat der berühmte Zukunfts- und Trendforscher für derartige Erfolgsgeschichten errechnet. Und für das »Geschäftsmodell« unseres persönlichen Lebens kann dies selbstverständlich auch gelten – die veränderte Mission als ertragreichster Schritt.

Gerade Aussagen wie »Das schafft der nie« oder »Das schaffen die nie« können für diejenigen, die die Unbequemlichkeit nicht scheuen, motivierend sein. Zu meinem Abitur hatte mich besonders ein Mitschüler motiviert, der, als auf dem Schulhof über ein gerade in der Zeitung erwähntes außergewöhnlich gutes Abitur diskutiert wurde, zu mir sagte: »Claassen, das schaffst selbst du nie.« Und während der Sanierung von SEAT haben meine drei tollen deutschen Vorstandskollegen Barthel Schröder, Detlef Schmidt und Jochen Schumm und ich immer daran gedacht, wie es war, als uns Kollegen und vermeintliche Freunde in Wolfsburg mit höflichen Glückwünschen auf unsere Mission hart an der Grenze zur Fremdenlegion verabschiedeten. Ich jedenfalls hatte das Gefühl, so mancher drehe sich danach um und sage – halb besorgt, halb erfreut: »Glückwunsch und good luck – wir werden sie nicht wiedersehen!«

Sanierungsfall mit Dauerinfusion

Jede starke, hierarchische, aufbau- und ablauforganisatorisch stark gegliederte und stark formalisierte Organisation zieht nach sich, dass sich das Individuum mehr und mehr der Organisation anpasst und mehr und mehr zum Teil der Organisation wird, auch im Denken und in den Verhaltensweisen. In militärischen Organisationen ist das besonders offenkundig, aber es gilt im Grunde ab einer gewissen Größe auch für die meisten Unternehmen und selbstverständlich für fast jede Bürokratie. Wer unbequem erfolgreich sein will, muss sich jedoch ungeachtet der organisatorischen Härte und Disziplin, innerhalb derer er sich gegebenenfalls bewegen muss, in jedem Falle die Fähigkeit zur Individualität, zur Nachdenklichkeit und zum Bewahren und Ausdrücken einer eigenen Meinung erhalten, auch wenn dies auf den ersten Blick nicht systemkonform zu sein scheint. Man muss so lange das Richtige sagen, bis die Richtigen zuhören. Und zwar vollkommen unabhängig von den Rahmenbedingungen.

Ein hervorragendes Beispiel dafür, zu welch wahrlich katastrophalen Ergebnissen es führen kann, wenn Entscheidungsträger sich zu Sklaven ihres Systems oder auch anderer für sie bedeutsamer oder undurchschaubarer Systeme machen lassen, bieten Finanzmarktkrise, Bankenkrise, Schuldenkrise und Eurokrise. In der Finanzmarktkrise sah sich die Politik dem Bankensystem, dessen Wirkungsweise sie nicht wirklich verstand und durchdrang, willenlos ausgeliefert und gewährte immer neue Hilfen und Hilfspakete, bekämpfte somit Berge privater durch neue Berge öffentlicher Schulden. Als ihnen die Schulden – etwa in Südeuropa – über den Kopf zu wachsen drohten, beschlossen die europäischen Regierungschefs und Finanzminister wiederum immer neue Hilfspakete, von denen selbst Altkanzler Helmut Schmidt inzwischen konstatiert, dass er die Abkürzungen für die Rettungsmechanismen nicht mehr beherrsche, aber sehen könne, dass sie alle nicht funktionierten.

Und als – logisch folgerichtig – dann auch noch der Euro unter Druck geriet, beschloss die Politik, nicht mehr den Sparer zulasten des Steuerzahlers, sondern den Steuerzahler zulasten des Sparers zu schützen. Hierauf wird auch in Kapitel 11 (»Sei kon-

sequent, auch zu einem hohen Preis«) noch eingehend zurückzukommen sein. Doch überstürzte Kehrtwenden um 180 Grad
sind kein probates Mittel, um sich aus der Sklavenrolle gegenüber dem System zu befreien.

Ein exzellentes Beispiel für einen aktiven Spitzenpolitiker, der
offensichtlich schon im Ansatz nicht bereit ist, sich zum Sklaven
des Systems zu machen oder machen zu lassen, ist EU-Energie-
kommissar Günther Oettinger. Ende Mai 2013 erklärte er in einer
Rede vor der Deutsch-Belgisch-Luxemburgischen Handelskam-
mer, Brüssel habe »die wahre schlechte Lage noch immer nicht
genügend erkannt«, und bezeichnete Europa als »Sanierungsfall«. Wie eigentlich immer, wenn jemand klar und offen die
Wahrheit sagt, waren die Reaktionen teilweise heftig. Sogar von
einer »Brandrede« wurde gesprochen.

Brandrede? Nein, das, was Günther Oettinger gesagt hat, war
gemessen an der Realität im Grunde harmlos, eine Selbstverständlichkeit. Der deutsche EU-Kommissar hatte lediglich das
gesagt, was die rund 500 Millionen EU-Bürger ohnehin schon
längst wussten: Die EU ist ein Sanierungsfall. Eigentlich ist sie
sogar ein Ultra-Super-Mega-Sanierungsfall. Und der Euro befindet sich längst auf der Intensivstation, irgendwo zwischen Sauer-
stoffzelt, Dialyse und Dauerinfusion.

»2013«: Die Kernschmelze von Kontinent, Währung und Demokratie?

Das gegenwärtige Eurokrisenproblem ist ein Problem auf individueller, einzelwirtschaftlicher und gesamtwirtschaftlicher wie
auch auf politischer Ebene. Und es hat ganz zentral mit dem Thema des Bequemen und der Bequemen zu tun – derer, die zu bequem sind, ihr System zu hinterfragen und infrage zu stellen.

Und derer, die um des eigenen Vorteils und der eigenen Karriere willen nur allzu gern bereit sind, sich zu Sklaven des Systems zu machen oder machen zu lassen.

Doch derartige Verhaltensweisen sind selbstverständlich keineswegs neu. Die Geschichte ist voll von Beispielen, die eindrucksvoll belegen können, dass Systemhörigkeit, Ignoranz und Opportunismus nicht nur zu Problemen, sondern auch geradewegs in die Katastrophe führen können. Die deutsche Geschichte bietet hierfür ein besonders trauriges Beispiel. Umso wichtiger ist es sicherzustellen, dass sich die Geschichte nicht wiederholt. Das nachhaltige Funktionieren unserer Demokratie hat zweifelsfrei auch materielle Voraussetzungen. Eine kollabierende Wirtschaft und ein Verlust jeglichen Vertrauens in Bankensystem und Wirtschaftsordnung bliebe nicht ohne massive Folgen für Gesellschaft und Staat.

Wir schreiben das Jahr 2013. Kaum eine andere Zahl absorbiert und fasziniert unsere Vorstellungskraft mehr als die Summe von einem Dutzend plus eins. In manchen Kulturen ist es eine gewünschte Glücks-, in anderen eine verwünschte Unglückszahl. Fluglinien lassen die Sitzreihe »13« allenthalben aus, und auch viele Hotels versuchen diese mystische Zahl zu überspringen, wenn es um die Nummerierung der Etagen geht. 13 ist also schon irgendwie auch ein bisschen unbequem.

Mathematisch ist die 13 die kleinste Primzahl, die rückwärts gelesen eine andere Primzahl ergibt. In der Chemie definiert die 13 die Gruppe der Erdmetalle. In der modernen Kultur hat sie Filmen oder auch Musikalben den Titel verliehen, im modernen T-Shirt-Design ist sie unverzichtbar, ebenso wie im Fußball als Rückennummer, die besondere Faszination ausstrahlt. Kultur und Religion der Maya kannten bereits 13 Himmel, Bar-Mizwa findet am 13. Geburtstag statt, und das 2. Buch Mose ordnet Gott 13 Eigenschaften zu.

Und auch in der Geschichte hatten Jahreszahlen, die auf 13 endeten, oftmals eine besonders nachhaltige Relevanz, deren volle Bedeutung erst viel später erkannt wurde. 1313 wurde angeblich das Schwarzpulver erfunden. 1413 fand der Aufstand der Pariser Zünfte statt. 1513 wurde Florida entdeckt. 1613 brannte Shakespeares Theater bis auf die Grundmauern nieder. 1713 wurde auf Mallorca Junípero Serra geboren, der Franziskanermönch, der als Gründer von San Diego und San Francisco gilt. 1813 fand die Völkerschlacht bei Leipzig statt. Doch um die besondere Bedeutung der auf 13 endenden Jahreszahlen für das Streben nach und die Unterdrückung von Frieden, Freiheit und Demokratie zu erkennen, braucht man nur ein einziges Jahrhundert zurückzugehen.

1913, ein Jahr, das dem großartigen Bestseller von Florian Illies den Titel gab, war das Jahr, in dem man im fernen Australien mit dem Bau einer neuen Hauptstadt begann. Daheim in Europa schien bei oberflächlicher Betrachtung alles noch fein, geschäftig und harmonisch zu sein. Hitler und Stalin mögen sich, wie von Illies fantasievoll insinuiert, in der Tat kurz im Schlosspark von Schönbrunn beim Spazierengehen begegnet sein, ohne zu wissen, welch nachdrückliche Bedeutung der jeweils andere als Antagonist noch für ihr Leben haben würde. Und während sich die späteren Begründer von Zivilisationsbruch und Naziterror sowie des Sowjet-Stalinismus womöglich im Vorübergehen höflich grüßten, war für die Allgemeinheit in jenen scheinbar friedlichen Tagen auch nicht ansatzweise deutlich, dass unter der Oberfläche all die zerstörerischen Zutaten schon längst angerichtet waren, die zur Megakatastrophe des 20. Jahrhunderts und zu einer Periode beispielloser Grausamkeit, beispiellosen Leidens und beispielloser Unmenschlichkeit führen sollten – einer Periode, während der alle Werte der Zivilisation und zivilisierte Gesellschaften ignoriert und zynisch in die größtmögliche Verachtung der Menschheit pervertiert werden würden. Der Untergang der Titanic im April 1912 mag rückblickend sehr wohl als Warnzeichen zu verstehen gewesen sein. Aber die Warnungen wurden von den meisten – vielleicht allen – zunächst nicht richtig verstanden, sondern vielmehr ignoriert.

So wie im Jahre 1913 befindet sich Europa exakt 100 Jahre später wieder in dramatischen Schwierigkeiten und potenziell am Vorabend von Ereignissen, die sich zu einer echten Katastrophe ausweiten könnten. »2013« könnte von ähnlicher Relevanz sein wie der von Florian Illies so eindrucksvoll beleuchtete »Sommer des Jahrhunderts« vor genau 100 Jahren. Dem Jahr mit der mystischen Zahl ist – ebenso wie auch schon vor einem Jahrhundert – erneut eine Katastrophe in einem anderen Teil der Welt vorausgegangen, die ihre Hauptauswirkungen für Europa und auf die Bürger Europas hatte.

Doch ebenso wie die Tragödie der Titanic sind auch die Katastrophenereignisse von Fukushima von vielen fehlinterpretiert und falsch verstanden worden. Und ähnlich dem Thronfolgermord von Sarajevo haben – wenngleich glücklicherweise ohne jegliche militärische Implikationen – auch die Ereignisse in Japan bei uns zu Überreaktion, irrationalen Entscheidungen sowie falschen und fragwürdigen Konsequenzen geführt – Konsequenzen, die uns noch für etliche Jahrzehnte belasten könnten.

Der deutsche Bundesumweltminister Peter Altmaier musste Anfang 2013 schließlich konstatieren, dass die so hochgelobte und zunächst scheinbar kostenlose Energiewende in den nächsten Dekaden nun doch Kosten von bis zu 1000 Milliarden Euro nach sich ziehen könnte. 1000 Milliarden Euro! Allein mit dieser einen Feststellung des Ministers ist im Grunde der – ihn gar nicht betreffende – Beweis erbracht, dass eine Politikerhaftung für vorsätzlich oder grob fahrlässig herbeigeführte Fehlentscheidungen im Grunde ebenso erforderlich ist wie eine Ad-hoc-Pflicht für Politiker, also die Verpflichtung, Kenntnisse und Erkenntnisse über Sachverhalte sofort offenzulegen, auch wenn es für die nächste Wahl vielleicht unbequem und unangenehm ist.

Doch das Risiko der Kernschmelze, dem wir auf unserem Kontinent sehr konkret gegenüberstehen, ist ein völlig anderes als das der Kernschmelze in Fukushima. Uns droht neben dem nuklearen Restrisiko potenziell die Kernschmelze der Hauptwährung des Kontinents. Und sollte diese Währung fallen, wäre auch die Demokratie in Gefahr. Die Geschichte hat uns viele Male gezeigt, was unerwartete Armut und massenhaftes Leid nach sich ziehen können. Die Demokratien Europas haben ihre bisherige Stabilität vor allem auf relativem Wachstum und Wohlstand aufgebaut. Und obwohl der Euro noch lebt, mögen Fernsehbilder und Fotos aus Athen oder Madrid eine kleine Vorstellung davon vermitteln, wie explosiv unkontrollierte Emotionen und berechtigte Desillusion noch werden könnten.

Von der Aufklärung in Europa hin zur Europäischen Union

Und anders, als es im Nachgang zu 1913 geschehen ist, kann das Schlimmste vielleicht noch vermieden werden. Aber wie uns die Geschichte gelehrt hat: Das bedarf mutiger Bürger, die handeln und eingreifen. Und ebenso mutiger Verantwortungsträger, die sich nicht und niemals zu Sklaven des Systems machen lassen, dem sie dienen und das ihnen dient. 1914 hat uns gezeigt, was passieren kann, wenn die Warnzeichen ignoriert werden, und 1933 hat das furchtbarste Beispiel der Geschichte dafür geliefert, wie instabil Demokratie sein und welch unvorstellbar böse und schreckliche Konsequenzen eine solche Instabilität nach sich ziehen kann. Diesmal liegen Geschichte und Schicksal noch in unseren Händen. Noch.

Vor 100 Jahren war es – wie sich hoffentlich noch jeder erinnert, um eine Wiederholung vermeiden zu können – eine unglückselige Kombination nicht demokratischer Regimes, ihrer geostrategischen Interessen und auch ihrer Dummheit, die zu Krieg, wirtschaftlichem Zusammenbruch und dem schrecklichen Leiden von Millionen und Abermillionen von Menschen führte. Im Jahre 2013 gibt es offensichtlich kein Kriegsrisiko in Europa. Aber es gibt – wieder einmal – eine höchst gefährliche Kombination von Bedrohungen und Herausforderungen gegenüber dem Kontinent.

Unabhängig davon, ob der Präsident des Europäischen Rates nun erklären mag, dass die Eurokrise eine Sache der Vergangenheit sei, oder auch nicht, ist und bleibt die Existenz der Hauptwährung unseres Kontinents noch immer in hoher Gefahr. Und mit dieser Gefahr für unsere Währung gibt es auch eine inhärente Krise der Demokratie. In einigen Hotspots der Wirtschaftsmisere wie etwa Griechenland ist dies schon sichtbar, doch faktisch steht die Demokratie in fast ganz Europa auf dem Prüfstand und ist womöglich in Gefahr. Wenn Europa nicht in der Lage ist, seine wirtschaftlichen und politischen Probleme zu lösen, dann wird unsere Demokratie bedroht sein, und mit ihr unsere Zivilgesellschaft und der Rechtsstaat obendrein. Die jüngere Zeitgeschichte auf dem Balkan hat gezeigt, wie schnell sich Dinge verändern und wie schnell aus Nachbarn Feinde werden können.

Die beiden Hauptkomponenten eines solchen potenziellen Krisenszenarios, nämlich die Währung des Kontinents und die Demokratie der Länder des Kontinents, werden von anderen systemischen und systematischen Problemen begleitet, in Bereichen wie Energie und Demografie oder auch der Bürokratie Brüssels, die insbesondere aus Großbritannien so oft und zu

Recht kritisiert worden ist. Selbst Altkanzler Schmidt, der wahrlich nicht zu Übertreibungen neigt und eine Eurokrise nicht einmal konstatiert, sprach bereits von einer »tief greifenden Krise fast aller europäischen Institutionen«. Und sogar der Präsident des Europaparlamentes persönlich, der mutige SPD-Politiker Martin Schulz, hat öffentlich erklärt, so, »wie sie heute organisiert ist und geführt wird«, werde die Europäische Union scheitern.

Die Mehrzahl der Menschen hat die Komplexität von Globalisierung, globalen Märkten und Finanztransaktionen noch nicht wirklich verstanden und verinnerlicht. Das Europa der Draghis, Van Rompuys und Barrosos erschließt sich ihnen kaum. Und gleichzeitig beginnen viele Menschen bereits – aus verständlichen Gründen! – Vertrauen zu verlieren, nicht nur in ihr Wirtschaftssystem, sondern auch in die demokratische Vertretung ihrer Interessen. Europa scheint, wie wir wohl alle mehr oder weniger zu fühlen meinen, an einem Mangel an Nähe zum einzelnen Bürger ebenso zu leiden wie an einem Mangel demokratischer Legitimation.

Dabei gehen strukturelle Fehler und Versäumnisse und systemische Defekte Hand in Hand mit individuellen Fehlern der entscheidenden Entscheidungsträger oder auch der kompletten Abwesenheit jeglicher notwendigen Aktion. Nur allzu oft scheinen ökonomische Logik und die Logik politischen Handelns inkompatibel und unvereinbar zu sein. Wer die Regeln seines Systems nicht infrage stellt, seien sie auch noch so unsinnig, widersinnig und irrational, der macht sich am Ende zum Sklaven dieses Systems und auch zum Täter – unabhängig davon, ob er dem System zu willenlos dient oder sich vom System zu willig bedienen lässt.

Es gibt ganz einfach nicht wenige Menschen, die in, mit, von und durch Brüssel nicht schlecht leben. Eine große Administration braucht einen großen Trog, in Brüssel ebenso wie in Berlin, in Paris oder Athen ebenso wie in Rom oder Madrid. Wenn Politik und Vernunft jedoch zwei verschiedene Sphären sind, dann haben wir zweifelsfrei ein Problem, ein sehr großes sogar. Und das 100 Jahre nach 1913 und mehr als 200 Jahre nach der Aufklärung! Sind wir wirklich in unserem Denken und Handeln wieder hinter die Zeit der Aufklärung zurückgefallen? Zählen mündige Bürger und deutliche Worte am Ende gar nichts mehr? Schiller hat uns die wundervollen und einzigartigen Zeilen zu Beethovens wundervoller europäischer Hymne geschenkt. Haben wir nicht die Kraft, dieses Europa zu retten, dann hätte der große Dichter am Ende umsonst gelebt.

Euroshima

Der Kern des Problems liegt in der Tatsache, dass unser Währungsproblem nicht lösbar ist. Unser Problem heißt nicht Fuku-, es heißt Euroshima. Es gibt nämlich keine Lösung für die Eurokrise. Das hört sich dramatisch an, und das ist es auch. Wohl kaum ein Politiker würde sich trauen, diese Wahrheit offen auszusprechen. Und doch wüsste ich niemanden zu nennen, der ihr in vertraulicher Runde widerspricht.

Gleich aus zwei Gründen ist das Problem des Euro unlösbar: Auf der einen Seite ist die Währungskrise des Euro Folge einer europäischen Staatsschuldenkrise. Die öffentlichen Schuldenberge haben in Europa eine so enorme Höhe erreicht, dass es total unrealistisch und im Grunde völlig utopisch ist anzunehmen, dass Politik und Politiker jemals die Kraft finden werden, diese Schuldenberge wieder abzubauen oder zumindest nennenswert zu reduzieren. Aber wenn die Schuldenberge bleiben, bleibt die Eurokrise auch.

Dabei darf es niemanden überraschen, dass sich die Europäische Staatsschuldenkrise mittlerweile auch zu einer echten Währungskrise entwickelt hat. Bei der Bekämpfung der seinerzeitigen Finanzmarktkrise, in deren Zentrum zweifelsfrei eine private Schuldenblase stand, hat die Politik den fundamentalen Fehler begangen, Schulden mit Schulden zu bekämpfen. Das konnte nicht gut gehen. Das musste die Staatsschuldenkrise deutlich verschärfen. Und es musste zu einer Währungskrise des Euro führen. Bereits im Jahr 2009 führte ich dazu in meinem Buch *Wir Geisterfahrer* das Folgende aus:

> *»Wenn wir nun aber etwa Nachfrageausfällen mit zusätzlicher Verschuldung begegnen wollen und damit letztlich die Auswirkung der alten Schulden mit immer neuen Schulden bekämpfen, dann könnten die Folgen der Medizin im Extremfall schlimmer sein als die der Krankheit. Um es deutlich zu sagen: Das Kernproblem war eine Schuldenblase. Und als Antwort darauf produzieren wir neue Schulden – und potenzieren damit die Schuldenblase. Wir pumpen sie weiter auf. Dies ist aus zwei Gründen ein fundamentales Problem. Es ist erstens unsozial, denn es überhäuft spätere Generationen mit Verpflichtungen. Und es ist zweitens auch rein ökonomisch mehr als fragwürdig, denn die angehäuften Schuldenberge werden zu einer Erosion des Außenwertes der betroffenen Währungen führen, zu einer signifikanten Inflation, und es werden neue ›Imbalances‹, neue Ungleichgewichte, produziert.«*

Entgegen dem zuweilen erweckten Eindruck ist der europäische Schuldenberg auch weiterhin keineswegs im Schrumpfen, sondern vielmehr nach wie vor im Wachsen begriffen, und die »Wachstumsgeschwindigkeit« ist erschreckend hoch. Allein im

Jahr 2012 stieg die öffentliche Schuldenlast in den 17 Staaten der Eurozone um insgesamt 375 Milliarden (!) Euro und in den Ländern der Europäischen Union insgesamt sogar um 576 Milliarden (!) Euro. Eine weniger strenge Budgetaufsicht und die angedachte Erlaubnis für zeitweise Abweichungen von Sparvorgaben und Stabilitätspakt im Falle von Zukunftsinvestitionen werden das Problem noch weiter verschärfen.

Und die Hiobsbotschaften reißen nicht ab. Spanien beispielsweise meldete im Sommer 2013 einen neuen Rekordwert der Staatsschulden. Der gesamte europäische Schuldenberg belief sich laut den Daten der EU-Statistikbehörde Eurostat in der Eurozone per Ende März 2013 auf sage und schreibe 8,75 Billionen (!) Euro. Die Staatsverschuldung der Euroländer lag damit nochmals um ca. 0,15 Billionen – also etwa 150 Milliarden oder 150.000 Millionen! – über dem bisherigen Höchststand von Ende 2012, der sich auf 8,6 Billionen Euro belaufen hatte. Die utopistische Hoffnung, unsere zwischen europäischer Interessenvielfalt und föderaler Komplexität zerriebene Politik könne die Kraft entfalten, derartige Schuldenlasten eines Tages abzubauen und zu überwinden, übertrifft die Vorstellung, ein einzelnes – fleißiges – Ameisenvolk könne die Alpen oder den Himalaja abtragen.

Gleichzeitig sind die wirklich interessanten »Wachstumsperspektiven«, diejenigen der wirtschaftlichen (und nicht der Schulden-)Entwicklung nämlich, für Europa derzeit äußerst bescheiden. Für die Periode von 2013 bis 2017 gehen seriöse Schätzungen für die Eurozone derzeit von einem kumulativen realen Anstieg des Bruttoinlandsproduktes von weniger als 5 Prozent aus, wohingegen für die USA ein Anstieg um fast 15 Prozent und für die Schwellenländer ein Wachstum in Höhe von fast 40 Prozent erwartet wird. Exorbitant hohe Schulden und sehr bescheidene Wachstumsperspektiven: das ist die traurige Realität Europas im Jahre 2013. Eine Realität zwischen scheinbarer Sicherheit und möglichem Super-GAU.

Paris, Berlin, Ankara

Griechenland und Portugal, Italien und Spanien sind dabei nur die Spitze des Eisberges. Das wahre Problem des Jetzt und Heute liegt in Frankreich. Statt dringend notwendige Reformprozesse zu initiieren, hat man sich dort um Dekaden zurückbewegt, indem man den Menschen wieder einmal verspricht, dass man sich mit mehr Schulden mehr Wohlstand bei weniger Anstrengung leisten könne. François Mitterrand, der temporär eine vergleichbare Politik proklamierte, konnte als Präsident seines Landes und mit seinem Land wirtschaftlich nach meiner Überzeugung nur überleben, weil er nach seiner Amtsübernahme den französischen Franc zweimal erheblich gegenüber der D-Mark abwertete. Doch diese Option steht seinem ideologischen Erben aufgrund der gemeinsamen Währung nicht mehr offen. Die Folgen für Frankreich und auch für Europa könnten dramatisch sein, was sich bereits deutlich abzuzeichnen beginnt.

Die Arbeitslosigkeit in der Europäischen Union lag im Frühjahr 2013 um zwei Millionen höher als beim Frühjahrsgipfel im Jahre davor. Mehr als 25 Millionen Arbeitslose in Europa sind ein politischer Skandal, eine ökologische Katastrophe und eine soziale Tragödie.

Die Arbeitslosigkeit in Frankreich erreichte im Juni 2013 einen bisherigen historischen Höchststand und stieg damit im 26. Monat in Folge. Das Bruttoinlandsprodukt der Grande Nation ist bereits im vierten Quartal 2012 geschrumpft, anstatt das erhebliche Wachstumsmoment zu produzieren, welches der neue Präsident versprochen hatte. Im Juli 2013 verlor die zweitgrößte

Volkswirtschaft des Euroraums ihr Triple-A-Rating auch bei der letzten der drei großen Ratingagenturen. Für das Gesamtjahr 2013 wird erstmals seit 2009 ein Rückgang der französischen Wirtschaftsleistung prognostiziert.

Der Gesamtschuldenstand Frankreichs stieg im Jahr 2012 um 116,9 Milliarden Euro auf den Allzeitrekordwert von 1,834 Billionen Euro. Der französische Bankensektor zeigt – auch im internationalen Vergleich – eine erschreckend hohe Bilanzsumme systemrelevanter Banken im Vergleich zur nationalen Wirtschaftsleistung (annähernd 300 Prozent). Der französische Automarkt ist massiv eingebrochen. Und wenn ein berühmter französischer Schauspieler vor dem Hintergrund französischer Steuersätze von bis zu 75 Prozent am Ende vom russischen Präsidenten den russischen Pass erhält, dann vermittelt das eine erste Vorstellung davon, dass das »alte Europa« eines Tages vielleicht wirklich von Polen, der Türkei und Russland ökonomisch verdrängt wird. EU-Kommissar Oettinger mag durchaus recht gehabt und sich prophetisch geäußert haben, als er unlängst darauf zu wetten bereit war, dass ein deutscher Kanzler oder eine deutsche Kanzlerin eines Tages »mit dem Kollegen aus Paris auf Knien nach Ankara robben« würden, um die Türkei zu bitten, der Europäischen Union beizutreten.

Die Deutschen mögen ökonomisch eines Tages sehr wohl die Türken sein, und das Gleiche gilt selbstverständlich gerade auch umgekehrt. Wer den Hunger, die Ausbildungsqualität und insbesondere die Bereitschaft, durch Unbequemlichkeit gegenüber sich selbst erfolgreich zu sein, bei den jungen Menschen in der Türkei beobachtet, bekommt eine Vorstellung, welche Art von unbequemen Herausforderungen nicht nur aus China und Indien, sondern auch innereuropäisch noch vor uns liegt.

Insofern erscheint es nur fortschrittlich und konsequent, wenn Grün-Rot in Baden-Württemberg Türkisch als dritte Fremdsprache will. Denn so, wie es immer klar war, dass China eines Tages wieder die größte Volkswirtschaft der Welt sein würde, ist es wohl auch nur eine Frage der Zeit, bis die Türkei nicht nur Mitglied, sondern die größte Volkswirtschaft der Europäischen Union sein wird. Doch wann wird in Deutschland Mandarin als Pflichtfach unterrichtet?

Deutschland: große Worte, große Schulden

Und sogar Deutschland, nein: gerade auch Deutschland mit seiner bisweilen fragwürdigen Attitüde des arroganten Lehrmeisters oder auch der strengen Lehrmeisterin muss erst noch beweisen, dass es die Schuldenkrise wirklich in den Griff bekommen kann – im Ausland, aber auch daheim zu Hause. »Wer heute Steinbrück und Trittin reden hört, registriert, dass die Lerneffekte aus der Zeit vor der Agenda ebenso verflogen sind wie die Lehren aus der europäischen Staatsschuldenkrise.« Das schrieb Ulf Poschardt in einem am 14. März 2013 veröffentlichten Leitartikel auf der Titelseite der *WELT*.

Und er fährt an späterer Stelle fort: »Die Scheu der Bundesregierung, dem Land neue Zumutungen abzufordern, ist erschreckend.« In Krisenzeiten, so stellt er fest, dächten die Deutschen rational über die Politik, ginge es ihnen jedoch gut, dann gönnten sie sich Emotionalität. Dieses Deutschland mit seiner Sehnsucht nach dem Bequemen und nach Bequemlichkeit, dieses scheinbar so erfolgreiche Deutschland wird in der Tat – ganz unabhängig von kurzfristigen Wahlergebnissen und parteipolitischen Farb- und Koalitionskonstellationen – in Zukunft ein Problem haben und womöglich sogar selbst das Problem von morgen sein. Und morgen kommt vielleicht schneller, als man denkt.

Der wahre Schuldenberg Deutschlands ist mit großem Abstand der höchste in Europa. Einschließlich bisher vom Staat bilanziell nicht verarbeiteter Pensionsverpflichtungen und Drohverlustrückstellungen dürfte er wissenschaftlichen Schätzungen zufolge bei etwa 7000 Milliarden Euro liegen. Doch selbst ohne die letztgenannten Positionen ist die offizielle deutsche Verschuldung nicht nur nominal, sondern auch pro Kopf und sogar pro Euro Bruttoinlandsprodukt höher als beispielsweise die des so viel gescholtenen Schuldenstaates Spanien. Wir schauen mitunter verächtlich auf die ach so überschuldeten Südeuropäer, ohne uns unserer eigenen gewaltigen Schuldenlasten hinreichend bewusst zu sein. Und wir (und unser hohes internationales Ansehen) leben teilweise davon, dass wir vom Rest der Welt systematisch überschätzt werden. Und dieser Überschätzung wirken wir nicht entgegen, sondern fördern sie noch.

Gleichzeitig werden Wahlen in Deutschland effektiv längst von Empfängern öffentlicher Transferzahlungen entschieden. Dadurch verliert die Demokratie schrittweise ihre Fähigkeit zu Sanierung und Schuldenabbau, Restrukturierung wird »politisch unmöglich« in einer Parteiendemokratie, die sich stets mehr am politisch Opportunen als am wirklich Erforderlichen orientiert. Eben an den Gegebenheiten des politischen Systems.

Wenn mehr als die Hälfte der Wahlberechtigten öffentliche Transferzahlungen empfangen, werden die Senkung öffentlicher Ausgaben, die Konsolidierung staatlicher Budgets und der Abbau und die Rückzahlung öffentlicher Schulden zu fast unerreichbaren Zielen. Anders, als es viele bei uns und anderswo vermutlich denken und sicherlich hoffen, ist Deutschland nicht Teil der Lösung, sondern vielmehr Teil des Problems. Ein ziemlich großer Teil des Problems sogar.

Kernschmelze der Perspektiven einer Generation

In Spanien übertrifft die Jugendarbeitslosigkeit schon seit geraumer Zeit die erschreckende Schwelle von 50 Prozent. Im ersten Quartal 2013 zählte Spanien 6,2 Millionen Arbeitslose. Bei jungen Menschen unter 25 Jahren stieg die Arbeitslosenquote dabei auf unglaubliche 57,2 Prozent. Das ist ein noch schlimmerer Wert als jener, den Deutschland im Jahre 1932 (allerdings bezogen auf die gesamte erwerbsfähige Bevölkerung) erreicht hatte, bevor es in die Nazidiktatur und damit eine Schreckensherrschaft abglitt, die für die schlimmste Periode und die furchtbarsten Exzesse der gesamten Menschheitsgeschichte verantwortlich war.

Öffentliche Gewalt und Vandalismus sind in Spanien nach wie vor fast inexistent, auch vor dem Hintergrund der enormen Bedeutung der Familienstruktur innerhalb des katholischen mediterranen Staates. Ohne die große Stärke und den exorbitanten Zusammenhalt spanischer Familien würde die Perspektivlosigkeit einer halben Generation die Grundsäulen der Demokratie vermutlich schon stärker gefährden. Man stelle sich einmal vor, wie es in Berlin, Hamburg oder Duisburg aussähe, wenn dort mehr als ein Viertel aller Arbeitsfähigen und fast 60 Prozent der jungen Menschen arbeitslos wären. Bestimmte Stadtviertel könnten selbst von ganz normalen Familien nicht nur bei Nacht ohne bewaffneten Personenschutz vermutlich nicht mehr gefahrlos aufgesucht werden.

Doch auch die beste Familienstruktur kann ökonomisches und politisches Versagen sowie persönliche und soziale Tragödien nicht für immer kaschieren und kompensieren. Und Spanien steht mit dieser fürchterlichen Situation bei Weitem nicht allein da. Im Februar 2012 waren bereits 54 Prozent der 15- bis 24-jährigen Griechinnen und Griechen arbeitslos, im November

2012 lag die entsprechende Arbeitslosenquote der Altersgruppe zwischen 15 und 24 Jahren in Griechenland schon bei 61,4 Prozent – ungefähr dreimal so viel wie nur fünf Jahre zuvor. Im Februar 2013 hatte der entsprechende Wert dann sogar sage und schreibe 64 Prozent erreicht – eine unfassbare Tragödie für eine ganze Generation!

Die Kernschmelze der Währung ist ein sehr reales und akutes Risiko. Die Kernschmelze der Perspektiven einer ganzen, nämlich der jungen, Generation ist jedoch bereits traurige Realität. Im noch immer friedlichen Europa des Jahres 2013.

Entvölkerung trotz Geldtransfer

Doch noch aus einem weiteren, einem zweiten zentralen Grund ist die Eurokrise unlösbar: Noch gravierender als das Problem der öffentlichen Schuldenkrise ist diesbezüglich nämlich der Sachverhalt, dass eine gemeinsame europäische Währung allein deshalb niemals funktionieren kann und niemals funktionieren konnte, als sie dramatische regionale Unterschiede in Bezug auf wirtschaftliche Infrastruktur, ökonomische Kraft, Wirtschaftswachstum und -dynamik schlichtweg ignoriert. Da aber das ökonomische Ungleichheit zwischen Ländern und Regionen ohne jeden Zweifel ein dauerhaftes und unabänderliches Phänomen ist und auch bleiben wird, wird und muss auch die Eurokrise bleiben. Die Grundgesetze der Ökonomie werden nicht besiegt. Nicht einmal von den Sklaven des Systems.

Die wirtschaftlich schwächeren Regionen und Länder haben durch die Einführung des Euro das für sie so wichtige Instrument der Abwertung verloren. So können und so werden sie nicht wirklich wettbewerben können und auch nicht wirklich wettbewerbsfähig sein. Nicht heute, nicht morgen und auch nicht übermorgen. Diese ökonomische Einsicht ist so klar, stringent und einfach wie Addition und Multiplikation in der Grundschule. Wer erinnert sich nicht noch an die Zeiten, als alle paar Wochen oder alle paar Monate 1000 Lire einen Pfennig weniger wert waren? Auf diesem Wege hielt sich die italienische Volkswirtschaft wettbewerbsfähig. Nicht mehr und nicht weniger.

Griechenland hat in Summe der verschiedenen Rettungspakete bereits Geldtransfers erhalten, die einem mehrfachen Wert des gesamten Marshallplans entsprechen, also des amerikanischen Programmes, mithilfe dessen die europäischen Volkswirtschaften nach dem Zweiten Weltkrieg wiederaufgebaut wurden und von dem gerade wir Deutschen so unglaublich profitiert haben. Trotzdem hat Griechenland seine wirtschaftliche Wettbewerbsfähigkeit nicht verbessern und seine Strukturprobleme nicht lösen können. Die Milliarden und Abermilliarden haben keine nachhaltige Wirkung gezeigt. Der Schuldenstand Griechenlands lag am Ende des ersten Quartals 2013 bei atemberaubenden 160,5 Prozent der nationalen Wirtschaftsleistung und damit nochmals um knapp 25 Prozentpunkte über dem entsprechenden Vorjahreswert.

Der beste Beweis dafür, dass wirtschaftliche Ungleichheit zwischen Regionen ohne jeden Zweifel ein dauerhaftes und unabänderliches Phänomen ist und auch bleiben wird, kommt jedoch aus Deutschland. Seit der Wiedervereinigung sind ungefähr 2000 Milliarden Euro vom früheren »Westen« in den früheren »Osten«, also die neuen Bundesländer transferiert worden. Die angestrebte wirtschaftliche Gleichheit ist dabei auch nicht ansatzweise erreicht worden. Stattdessen gibt es im Osten Regionen, die aufgrund ihrer massiven Wirtschaftsstrukturprobleme entvölkert zu werden drohen.

Nicht nur in Griechenland oder Spanien verlassen junge Menschen, die zu Hause keine Perspektive mehr sehen, aber große Talente und viel Hoffnung haben, ihre Heimat. Geldtransfers welcher Dimension und Intensität auch immer können weder Ungleichheiten beim Wachstum noch strukturelle wirtschaftliche Ungleichgewichte überwinden – jedenfalls definitiv nicht auf einer dauerhaften und nachhaltigen Basis.

Superwaffe und Morphium–Pumpe

Aufgrund dieser unbestreitbaren und auch weitgehend unbestrittenen wirtschaftlichen Tatsache werden die reichen Länder am Ende unter der europäischen Gemeinschaftswährung ebenso leiden wie die armen. Die Effekte des Euro auf die wirtschaftlich schwächeren Länder können beispielsweise in Griechenland besichtigt werden: komplette Abwesenheit von Wettbewerbsfähigkeit, exzessive Schulden, Verlust jeglicher Handlungsspielräume.

Die Auswirkungen auf die ökonomisch stärkeren Länder sind nicht weniger bedeutsam. Diese Länder verlassen sich auf einen wahrgenommenen Anstieg an Wettbewerbsfähigkeit, der in Wirklichkeit im globalen Kontext gar nicht existiert. Und sie werden für die Armen ohne zeitliche Begrenzungen zu zahlen haben, und mit Sicherheit auch über die Grenzen der demokratischen Akzeptanz innerhalb ihrer Landesgrenzen hinaus. Kurzfristig schien der Euro die Superwaffe zu sein, von der alle profitieren könnten. Langfristig wird er jedoch allen schaden.

Aus alledem resultiert ein evidentes Dilemma: Den Euro zu behalten, wird die Dinge nicht besser machen, sondern schlechter. Selbst eine Fülle oder vielleicht sogar Hunderte von Rettungs- und Unterstützungsoperationen und auch Multi-Milliarden-Euro-Hilfspakete zur Unterstützung einzelner Länder oder Regionen und zur Stützung der europäischen Währung werden die genannten grundlegenden ökonomischen Prinzipien nicht außer Kraft setzen können.

Der Euro soll politisch mit allen möglichen und unmöglichen Mitteln gehalten werden, so ökonomisch unsinnig oder gar unmöglich es auch ist. Der Euro hängt längst schon an der Morphium-Spritzenpumpe. Doch sein Leben soll um jeden Preis verlängert werden. Ob nun durch Gelddrucken oder Eurobonds, Schutzschirme oder Rettungsschirme, Teilaustritte einzelner Staaten oder eine Existenz nur noch als virtuelles Buchungsgeld – der Varianten gibt es offenbar viele. Die Hoffnung ist, dass nicht fallen wird, was nicht fallen soll. Doch die bloße Hoffnung beseitigt die Fehlkonstruktion unserer Währung nicht.

Den Euro abzuschaffen ist jedoch ebenfalls keine Lösung. Dafür sind wir schon viel zu weit gegangen. Wir sind schlichtweg nicht mehr fähig, den Euro abzuschaffen, ohne dramatische Risiken für Wohlstand und demokratische Stabilität einzugehen. Es wäre ein Experiment an einem lebenden Organismus, das in dieser Form niemals zuvor durchgeführt worden ist. Selbst in einem vermeintlich eher stabilen Land und einer vermeintlich eher starken Volkswirtschaft wie Deutschland würde es zu Risiken unvorhersehbarer Größenordnung führen: Die Wiedereinführung der geliebten D-Mark könnte – und würde wohl auch aller Voraussicht nach – die deutsche Volkswirtschaft in eine Rezession von Dimensionen stürzen, wie man sie niemals seit dem Zweiten Weltkrieg erlebt hat.

Die Ablösung des Euro durch die D-Mark in Deutschland würde voraussichtlich zu einer so dramatischen Aufwertung der deutschen Währung führen, dass der bisher fest wahrgenommene deutsche industrielle Wettbewerbsvorsprung innerhalb weniger Tage nach dem Experiment fast gänzlich ausgelöscht sein könnte. Auch hinsichtlich unserer vermeintlich so überragenden industriellen Wettbewerbsfähigkeit haben wir uns möglicherweise bequem getäuscht.

Vorstellungskraft statt Systemabsturz

Also stellen weder die Rettung des Euro noch seine Abschaffung oder der Ausstieg aus dem Euro eine Lösung dar. Und der eigentliche Skandal ist, dass einige der besser ausgebildeten und verständigeren Politiker dies zwar längst wissen, aber dennoch nichts dafür tun, um Transparenz zu schaffen oder um endlich zu handeln. Sie wissen schlichtweg nicht, was sie tun sollten. Das Hindurchwurschteln ist somit von der Notlösung zum eigentlichen Rollenmodell politischen Handelns und politischer Abläufe avanciert. Wer sich zum falschen Zeitpunkt zum Sklaven des Systems gemacht hat, verliert eben seine Handlungsfähigkeit. Und zwar dauerhaft.

Hat ein einziger Politiker von Bedeutung bisher offiziell eingestanden, dass der Euro mit den bisher eingesetzten bzw. zur Verfügung stehenden Instrumenten nicht gerettet werden kann und nicht gerettet werden wird? Nein! Aber hat irgendjemand bisher ein überzeugendes Rettungskonzept mit langfristiger Wirksamkeit präsentiert? Nein! Das hat ganz sicher niemand getan.

Wie wir jeden Tag beobachten können, hat die Demokratie auf der Ebene des geeinigten Europa niemals wirklich an Momentum gewonnen. Demokratie ist noch immer etwas, das vorwiegend auf kommunaler, regionaler oder nationaler Ebene stattfindet. Doch sollte es tatsächlich zur Kernschmelze der europäischen Währung kommen, egal ob schleichend oder disruptiv, dann ist die Demokratie und dann sind die Demokratien der einzelnen europäischen Länder ebenfalls in Gefahr. Die Situation ist sicherlich weder so martialisch noch so absurd wie jene des Jahres 1913. Aber sie ist auch nicht weniger komplex. Niemals nach dem Zweiten Weltkrieg hat Europa sich in einer derart schwierigen Situation befunden.

Es ist deshalb Zeit zum Handeln. Für die bedeutenden Entscheidungsträger und für jeden einzelnen von uns. Wir müssen neue, sehr unbequeme Wege gehen, wenn wir Europa wirklich retten wollen. Es wird mehr und nicht weniger Solidarität brauchen, mehr und nicht weniger Integration, mehr und nicht weniger Vertrauen, mehr und nicht weniger Hilfe, größere und nicht kleinere Opfer, mehr und nicht weniger Mut.

Wenn wir aus dem Europroblem noch irgendwie herauskommen wollen, dann wird dies nur funktionieren, wenn und indem sich Europa tatächlich wie eine Familie verhält. Das heißt allerdings: noch mehr zusammenrücken, noch deutlich mehr Unterstützung leisten, und das nicht nur materiell. Auf der Intensivstation helfen keine Geldgeschenke, keine Rettungsschirme und keine Zahlungstransfers. Jedenfalls nicht allein.

Wenn wir den strukturell schwächeren Wirtschaftsregionen eine echte Chance geben wollen, dauerhaft in der Währungsunion zu überleben, und wenn wir der so unüberlegt und so voreilig konzipierten gemeinsamen Währung zumindest eine kleine Chance geben wollen, trotz der erheblichen wirtschaftlichen Disparitäten innerhalb der Eurozone doch noch eine Zukunftsperspektive zu entwickeln, dann wird dies eines Transfers von Wissen, von Erfahrung, von personellen Ressourcen und von finanziellen Anstrengungen in bisher nicht gekannter Größenordnung bedürfen. Einer Hilfe von wahrhaft gigantischer Dimension.

Mit der per August 2013 bestehenden Haftungsobergrenze von etwa 400 Milliarden Euro für deutsche Steuerzahler wird es jedenfalls nicht getan sein. Und obendrein ist massiver Personaltransfer vonnöten, wie das Beispiel der deutschen Wiedervereinigung deutlich gezeigt hat. Darüber hinaus – und das ist wahrlich zentral! – bedarf es eines dramatisch verbesserten gegenseitigen – auch kulturellen – *Verständnisses* und einer enormen Hilfs*bereit*-

schaft. Also des genauen Gegenteils der Entwicklung, die wir in »Geber-« wie in »Nehmerländern« derzeit erleben.

Familiensinn statt Nationalismus, Vertrauen statt Missgunst, Wohlwollen statt Häme. Derartiges zu kommunizieren und dann auch noch umzusetzen, dürfte höchst unbequem werden. Doch wir alle müssen Mut haben und uns davon befreien, Sklaven eines Systems zu sein, das uns am Ende möglicherweise in den Abgrund reißt. Nur dann, wenn wir unsere geistigen Ketten sprengen und bereit sind, uns einzugestehen, wie und durch welche Fehler wir in diese höchst delikate Situation geraten sind, können wir die Vorstellungskraft entwickeln, die wir zweifelsfrei brauchen, um uns eines Tages von Eurokrise und Europakrise zu befreien. Und um sicherzustellen, dass aus Europa niemals »Euroshima« wird.

6. ZEIGE MUT ZUR WAHRHEIT

»Extra omnes!« Alle hinaus! Das sind die berühmten Worte, die in einem Abstand, der im Einzelfall zwischen wenigen Wochen und etlichen Jahrzehnten liegen kann, der Zeremonienmeister des Vatikans spricht, wenn sich die Kardinäle in der Sixtinischen Kapelle zu einer Papstwahl zurückziehen. Die Parlamentswahlen in unserer föderalen Demokratie vollziehen sich regelmäßiger und im Durchschnitt auch in deutlich kürzeren Zeitintervallen. Und auch die Bestellperioden von Vorständen sind regelmäßiger und im Durchschnitt kürzer als die Zeitspanne eines Pontifikats. Doch die Abläufe werden, wie wir alle wissen und regelmäßig besichtigen können, durch die höhere Regelmäßigkeit in unserer Mediendemokratie keineswegs professioneller oder planbarer.

Im Gegenteil: Legten wir als Maßstab der Beurteilung politischen Handelns die Wahrheit und Wahrhaftigkeit von im Wahlkampf getätigten Äußerungen und gegebenen Versprechen zugrunde, dann könnten wir – anders als im Falle der Sixtinischen Kapelle – jeweils regelmäßig *nach* erfolgten Wahlen die Formel des päpstlichen Zeremonienmeisters verwenden und rufen: »Alle hinaus! Alle weg!«

ALLE WEG! – das wäre möglicherweise sogar ein guter Name für eine neue Partei. Träte diese dabei zunächst in einem Bundesland an, in dem sich die Wahlvorschläge auf dem Wahlzettel nach der Reihenfolge des Alphabetes richten, so käme sie noch vor der »Alternative für Deutschland« und hätte möglicherweise gute Chancen auf einen schnellen Einzug in ein erstes Landesparlament, mit den entsprechenden zu erwartenden Folgewirkungen für andere Landtage und den Bundestag. Anders als die »Alternative für Deutschland« erschiene sie nicht allzu sehr auf ein Thema – das der Währung – fokussiert, sondern träfe das politische System im Kern. Und die Nichtwähler sind in aller Regel ohnehin schon die deutlich stärkste Partei. Beppe Grillo, der mittlerweile zum international bekannten Politstar avancierte italienische Komiker und Kabarettist, lässt grüßen. »ALLE WEG« wäre zudem auch noch sehr viel höflicher als sein berühmtes und unmissverständliches italienisches »VAAAF-FAA-AN-CUUU-LOOO!!!«.

Doch das wäre ein Thema für ein anderes Buch.

Wahrheit, Teilwahrheit, Unwahrheit, Lüge

Eine besonders problembehaftete und die vielleicht scheinheiligste und widersprüchlichste Beziehung, die unsere Gesellschaft zu irgendeinem Thema bzw. irgendeiner Person (oder Personengruppe) überhaupt hat, dürfte allenthalben diejenige zu Wahrheit und Lügner sein. Dabei habe ich aus der gesamten diesbezüglich relevanten Gruppe von Begriffen sehr bewusst die beiden vorstehenden als Begriffspaar ausgewählt, obgleich der Lügner doch eigentlich die Lüge begeht, während die Wahrheit ja streng begrifflich vom »Wahrheitsager« stammen müsste.

Wahrheit, Teilwahrheit, Unwahrheit, Lüge: Wo sind die Grenzen – der gesellschaftlichen Akzeptanz und in der Definition? Die Teilwahrheit ist en vogue, wird gern praktiziert, ist fester Bestandteil des gesellschaftlichen Diskurses. Die Unwahrheit ist zwar nicht offiziell akzeptiert, bleibt aber in aller Regel folgenlos. Die Lüge ist offiziell gesellschaftlich geächtet. Und dennoch wird sie in Wirklichkeit in vielen Bereichen geradezu gesellschaftlich gefördert. Die Wahrheit ist schlichtweg unbequem. In jedem Fall ist unser gesellschaftliches Verhältnis zu Unwahrheit und Teilwahrheit völlig unverkrampft, wohingegen die reine Wahrheit wie auch die offenkundige Lüge – auf unterschiedliche Weise – Anspannung und Verkrampfung in uns hervorrufen.

Insbesondere die Teilwahrheit nimmt in unserer Gesellschaft eine zentrale Rolle ein. Die Teilwahrheit wird im Grunde als die intelligentere Form der Wahrheit betrachtet, macht man sich doch weder als Lügner angreifbar noch mit der unbequemen Wahrheit unbeliebt. Zum Lügner haben wir, wenn er denn überführt ist, ein gespaltenes Verhältnis. Der, der die Unwahrheit sagt, ist oftmals nur der Vergessliche. Der Teilwahrheitsager ist einfach der Kluge. Und der Wahrheitsager ist vor allem der Dumme – und das gleich im doppelten Sinne: Er wird als dumm angesehen, und auch das Ergebnis ist für ihn oft recht dumm. Jedenfalls bei kurzfristiger Betrachtung.

Interessant ist: In der Mitte des jeweiligen Kontinuums fühlen wir uns also wohl, mit den Rändern haben wir Probleme. Die Erklärung dafür ist ganz einfach: Unwahrheit und Teilwahrheit sind bequem, Lüge und Wahrheit hingegen schaffen Unbequemlichkeit. Die Wahrheit deshalb, weil sie in aller Regel per se unbequem ist, und die Lüge deshalb, weil wir, obwohl wir mit ihr meistens weniger Probleme haben, in Wirklichkeit doch wissen, dass wir sie eigentlich nicht tolerieren dürften. (Letzteres ist zumindest noch ein »Problem«, solange doch weite Teile unserer Gesellschaft noch eine zumindest frühkindliche religiöse Prägung aufweisen – sei es vor dem Hintergrund von Bibel, Thora oder Koran.)

In der gesellschaftlichen Öffentlichkeit ist das alles besonders gut in Wahlkampfzeiten und beim Umgang mit Affären zu beobachten. Besonders wenn Wahlkampf ist – allerdings leider nicht nur dann –, wird für die Welt der Politik die Wahrheit expressis verbis gesellschaftlich als Dummheit abqualifiziert. Wer einen ehrlichen Wahlkampf betreibt, wer vor allem die ganze Wahrheit sagt, gilt schlichtweg als dumm. Das wird nicht nur im Hinterkämmerchen gedacht, sondern auch öffentlich ganz offen so gesagt. Aber ist die Teilwahrheit wirklich wahr, nur weil sie keine ausgemachten Lügen enthält? Oder ist sie nicht doch vielmehr unwahr, da sie mitunter wesentliche Teile der Wahrheit vorenthält? Die Antwort ist klar. Die Wahrheit sollte stets vollständig sein und nicht in die Irre führen. Doch unsere Gesellschaft betrachtet das Aussprechen der ganzen Wahrheit in Politik oder Wirtschaft als undiplomatisch und dumm. Damit ist über unsere Gesellschaft im Grunde alles gesagt.

Ich habe bereits an anderer Stelle, in meinem Buch *Mut zur Wahrheit* die bizarre Situation dargelegt, dass einerseits etwa die extragalaktische Astrophysik inzwischen so weit ist, mithilfe komplexester Simulationen die Existenz von Extraplaneten, also für uns nicht sichtbaren Planeten weit außerhalb unseres Sonnensystems, aus dem in vergleichsweise winzigen Amplituden messbaren »Tanz der Sterne« abzuleiten, während andererseits unsere Politik zur Alterssicherung mitunter einfachste jahrtausendealte Grundregeln der Arithmetik und unsere Ordnungspolitik im Einzelfall sogar die wissenschaftliche Expertise ihrer eigenen Berater negiert. Auch das Verleugnen oder Negieren von Wahrheit und Wissen sind inakzeptabel. Wahrheit und Expertise hingegen sind einfach nur unbequem.

Scheinheiligkeit und Bigotterie unseres Umgangs mit Wahrheit und Lüge treten auch deutlich erkennbar ans Tageslicht, wenn es etwa um politische Affären oder den Umgang mit solchen Affären geht: Nicht die Lüge ist das entscheidende, möglicherweise karrierebeendende Problem, sondern vielmehr die

Frage, wann und in welchem Zusammenhang gelogen wird. Wenn eine Lüge Ursache der Affäre oder die Affäre in einer Lüge begründet ist, ist es im Grunde unproblematisch, da niemand – und schon gar kein Spitzenpolitiker – über eine Affäre an sich stürzt. Man stürzt allenfalls über den Umgang mit seiner Affäre. Wenn jedoch nach Bekanntwerden der Affäre zum Inhalt der Affäre gelogen wird, dann ist ein Rücktritt in aller Regel unvermeidbar. Wir lernen also: Gesellschaftlich relevant ist nicht primär, ob jemand lügt, sondern vor allem, wann und wie er dies tut.

Wie der Atomausstieg die Energiewende in Wahrheit blockiert

Und deutlich wird unser scheinheiliger und widersprüchlicher Umgang mit Wahrheit, Lüge und allen Grauzonen dazwischen natürlich täglich im konkreten Fall. Ziehen wir hierzu exemplarisch das Thema heran, das unsere Politik und Gesellschaft derzeit bescheiden als »Jahrhundertprojekt« titulieren: die »Energiewende«. Die sich bisher ausschließlich in der Ankündigung einer Wende erschöpft und deren einziger umgesetzter Beschluss in der Beschleunigung des zuvor bereits beschlossenen Kernenergieausstieges besteht. Was könnte geeigneter sein, um den Umgang mit Wahrheit oder Unwahrheit in Politik und Gesellschaft zu verdeutlichen, als ein solches Jahrhundertprojekt?

Die einfache und einfach sichtbare Wahrheit ist: Der beschleunigte Kernenergieausstieg hat die Energiewende nicht etwa beschleunigt, er hat sie vielmehr blockiert. Weil er den Blick verengt und weil er suggeriert, das Entscheidende sei schon passiert – obwohl die Wende im Sinne wirklich zukunftsgestaltender Maßnahmen noch gar nicht richtig begonnen hat. Die sogenannte Energiewende zeigt, wie einfach Bequemlichkeit ins Verderben führen kann.

Es gibt nämlich bisher gar keine wirkliche Energiewende. Es gibt lediglich die Ankündigung dazu. Eine Energiewende ist das, was wir bisher erlebt haben, objektiv nicht. Energie-»Wende« heißt ja: von irgendetwas Bisherigem zu irgendetwas Neuem. Das, wovon wir wegwollen, haben wir definiert: die Kernenergie. Für das, wo wir hinwollen, steht eine Definition noch aus. Nur eine Ankündigung gibt es, aber inhaltsleer und ohne jede Substanz.

Das einzige Ereignis, das bisher objektiv entschieden und umgesetzt worden ist, ist der beschleunigte Kernenergieausstieg, insbesondere die Stilllegung der Reaktoren der älteren Generation. Ob dieser Ausstieg überhaupt rechtswirksam und rechtmäßig geschehen ist, wissen wir im Übrigen noch nicht einmal.

Was hier passiert ist, nennt man gemeinhin nicht Wende, sondern Beschleunigung: die Akzeleration eines zuvor bereits beschlossenen Sachverhaltes. Wir haben den Kernenergieausstieg erst entschleunigt, um ihn ein Jahr später wieder zu beschleunigen, und den Sachverhalt, dass wir weiter in dieselbe Richtung gehen, nur mit anderem Tempo, als Energie-»Wende« verbrämt. Das soll eine Energiewende sein? Mehr als beim Atomausstieg in einem anderen Tempo voranzugehen, hat sich bisher noch nicht getan.

Wenn wir schon hochtrabend von einem Jahrhundertprojekt »Energiewende« sprechen wollen, müssten wir eigentlich erst einmal definieren, was überhaupt Inhalt dieses Projektes sein soll. Das Jahrhundertprojekt der Energiewende ist eigentlich nichts anderes, als nach Jahrzehnten der Abwesenheit einer gesamthaften integrierten, koordinierten Energiepolitik endlich mal das zu schaffen, was eine hoch entwickelte Industrienation als Selbstverständlichkeit haben müsste, nämlich eine ganzheitliche integrierte Energiepolitik. Doch davon ist unsere Energiewende Lichtjahre entfernt.

Die »Energiewende«:
Reine Ankündigungspolitik ohne Ende

»Kehrt bei der Energiewende Vernunft ein? So weit ist es leider noch nicht.« Das schrieb die *BILD*-Zeitung in ihrem politischen Kommentar auf Seite 2 am 3. November 2012, dem Tag nach dem »Energie-Gipfel bei der Kanzlerin«. Was für ein Armutszeugnis damit doch unserer Energiepolitik ausgestellt wurde: mehr als eineinhalb Jahre nach Fukushima und Energiewende-Ankündigung … noch immer keine Vernunft! Und allem Anschein nach noch immer kein Mut zur Wahrheit.

In der Tat: Kaum ein Politikbereich ist wissenschaftlich besser erforscht als der der Energiepolitik, doch in kaum einem Politikbereich werden die gesicherten Erkenntnisse regelmäßig stärker und systematischer ignoriert. In kaum einem anderen Politikbereich wird die Wahrheit so übel mit Füßen getreten, werden die Fakten so offenkundig misshandelt.

Dabei wäre alles so einfach: In der Energiepolitik gibt es ein Korsett von Grundsatzzielen, die niemand ernsthaft infrage stellt: Versorgungssicherheit und Sicherheit bei der Erzeugung, Umweltverträglichkeit und Klimaschutz, wettbewerbsfähige Kosten und sozialverträgliche Preise für Endkunden. Der Rest ist dann weitgehend nur noch Arithmetik der dritten Grundschulklasse. Lichten wir also den Nebel und bringen wir Licht ins Dunkel – zeigen wir einfach Mut zur Wahrheit!

Zunächst einmal ist der Begriff »Energiewende« mehr als trügerisch, eine echte Nebelkerze. Denn eine Energie-»Wende« hat es bis heute nicht gegeben, und eine solche hat sich bis heute nicht einmal in irgendwelchen Beschlüssen manifestiert. Auch der Energiegipfel des 2. November 2012 hat zu keinerlei greifbaren Entscheidungen geführt, sodass sich Bundesratspräsident Kretschmann allein schon darüber öffentlich freute, dass bis Sommer 2013 endlich ein »Ordnungsrahmen« vorliegen sollte, Bundesumweltminister Altmaier betrachtete den Gipfel gar als »Durchbruch«.

Und auch damit noch nicht genug: Im März 2013 erklärte die Bundeskanzlerin höchstpersönlich dem staunenden Fernsehpublikum, wir hätten jetzt eine »Arbeitsstruktur«, auf die »wir aufbauen« könnten »zur Realisierung der Energiewende«. Damit war und ist endlich klar definiert, um was es sich bei der angeblichen »Energiewende« eigentlich handelt: um eine »Energiewende-Ankündigung«. Arbeitsstrukturen statt Arbeitsergebnisse – Energiepolitik als reine Ankündigungspolitik! Die Energiewende: reine Ankündigungspolitik ohne Ende.

Fukushima und die Lernkraftwerke

Der einzige greifbare Beschluss, den es auf nationaler Ebene nach Fukushima gegeben hat, betraf die Stilllegung der Kernkraftwerksblöcke älterer Generation. Was diese sicherheitstechnisch gemeinsam haben? Wenig, handelt es sich doch sowohl um Druckwasser- als auch um Siedewasser-Reaktoren. Doch eine, eine einzige wichtige sicherheitsrelevante Gemeinsamkeit haben sie: den geringeren Schutz gegen Flugzeuganprall. Dieser wiederum hatte und hat jedoch nichts, aber auch gar nichts mit dem Tsunami vor der japanischen Küste zu tun, und auch nichts mit den daraus gewonnenen Erkenntnissen. Er war vielmehr etwa ein Jahr vor Fukushima im Rahmen der damaligen Energiewende – genannt: Laufzeitverlängerung! – im Detail und umfassend analysiert worden. Ergebnis: Es gab seitens der Regierenden weder sicherheitstechnische noch politische Bedenken gegen eine Verlängerung der Laufzeit der Kernkraftwerke, jedenfalls keine, die mit dem etwaigen Flugzeuganprall gegen ältere Kernkraftwerke – oder sollten wir besser sagen: Lernkraftwerke? – zu tun hätten. So viel zu Vernunft und Kontinuität von Energiepolitik! Und zu ihrer Ehrlichkeit. Warum man gerade diese Gruppe älterer Kraftwerke geschlossenen vom Netz genommen hat, erschließt sich unter aus Fukushima gelernten Sicherheitsaspekten jedenfalls nicht.

Die Regierenden haben von Fukushima also scheinbar gelernt, dass das, was ein Jahr zuvor bedenkenlos durchgewunken wurde, ein Jahr später zu großen Bedenken Anlass gab, ohne dass sich diesbezüglich in der Welt irgendetwas verändert hätte. So wurden für sie die Kernkraftblöcke von Fukushima zu wahren Lernkraftwerken. Das waren die unglückseligen Blöcke in höchst tragischer Form ganz offensichtlich ja auch schon für ihre japanischen Betreiber geworden. Denn das, was sich vor, während und nach der Katastrophe auf der japanischen Hauptinsel abgespielt hatte, offenbarte wahrlich allerhöchsten Lernbedarf und auch unglaubliche Versäumnisse.

Nein, nein, nein!

Und dass Kernkraftwerke in ganz unterschiedlichem Sinn zu Lernkraftwerken werden können, zeigt sich auch daran, dass wir als Gesellschaft eigentlich immer noch nicht wissen, was wir in und von der Energiepolitik eigentlich wollen. Was wollen wir eigentlich wirklich? Es sei hier einmal kurz spekuliert, wie eine Bürgerbefragung dazu aussehen kann und welche Ergebnisse sie wohl hervorbringen wird:

Wollen wir Kernkraftwerke weiter betreiben? – NEIN!

Wollt ihr neue Kohlekraftwerke? – NEIN!

Wollt ihr neue Gaskraftwerke? – NEIN!

Wollt ihr eine höhere Abhängigkeit vom russischen Gas? – NEIN!

Wollt ihr Flüssiggas-Terminals für LNG aus Qatar? – NEIN!

Wollt ihr bei euch atomare Zwischen- oder Endlager? – NEIN!

Wollt ihr auf einer CO_2-Blase sitzen? – NEIN!

Wollt ihr Gasförderung mittels Fracking? – NEIN!

Wollt ihr Verkabelungstrassen für teure unterirdische Verkabelungen haben? – NEIN!

Wollt ihr neue Wasserkraftwerke im Schwarzwald? – NEIN!

Wollte ihr Biomasse am Rande eurer Dörfer? – NEIN!

Wollt ihr Strommasten am Rande eurer Grundstücke? – NEIN!

Wollt ihr zerhäckselte Vögel durch Windräder? – NEIN!

Wollt ihr weniger Sauerstoffgehalt in der Ostsee? – NEIN!

Wollt ihr für Stromkunden oder Steuerzahler Milliardenlasten? – NEIN!

Wollt ihr höhere Strompreise? – NEIN!

Insbesondere die letzten beiden Fragen aber wurden in der Hitzephase der Energiewende wohlweislich nicht gestellt. Nun wissen wir aber schon mal, was wir nicht wollen. Was wir wollen, wissen wir nicht. Wir wissen aber vielleicht, was wir können. Wir können auf jeden Fall weniger, als wir meinen. Und wir können offenbar noch viel weniger, wenn wir dann meinen, etwas zu wollen.

Was können wir also? Offensichtlich nicht so viel, wie wir denken! Und mitunter schon gar nicht das, was wir planen. Im Frühjahr 2013 konnte man im *Handelsblatt* lesen: »Kein Geld für Windparks im Meer«. Im Untertitel zu dieser schlagkräftigen Schlagzeile erläuterte die angesehene Wirtschaftszeitung, »es fehlen 50 Milliarden Euro für Investitionen« – für Offshore-Kraftwerke in Europa. Nun wissen wir also schon einmal, was wir offenbar nicht können. Eine Seite weiter hieß es als Titel: »Netzanbindung der Windparks in der Nordsee verzögert sich«. Laut Untertitel reißen die Probleme bei der Verkabelung vor Sylt nicht ab.

Wenn man aktuellen Schätzungen folgt, dann dürften 10.000 Megawatt Offshore-Kapazität in der Nordsee durchaus mit Fragezeichen zu versehen sein – 10.000 Megawatt, die man, als man noch dachte, eine Energiewende können zu wollen oder wollen zu können, als völlig sicher betrachtet hat.

Was wir auch wissen, ist, dass zwischen 10.000 und 15.000 Megawatt an Gaskraftwerkskapazität, die damals ebenfalls schon als langfristig fast sicher unterstellt wurde, inzwischen mit großen Fragezeichen zu versehen sind. Was wir vor allem wissen, ist, dass wir diese Gaskraftwerkskapazität brauchen, wenn wir die Energiewende umsetzen wollen. Weil aber die ökonomischen und regulierungspolitischen Rahmenbedingungen dies derzeit nicht hergeben, finden sich auch die so dringend benötigten Investoren nicht.

Wenn wir allein die bis zu 15.000 Megawatt Gaskraftwerkskapazität und die 10.000 Megawatt Offshore-Windkraft-Kapazität, die nun mit Fragezeichen versehen sind, nehmen, kommen wir auf eine potenzielle Lücke von bis zu 25.000 Megawatt. Das sind knapp 20 größere Kernkraftwerksblöcke. Das ist mehr als all das, was wir glauben, vorzeitig abschalten zu können. Das ist im Grunde unglaublich.

Allein vor diesem Hintergrund wird die Energie*wende* zum Energie*mysterium*. Die im Wahlkampf 2013 vorgestellte Idee der Grünen, ein Energie*wende*ministerium zu schaffen, ist insofern nicht ganz abwegig. Aber ein funktionierendes *Energie*ministerium wäre auch schon etwas. Ein Wendebeginn vielleicht.

Die Energiewende ist in Wahrheit unvereinbar mit unseren sonstigen politischen Zielen

Der Bundes*umwelt*minister persönlich – den nehme ich ernst, denn er sprach für die Bundesregierung zu diesem Thema – hat im Februar 2013 gesagt, dass die Kosten der Energiewende in den nächsten Jahrzehnten in Summe bei bis zu 1000 Milliarden Euro liegen könnten. Das heißt im Klartext: Nicht einmal zwei Jahre nach der Ankündigung einer Energiewende wird uns gesagt, dass die Kosten der Umsetzung dieser vollmundigen Ankündigung kumuliert bei 1000 Milliarden Euro liegen könnten.

Da werden zweistellige Milliardenbeträge für einen weiteren europäischen Rettungsschirm, von denen wir ebenfalls im Februar 2013 gehört haben, erst einmal nett relativiert. Und eindrucksvoll. 1000 Milliarden Euro! Das wurde uns knapp zwei Jahre davor, vor der Baden-Württemberg-Wahl vom 27. März 2011, nicht gesagt. Was würde im Rahmen einer Prospekthaftung wohl mit jemandem geschehen, der einen Fonds-Prospekt auflegt und mal ganz nebenbei ein Risiko von 1 Billion Euro verschweigt? Und was würde mit dem Vorstand einer Aktiengesellschaft geschehen, der bei der Ankündigung einer Prognose für zukünftige Geschäfte mal eben 1000 Milliarden verschweigt? Oder auch nur übersieht? Man würde nach Organhaftung rufen – und vermutlich nach empfindlicher Gefängnisstrafe!

Ob das Verschweigen dieser 1000 Milliarden an Wendekosten dabei bewusst oder unbewusst geschehen sein mag, bleibe einmal dahingestellt. Schon einmal wurde eine Wende viel teurer als zunächst avisiert. Eins ist aber klar: auch diese 1000 Milliarden – oder wie viel es am Ende nun auch sein mögen – wird irgendjemand am Ende zahlen müssen. Im Zweifel sind das Stromkunden und Steuerzahler. Also wir alle. Es ist in jedem

Falle festzuhalten: Die Ankündigung der Energiewende ist – sofern es auch zu einer Umsetzung kommen soll – ganz offensichtlich inkonsistent mit unseren fiskalpolitischen Zielen. Entschuldung geht so nicht.

Vor der Energiewende hatten wir mal so etwas wie eine Klimaschutzpolitik. Klimaschutz war das Oberziel der deutschen Energiepolitik, vielleicht sogar das Oberziel der deutschen Politik überhaupt. Es waren bezeichnender- und anerkennenswerterweise zuerst die Grün-Roten, die in Baden-Württemberg in aller Deutlichkeit öffentlich einräumten, dass durch den beschleunigten Kernenergieausstieg – also die sogenannte Energiewende – die ursprünglichen CO_2-Emissionssenkungsziele nicht mehr zeitgerecht erreicht werden würden. Dabei ist es hoch anzurechnen, dass gerade eine grün-rote Landesregierung dies öffentlich an- und aussprach. Wahrheit in Tagen der Energiewende!

Und entsprechend verrückt sieht die Realität auch aus: Die CO_2-Emissionen haben in Deutschland im Jahr 2012 zugenommen. Dabei wollten wir sie doch eigentlich drastisch senken, nämlich um 40 Prozent von 1990 bis zum Jahre 2020, und danach noch sehr viel mehr. Und die Welt wollten wir erziehen, von China bis zum Kongo, von Tonga bis zu den USA. Aber bei uns steigen die CO_2-Emissionen derzeit. Warum steigen sie? Weil bei den Lehrmeistern infolge des Kernenergieausstiegs die Kohleverstromung wieder zugenommen hat. Die zweite Schlussfolgerung heißt: Die Energiewende ist inkonsistent mit der Klimaschutzpolitik. Auch Klimaschutz geht so nicht.

Gibt es irgendeine Entwicklung im Energiemix, die wissenschaftlich, politisch und medial unstrittig ist? Ja, da gibt es eine. Alle Fachleute, die ich persönlich kenne, sind sich einig, dass der Anteil der Gasverstromung zunehmen wird. Mir wäre niemand von Gewicht bekannt, der das bestreitet. Der Anteil der Gasverstromung an der gesamten Stromerzeugung muss zunehmen, weil durch den Kernenergieausstieg der Energiebedarf nicht unmittelbar eins zu eins durch erneuerbare Energien abgedeckt werden kann. Wir müssen eine bestimmte Lücke zumindest temporär fossil stützen, und diese fossile Stütze wird stärker auf Gas als auf Kohle oder Öl hinauslaufen müssen, ganz einfach wegen der CO_2-Emissionen.

Und auch wegen der vergleichsweise höheren Flexibilität von Gaskraftwerken beim Einsatz in Ergänzung zur erneuerbaren Energie.

Damit haben wir die dritte Schlussfolgerung: Die Energiewende ist inkonsistent mit den geostrategischen Zielen der Verringerung energiepolitischer Abhängigkeiten.

Die Energiewende ist im globalen Kontext und auch im gesamteuropäischen Kontext zudem ein deutlicher Alleingang. Fast überall auf der Welt, in China, Indien, Japan, den USA, Frankreich oder England wird die Kernenergie weiter ausgebaut werden. Die letzten Länder, in denen Kernkraftwerke in Betrieb genommen wurden, waren Länder wie der Iran oder Pakistan. Hinzu kommen werden demnächst Länder wie Vietnam oder die Türkei.

Erwarten wir unter globalen Aspekten in Vietnam oder Pakistan mehr Kernenergiesicherheit als in Deutschland?

Eine der Folgen der Finanzmarktkrise war der Ruf nach mehr Europa, nach mehr Integration und mehr Koordination. Denn aus der Eurokrise haben wir anscheinend gelernt: Wir brauchen mehr Europa, mehr Abstimmung, mehr Koordination – dies ist übrigens auch eine Forderung der Bundespolitik. Nur in der Energiepolitik brauchen wir scheinbar Alleingänge und mehr Differenzierung.

Das verstehe, wer will. Die Energiewende ist offensichtlich inkonsistent mit unseren europapolitischen Zielen. Europapolitik geht so nicht. Und Klimaschutz oder nukleare Verstrahlung kennen ohnehin keine nationalen Grenzen.

Kernenergieausstieg statt Klimakanzlerschaft

So kommt man wohl auch nicht umhin zu konstatieren, dass die Bundeskanzlerin Merkel zumindest als »Klimakanzlerin« gescheitert sein dürfte. Die handstreichartige Ablösung des Klimaschutzes als bisherigem Oberziel der Umweltpolitik durch das neue Oberziel des Kernenergieausstiegs infolge der Ereignisse von Fukushima ließ sich mit einer sich stark auf den Klimaschutz fokussierenden Kanzlerschaft wohl kaum in Einklang bringen.

Dass der Klimaschutz gleichwohl nach wie vor höchste Priorität genießen sollte, zeigt sich nicht zuletzt darin, dass die CO_2-Dichte, also der Anteil des CO_2 in der Atmosphäre, nicht etwa ab-, sondern weiterhin deutlich zunimmt. So wurde am 9. Mai 2013 erstmals in der Geschichte der Menschheit die Schwelle einer CO_2-Konzentration von 400 ppm, also von 400 Teilen CO_2 auf 1 Million Teile Luft, in der Atmosphäre überschritten. Bereits im Jahr 2012 hatte der weltweite CO_2-Ausstoß laut IAE-Daten mit 31,6 Gigatonnen ein Rekordhoch erreicht. Klimaschutz ist eben nicht bequem zu haben. Er erfordert vielmehr den Mut zum Unbequemen. Zur vollen Wahrheit eben.

Der bequeme deutsche Weg hingegen hat zu folgendem wahrlich eindrucksvollen Ergebnis geführt: Wir haben an öffentlichen Geldern von allen Staaten der Welt wohl am meisten für grüne Technologien ausgegeben, unsere Steuerzahler – also wir alle – haben den größten Einsatz gebracht. Und jetzt importieren wir Kohle aus Kolumbien, Russland und den USA, verpesten die Luft und verfehlen unsere eigenen CO_2-Ziele. Die unbequemen Folgen der Bequemlichkeit!

Ein großer Teil der deutschen Solarwirtschaft ist von der Bildfläche verschwunden, chinesische Konzerne profitieren derweil heute von den gigantischen Subventionen und Fördermilliarden, die Deutschland in den Aufbau dieser Branche investiert hat.

Und die – italienische – Mafia verdient ausweislich aktueller Berichte an der – deutschen – Ökostrom-Umlage und nutzt angeblich Windparks zur Geldwäsche. Ist das etwa die »Energiewende international«? Wofür haben deutsche Strom- und Steuerzahler am Ende wirklich bezahlt?

Wir müssen wieder lernen, Wechselwirkungen zu betrachten, Widersprüche zu verstehen und Unvereinbarkeiten zu akzeptieren. So unbequem dies auch sein mag. Aber der Atomausstieg hat nun einmal Folgen für Elektromobilität und CO_2-Emissionen, für Strompreise und geostrategische Abhängigkeit. Das macht ihn nicht richtig oder falsch. Es ist aber ein Teil der Wahrheit, den wir nicht ignorieren dürfen, wenn wir zu vernünftigen Lösungen kommen wollen.

Wir brauchen dafür wieder ein energiepolitisches Oberziel! Dies ist derzeit aber nicht klar definiert. So steht der beschleunigte Kernenergieausstieg der vermeintlichen Energiewende kurz- und mittelfristig im diametralen Gegensatz zum nach wie vor auf dem Papier gültigen umweltpolitischen Oberziel des Klimaschutzes. Es ist jedoch völlig unstreitig, dass die Kernenergie nicht über Nacht klimaneutral ersetzt werden kann. Selbst wenn alle Ausbauziele der erneuerbaren Energien erreicht werden sollten, sind zusätzliche Gas- und Kohlekapazitäten nötig, also mehr fossile Kraftwerke und damit mehr CO_2-Emissionen.

Und wir müssen die Gesetze der Physik, Chemie und Mathematik wieder akzeptieren. Es hilft nicht, wenn wir in Koalitionsvereinbarungen Ziele zur Erhöhung der Energieeffizienz vereinbaren, die auf diesem Planeten keine entwickelte Volkswirtschaft jemals erreicht hat und die auch die mathematische Logik nicht stützt. Schon gar nicht dürfen wir die Erreichung dieser Ziele als Prämisse voraussetzen für unsere gesamte heutige Energiepolitik.

Die Fakten liegen auf dem Tisch. Aus Fakten, Prämissen und Zielen könnte man ganz klar Maßnahmen logisch ergreifen, das ist alles kein Hexenwerk. Aber wir alle wissen auch, dass es kaum einen Bereich gibt – vielleicht außerhalb der Managergehälter –, der emotional so stark behaftet ist wie der der Energiepolitik. Wer mag schon gegen »saubere« oder »erneuerbare« Energien sein oder gegen eine »grüne« und »zukunftsorientierte« Politik?

Doch Adam Ries, den wir auch Adam Riese nennen, wird nicht besiegt. Und die Gesetze von Mathematik und Physik werden selbst dann nicht überwunden, wenn eine promovierte Physikerin über die Richtlinienkompetenz der Politik verfügt.

Bequem in die Energie-Katastrophe?

Das Ausmaß der Irrationalität darf nicht irre sein. Auch nicht und schon gar nicht im Bereich der Umwelt- und Energiepolitik. Sonst wird das Realität, was schon im Februar 2013 die renommierte *Süddeutsche Zeitung* beschrieb: »Trassenkampf«. Klassenkampf als Folge der Energiewende? Oder Energiewende ohne Bürger? Die Zeitung sagt es deutlich: »Wo die Energiewende konkret wird, wächst in Deutschland der Widerstand.«

Das größte Einzelproblem der bisher so kläglich gemanagten Energiewende liegt dabei in der fundamentalen Veränderung der Topografie der Energielandschaft in Deutschland, die am Ende des Wendeprozesses stehen könnte und wohl auch stehen soll. Die wohl größte Stärke der deutschen Energiewirtschaft war bisher die enorme Nähe zwischen Erzeugung und Verbrauch. Sie war – zusammen mit hoher Wartungsqualität und Investitionsintensität sowie mit zirkulären statt sternförmigen Netzen – maßgeblich dafür verantwortlich, dass Deutschland beim Strom stets in der Weltspitze der Versorgungssicherheit stand.

Doch mit der Energiewende wird das Paradigma der Nähe zwischen Erzeugung und Verbrauch auf den Kopf gestellt. Statt-

dessen sollen Strukturen entstehen, die denen von Ländern äh-
neln, die historisch eine weit niedrigere Versorgungssicherheit
als Deutschland aufweisen und ihre Schwachstellen gerade zu
überwinden im Begriffe sind. Der angedachte massive Ausbau
von Offshore-Windkapazität würde dazu führen, dass Erzeugung und Verbrauch um viele Hundert Kilometer auseinander-
lägen. Zudem würden lange Netzautobahnen mit Einbahnver-
kehr gebraucht. Das ist exakt eine Stromtopografie, wie sie in
Italien seit Jahrzehnten zu großen Problemen geführt hat.

Folgekosten und Strompreiserhöhungen werden gewaltig sein,
nicht nur infolge der Veränderung dieser Topografie und des
Über-Bord-Werfens unseres Basisparadigmas. Es wird die Axt
gelegt an die zentrale Säule unserer bisherigen hohen Versorgungssicherheit. All dies schadet uns und schadet nachfolgenden Generationen. Die Energiewende – Verzeihung: angekündigte Energiewende – hat alle Chancen, die Lehrbuch-Fallstudie
schlechthin dafür zu werden, wie die Bequemen durch das Bequeme eine Wirtschafts- und industriepolitische Katastrophe
ungeahnten Ausmaßes eingeleitet haben. Wo Mut zur Wahrheit
fehlt, verteuert sich eben der Strom.

So bekommt der Begriff »gegen den Strom« zumindest einen
völlig neuen, wenn auch einen durchaus fragwürdigen Sinn.
Helfen sollte die Energiewende-Ankündigung insbesondere
denjenigen, die eine Landtagswahl gewinnen wollten – doch
selbst ihnen hat sie nichts genutzt. Mit dem Strom zu schwimmen wird eben oftmals am Ende bestraft.

Denn die Wahrheit bleibt doch stets die Wahrheit, unabhängig
davon, wer sie hören will und wie die Gesellschaft dazu stehen
mag. Und die Wahrheit hat stets ihre Folgen, nicht nur in Physik
oder Mathematik. Da die Wahrheit stets die Wahrheit bleibt,
muss man auch stets den Mut zur Wahrheit zeigen. Und am
Ende zahlt sich das aus.

Wo waren sie denn?

Das gilt im Übrigen nicht nur für Politik und Gesellschaft als ganze, sondern auch für die einzelne Organisation und insbesondere für die einzelne jeweils handelnde Person. *DIE WELT* titelte in ihrem Wirtschaftsteil im März 2013, also zwei Jahre nach Fukushima und der so schnell darauf folgenden Atomwende: »Der E.on-Chef hadert mit der Energiewende«. Da hat Johannes Teyssen recht. Aber hat er auch das Recht dazu – und die Legitimation?

Bei allem ausdrücklichen Respekt: Wo waren die Vorstände und Verantwortlichen der Energieversorger eigentlich, als ebendiese Energiewende quasi im Handstreich propagiert, beschlossen und zumindest im Hinblick auf die Stilllegung der Reaktoren der älteren Generation auch umgesetzt wurde? In welchen Talkshows sind sie aufgetreten, um wichtige Fakten in die öffentliche Diskussion einzubringen? In welchen Medien haben sie sich geäußert, um den Sachbezug der politischen Entscheidungsfindung doch noch zu erhöhen? Was haben sie getan, um das zu verhindern, mit dem sie später hadern würden? Hätten sie damals vielleicht auch etwas unbequemer sein können?

Und wo waren eigentlich die Gewerkschaften, als es um die Zukunft von Arbeitsplätzen ging? Wer hat sich eigentlich für die Interessen der Arbeitnehmer in den Kernkraftwerken eingesetzt? Und wo waren die Arbeitgeberverbände oder auch der BDI? Wer wies darauf hin, welche Folgewirkungen erhöhte Strompreise doch ganz offensichtlich für den Industriestandort Deutschland und seine Arbeitsplätze haben können? Und war es wirklich richtig, um des lieben Friedens willen und wegen der damit einhergehenden Bequemlichkeit die Bundesregierung und die Landesregierungen einfach machen zu lassen, um dann später die Folgen dieses Tuns so heftig zu kritisieren?

Die große Mehrheit der Menschen in unserem Land ist für den Kernenergieausstieg. Das kann die Politik nicht ignorieren, und dem müssen auch die großen Energieversorgungskonzerne zweifelsfrei Rechnung tragen. Man kann eine Technologie nicht gegen den Willen der großen Mehrheit der Bevölkerung erzwingen. Das ist eindeutig und zweifelsfrei. Aber genauso eindeutig und zweifelsfrei ist, dass die große Mehrheit unserer Bevölkerung auch keine vergrößerten Abhängigkeiten von ausländischem Gas und schon gar keine deutlich erhöhten Strompreise will. Und um festzustellen, dass eine Erhöhung der Arbeitslosigkeit nicht gewünscht sein kann, bedarf es nicht einmal demoskopischer Untersuchungen.

Insofern galt es zwar sehr wohl für Politik und Wirtschaft, den Wunsch des Volkes zu respektieren. Aber genauso hätte es als klare und eindeutige Verpflichtung gelten müssen, die nötige Unbequemlichkeit an den Tag zu legen, um allen an der Entscheidung Beteiligten und insbesondere auch den Bürgern insgesamt die Folgen des beschleunigten Kernenergieausstieges darzulegen, die Wechselwirkungen mit Klimaschutz, Versorgungssicherheit, Strompreisen, industriellen Arbeitsplätzen und geostrategischen Abhängigkeiten offen anzusprechen und darauf aufbauend dann auch eine möglicherweise sehr unbequeme politische und gesellschaftliche Diskussion zu führen. Doch dem sind viele, vielleicht die meisten ausgewichen, die damals Verantwortung trugen – unabhängig davon, ob der Turboausstieg ihr lang gehegter Herzenswunsch oder ihr altbewährtes Schreckgespenst war.

Inzwischen fehlt es nicht mehr an deutlichen Worten zur Energiewende. Im Juli 2013 haben der E.on-Vorstandsvorsitzende Johannes Teyssen und der inzwischen abgelöste Siemens-Chef Peter Löscher in einem viel beachteten, unter den Eingangstitel »Die Abrechnung« gestellten *Handelsblatt*-Doppelinterview die

Umsetzung der Energiewende und die Art und Weise der Förderung erneuerbarer Energien in Deutschland zu Recht heftig kritisiert. Löscher erklärte, wir seien »auf dem falschen Weg«, Teyssen stellte fest, die Lage sei »ernst«.

Dabei hatten sich die »Höflichkeit« und der »Respekt« gegenüber der nationalen Politik – vom Bequemen würden wir in diesem Zusammenhang schließlich niemals zu sprechen wagen – zuvor offenbar keineswegs auf die nationalen Grenzen beschränkt. Der in annähernd 200 Ländern tätige Siemens-Konzern erklärte nach dem deutschen Kernenergieausstieg seinen Kernenergieausstieg für die ganze Welt, und RWE und E.on, die beiden größten deutschen Energiekonzerne, zogen ihre Kernkraftwerkspläne für Großbritannien ebenfalls zurück. So konnte man im März 2013 dann lesen, dass die französische EDF, der vielleicht bedeutendste Stromkonzern der Welt und der wahrscheinlich unbequemste und konsequenteste Verfechter der Kernenergie, nun seinerseits ein Kernkraftwerk im Vereinigten Königreich errichten werde, mit etwa 14 Milliarden britischen Pfund an Investition.

Aber wer würde schon seinen bequemen Platz im Kanzlerjet verlieren wollen, noch dazu für das bloße Vertreten einer mehr als unbequemen Position?

Teures Dogma

Bereits im April 2007, also knapp vier Jahre vor Fukushima und mehr als vier Jahre vor dem dann beschleunigten Kernenergieausstieg – und im Übrigen noch während meiner Amtszeit als Vorstandsvorsitzender des deutschen Energiekonzerns mit dem höchsten relativen Erzeugungsanteil von Kernenergie –, hatte ich in einem Interview mit dem *Stern* unter dem Titel »Ich will einen Pakt für das Klima schließen« angeregt, den Kernenergieausstieg sogar in der Verfassung festzuschreiben. Ich hätte die Modalitäten dieses Ausstiegs jedoch in der Konsequenz aktueller Erkenntnisse über die Fortschritte bei Ausbau erneuerbarer Energien und Erhöhung der Energieeffizienz zu verändern versucht, im Sinne einer Laufzeitverlängerung, um die unnötige Zementierung fossiler Strukturen zu verhindern.

Dies erschien mir sinnvoll, um einerseits Erzeugungssicherheit und Klimaschutz in Einklang zu bringen und andererseits das sehr langfristig angelegte Thema der Energiepolitik aus kurzfristiger Wahlkampfpolemik herauszunehmen. Zudem erschien es mir fragwürdig, alle 4 bis 8 Jahre wieder aus irgendeinem Ausstieg auszusteigen. Wie die Realität später noch bestätigen sollte, wurde kurz vor Fukushima aus dem Kernenergieausstieg ausgestiegen, also eine Laufzeitverlängerung beschlossen, um dann sofort nach Fukushima aus dem Ausstieg aus dem Ausstieg auszusteigen, also den ursprünglich beschlossenen Kernenergieausstieg in seiner Umsetzung noch zu beschleunigen.

Noch am selben Tage der Veröffentlichung durch den *Stern* distanzierte sich das Deutsche Atomforum von mir und erklärte durch seinen Präsidenten, meine Auffassung »in keiner Weise« zu teilen. Diese sei der »untaugliche Versuch, künftige Generationen bevormunden zu wollen«. So gingen die Dinge Schritt für Schritt ihren Gang, wobei mein politisch sorgfältig vorbereiteter Vorschlag nicht zuletzt unter der Verantwortung der von mir damals selbst repräsentierten Branche zügig im Keim erstickt wurde. Ich vermag mich nicht daran zu erinnern, dass sich irgendein Kollege aus der Branche vor mich oder hinter meinen Vorschlag gestellt hätte. Auf diese Weise verdeutlichten wesentliche Teile der Energiewirtschaft, dass es ihnen – wie vom seinerzeitigen Umweltminister Sigmar Gabriel ohnehin gemutmaßt – in Wirklichkeit gar nicht um eine temporäre Laufzeitverlängerung, sondern um den dauerhaften Betrieb der Kernenergie ging.

Die Branche setzte offenbar mehrheitlich schlichtweg darauf, dass eine schwarz-gelbe Bundesregierung dauerhaft aus dem Kernenergieausstieg aussteigen würde, und verkannte dabei offenbar, dass keine Regierung ewig im Amt ist und dass sich auch die Rahmenbedingungen jederzeit unerwartet würden verändern können. Nur ein parteiübergreifender gesamtgesellschaftlicher Kompromiss, in dem Rot-Grün die dauerhafte Verankerung seines Generationenprojektes etwa im Rahmen einer verfassungsrechtlichen Absicherung und Schwarz-Gelb die pragmatisch gewünschte Laufzeitverlängerung erreicht hätte, hätte dauerhafte Stabilität auch und gerade im Sinne der Interessen der Kernenergiewirtschaft bewirken können.

Doch interessengeleitete Ignoranz wird ganz generell nicht belohnt. Gar nicht! Auf die temporäre schwarz-gelbe Laufzeitverlängerung folgte, wie hinreichend bekannt ist, die ebenfalls schwarz-gelbe Ausstiegsbeschleunigung. Die Branche hatte auch vermeintliche parteipolitische Loyalitäten ganz offensichtlich falsch eingeschätzt. Hätte man sich damals meinem Vorschlag genähert und diesen Ansatz oder etwas Ähnliches zur Umsetzung gebracht, dann stünde die Branche der Energieversorgung heute hinsichtlich ihrer künftigen Ertragserwartungen insgesamt vielleicht um viele, sehr viele Milliarden Euro besser da.

Ich habe mich manchmal gefragt, ob diejenigen, die für die damaligen abschätzigen Verlautbarungen zum von mir vorgeschlagenen Generationenpakt letztlich verantwortlich gewesen sind, nicht später von den Aktionären oder Aufsichtsratsmitgliedern der sie hauptberuflich beschäftigenden Unternehmen in Organhaftung hätten genommen werden können. Aber der nachfolgenden Generation helfen könnte dies wohl auch nicht mehr.

Unabhängig hiervon hat sich für manche meiner Kollegen beim Wettbewerb aus der damaligen Positionierung oder Nichtpositionierung offenbar kaum ein Vorteil ergeben. Einer von ihnen trat später von seinem Job als Vorstandsvorsitzender zurück, ein anderer erhielt keine Verlängerung seines Vorstandsvertrages, obgleich er quasi öffentlich sein Interesse daran bekundet hatte. Ich selbst hatte mich hingegen bereits frühzeitig entschieden, für eine Vertragsverlängerung als Vorsitzender des Vorstandes der EnBW Baden-Württemberg AG nicht zur Verfügung zu stehen – aus strukturellen, professionellen, persönlichen und familiären Gründen.

Stattdessen setzte ich meine Karriere als Principal Senior Advisor bei einem Unternehmen der Cerberus-Gruppe fort und erlangte so Einblick in eine wieder neue, faszinierende und meinen bisherigen Erfahrungsschatz deutlich bereichernde Welt. Für mich hatte sich der Mut zur Wahrheit wieder einmal gelohnt, und auch manch einer der großen Energiekonzerne hätte von meinen Anregungen noch lange und substanziell profitieren können, jedenfalls dann, wenn er in Summe den dafür nötigen entsprechenden Mut zur Unbequemlichkeit auch sich selbst gegenüber in entsprechend hoher Dosierung gehabt hätte.

Strittige Leistung

Auch den wesentlichsten Schritt meiner eigenen persönlichen Karriere, die Bestellung zum Finanzvorstand und kurz darauf zum Vertreter des Präsidenten der SEAT, S.A. in Barcelona hätte ich vielleicht niemals erreichen können, und schon gar nicht in so jungem Alter, wenn ich nicht kurze Zeit vorher bereit gewesen wäre, in ungewöhnlicher und unkonventioneller Form Mut zur Wahrheit zu zeigen. Dieser Mut zur Wahrheit, der ebenfalls nicht völlig systemkonform gewesen sein mag, hat anscheinend zumindest die Aufmerksamkeit und den Respekt des damaligen Konzernchefs auf sich bzw. nach sich gezogen.

Mit gerade einmal 29 Jahren hatte ich die Leitung eines großen Bereiches im Controlling der Marke Volkswagen übertragen bekommen – ein für dieses damals mehr als konservative und durchaus auch nicht gänzlich unbehäbige Großunternehmen mehr als ungewöhnlicher Vorgang. Die jüngste direkt an mich berichtende Führungskraft war damals 49 Jahre alt, der jüngste Abteilungsleiter innerhalb meines Verantwortungsbereiches überhaupt war immerhin noch 18 Jahre älter als ich selbst. Ein Hauptabteilungsleiter, der sich offenbar selbst fälschlicherweise große Hoffnungen auf die Position gemacht hatte, die man dann mir zuerkannte, musste nach meinem Eindruck bereits die 60 überschritten haben.

Man verrät kein Geheimnis, wenn man feststellt, dass der durchschnittliche jährliche Bonus, die leistungsbezogene variable Vergütung also, bei einem Abteilungsleiter damals im Durchschnitt etwa 50.000 D-Mark und bei einem Hauptabteilungsleiter so um die 100.000 D-Mark betrug. Von einem meiner Vorgänger an der Spitze des damals von mir verantworteten Bereiches war Leistungsbezogenheit allem Anschein nach in etwa so interpretiert worden, dass die eher leistungsschwächeren Abteilungsleiter 49.000 D-Mark und die wesentlichen Leistungsträger vielleicht 51.000 D-Mark erhalten sollten. Das war auch in gewisser Weise verständlich. In einer Stadt wie Wolfsburg, in der es fast niemanden gab, dessen persönliches Schicksal nicht auf engste Weise mit dem Volkswagenwerk verbunden war, war auch die Möglichkeit der Sanktionierung von Fehlleistungen vergleichsweise begrenzt. Wer wollte schon einer Führungskraft die variable Vergütung deutlich kappen, wenn die Ehefrauen vielleicht gemeinsam im Kegelclub waren oder der eigene Sohn gerade mit der hübschen Tochter des Mitarbeiters anzubandeln versuchte? Als ich dann selbst für den von mir verantworteten Bereich die entsprechenden variablen Vergütungen für die Hauptabteilungsleiter und Abteilungsleiter festlegen musste, interpretierte ich Leistungsbezogenheit selbstverständlich völlig anders. Die Verwobenheiten und Verquickungen der mir im Übrigen recht sympathischen Wolfsburger Gesellschaft interessierten mich wenig, und variable Vergütung interpretierte ich so, dass null Leistung auch null Bonus heißen musste.

Ebenso war ich der Meinung, dass sich Spitzenleistung auch lohnen muss und dass man nicht davor zurückschrecken darf, ebendies gegebenenfalls auch mutig zu dokumentieren. So lag die Bandbreite der variablen Vergütungen, die ich meinen Hauptabteilungsleitern und Abteilungsleitern zuerkannte, zwischen einem Mehrfachen des Durchschnitts und – null!

Es wird niemanden überraschen, dass gerade derjenige, der für das betroffene Geschäftsjahr keinen Bonus mehr erhalten sollte, darüber nicht glücklich war. Und ebenso wenig kann es verblüffen, dass der Betroffene natürlich eine ganz andere Sichtweise seiner eigenen Leistung hatte als ich – noch dazu vor dem Hintergrund seiner eigenen Ambitionen. So bat er um ein erneutes Gespräch über die Tantiemefestsetzung, und ich verschloss mich diesem Wunsch selbstverständlich nicht.

Lohnende Wahrheit

Getreu der Maxime, auch und gerade von Angesicht zu Angesicht zwar höflich und nicht verletzend, aber dennoch auch angemessen klar und deutlich die Wahrheit zu überbringen – oder zumindest das, was man in der jeweiligen Situation für die Wahrheit hält –, erklärte ich meinem Gegenüber, dass seine Leistung – übrigens nicht nur aus meiner Sicht – in der fraglichen Periode inakzeptabel gewesen sei und dass es hier, anders als von ihm fälschlicherweise angenommen, ganz und gar nicht um eine persönliche »Bestrafung« gehe. Dies zeige sich allein schon darin, dass sein Grundgehalt noch nicht reduziert worden sei, obgleich seine Einstellung, sein Verhalten und seine Leistung hierzu durchaus Anlass geboten hätten. Sollten sich seine Leistungsbereitschaft und seine Leistung allerdings nicht erhöhen, so führte ich weiter aus, dann würde ich irgendwann nicht mehr umhinkommen, auch sein Grundgehalt auf den Prüfstand zu stellen.

Für mich war die Wahrheit einfach die Wahrheit. Für einen weitaus älteren Manager mit einer jahrzehntelangen Geschäftserfahrung im Konzern, der nach meinem persönlichen Eindruck die Fähigkeit, sich selbst kritisch zu hinterfragen, anscheinend bereits weitgehend verloren hatte, musste dies jedoch anmuten wie eine Ohrfeige von einem unverschämten Greenhorn, das als Neuling offensichtlich noch gar nicht gelernt hatte, wie man sich im Konzern gegenüber älteren Führungskräften zu verhalten hat. Dabei hatte ich mich schlichtweg an dem von meiner Mutter gelernten Grundsatz orientiert, gegenüber Alter und Position zwar stets Respekt zu zeigen, aber niemals Angst zu haben. Und ich hatte auch nicht ihren Hinweis vergessen, dass Ehrlichkeit die höchste Form des Respektes sei.

Der erfahrene Hauptabteilungsleiter indes, der deutlich über 100.000 D-Mark als Tantieme erwartet hatte, jedoch nichts erhielt, beschwerte sich nach seinen eigenen Worten angeblich schriftlich beim Konzernchef persönlich. Einen größeren Gefallen hätte er mir niemals tun können. Hatte er nämlich wirklich den Vorsitzenden des Vorstandes höchstpersönlich über meine unverschämte Provokation unterrichtet, dann war sichergestellt, dass Dr. Piëch wusste, dass es im Konzern eine junge Führungskraft auf Bereichsleitungsebene gab, die nicht davor zurückschreckte, unbequem zu sein – und Unbequemes zu tun. Und wer dem mittlerweile zum Doyen der gesamten globalen Automobilindustrie aufgestiegenen damaligen Vorstandschef jemals begegnet ist, weiß, dass das nicht von Nachteil gewesen sein kann.

Ohne Mut zur Wahrheit kein Erfolg und auch keine nachhaltige Kommunikation

Kurze Zeit später war ich Finanzvorstand und Vertreter des Präsidenten der spanischen Volkswagen-Tochter SEAT. Kein anderer Manager zuvor hatte jemals im selben Alter eine solche Position in der Leitung einer Marke des Volkswagen-Konzerns erreicht. Mut zur Wahrheit und Mut zur Unbequemlichkeit hatten sich – gemeinsam mit hohem Respekt und fehlender Angst – wieder einmal gelohnt und wurden wieder einmal belohnt.

Doch ungeachtet des sachlichen und persönlichen Erfolges gibt es einen anderen, weit bedeutsameren Aspekt, den wir auch in unserer digital-anonymen Mediengesellschaft nicht vergessen sollten: Wahrheit allein mag nicht alles sein, aber ohne Wahrheit und Wahrhaftigkeit ist alles nichts. Und dies gilt nicht nur abstrakt ethisch-moralisch, philosophisch oder in der Theologie. Es gilt auch ganz praktisch und pragmatisch.

Das beste Beispiel dafür bietet, wie Julian Nida-Rümelin, dem Mann, der es als Intellektueller bis in die Bundesregierung schaffte, eindrucksvoll erklären kann, das Erlernen von Sprache: Wir verstehen als Babys oder Kleinkinder, was Regen ist, weil wir den Regen sehen, wenn unsere Mutter uns sagt, dass es regnet. Nähme es unsere Mutter mit Wahrheit und Wahrhaftigkeit nicht so genau, erzählte Sie uns vielmehr bei Sonnenschein, dass es gerade regne, dann würden wir nie in unserem Leben die Fähigkeit entwickeln, uns angemessen und verständlich zu artikulieren und miteinander zu kommunizieren. Wir blieben schlichtweg sprachlos. Ohne Wahrheit und ohne Mut zur Wahrheit blieben wir also nicht nur langfristig erfolglos, sondern wir verlören sogar gänzlich die Fähigkeit zur Kommunikation.

Wenn wir nicht mehr unbequem genug sind, für die Wahrheit zu kämpfen, werden wir nicht mehr die sein, die wir derzeit vielleicht noch sind. Wir werden nicht mehr wir selbst sein, wir werden vielleicht gar nicht mehr sein.

7. LASS DICH NIEMALS BRECHEN

Ein Kind kämpft für seine und die Rechte seiner Mitschüler. Ihm stehen einzelne Gegner oder Feinde gegenüber, die ihn später als Jugendlichen zu brechen versuchen – denen er jedoch standhalten kann, und wenn nicht, dann weiß er doch zumindest, dass er nie aufgibt. Und die anderen wissen es auch. Lass dich niemals brechen! Und gib niemals auf – umso weniger, wenn du für das Gute eintrittst, für eine gute Sache, für Recht und Gerechtigkeit!

Wenn man so wie ich mit der vorstehenden Erfahrung in das nachschulische Leben eintritt, ist man auf manche Dinge besser vorbereitet, die man ansonsten vielleicht gar nicht erträgt. Und man muss immer darauf eingestellt sein, dass die Dinge noch schlimmer werden können, noch extremer und noch deutlich unbequemer. Vor allem, wenn man auch weiterhin konsequent und unbequem seinen Weg geht. Ich habe bei SEAT in Spanien erlebt, was im Einzelfall passieren kann, wenn man unbequeme Entscheidungen treffen muss und diese Unbequemlichkeit vielleicht die Schmerzgrenze anderer übertritt. Und wäre ich nicht schon mit vielen Unbequemlichkeiten vertraut gewesen, dann wäre es vielleicht auch mir am Ende etwas zu unbequem geworden. Doch ich war mental vorbereitet auf diese »Zeit der Fremdenlegion«. Und auf ihre besonderen Herausforderungen.

Lass dich niemals brechen. Behalte stets deinen eigenen Willen! Das sagte ich mir im wunderschönen Barcelona nur allzu oft. Und allzu oft gab es leider Anlass dazu. Im Rahmen der außerordentlich harten und am Ende außerordentlich erfolgreichen Sanierung der spanischen Automobilmarke, die zuvor einen Verlust von etwa 150 Milliarden Peseten, umgerechnet knapp 1 Milliarde Euro, geschrieben hatte, kam es mitunter fast täglich zu Turbulenzen auf dem Werksgelände. Protestierende Arbeiter belagerten bisweilen höchst unbequem den Haupteingang zu unserem Verwaltungsgebäude, während unser Produktionschef zeitweise ohne Personenschutz nicht mehr ins »eigene« Werk gehen konnte. Von einem Gebäude gegenüber dem Werksareal grüßte uns – nach meiner Erinnerung in katalanischer Sprache – die motivierende Parole: »Tötet das deutsche Management!«

Krachender Gruß aus Barcelona

Offenbar war irgendjemand von dieser Aufforderung nur allzu sehr motiviert worden: In der schlimmsten Phase der Sanierung wurde auf mein fahrendes Auto geschossen. Die Kugel verfehlte mich äußerst knapp, um wenige Zentimeter, rein rechnerisch wohl etwa um eine Zweitausendstelsekunde. Um weniger als einen Wimpernschlag.

In solchen Momenten und noch mehr in den Momenten danach weiß man, was es mit sich bringen kann, unbequem zu sein, und wie wichtig es ist, sich niemals brechen zu lassen. Doch der Gruß der vorbeifliegenden Kugel war zugleich der Beweis, dass wir ganz offenkundig an den richtigen Themen arbeiteten. Erfolg und Unbequemlichkeit haben eben auch ihren Preis.

Mein Fahrer und Sicherheitsmann hatte instinktiv richtig reagiert. Er hatte sofort beschleunigt, statt stehen zu bleiben,

und war dann erst einmal eine Viertelstunde mit Höchst-
geschwindigkeit unterwegs, um mich in Sicherheit zu wissen,
bevor er die Einschussstelle am Fahrzeug begutachtete. Ich wusste mich bei ihm in guten Händen, und allein schon das nahm
mir unnötige Angst. Mit zusätzlichen Bodyguards und gepan-
zertem Fahrzeug setzte ich daraufhin meine unbequeme Arbeit
an der Sanierung konsequent und unbequem fort. Das Unternehmen sollte nicht leiden müssen unter der Sicherheitsbe-
drohung für eine einzelne Person – auch nicht, wenn ich selbst
der Betroffene war.

Sanierung hat oft mit Belastungen und mit belastenden Erlebnissen zu tun. Sanierung ist mitunter mehr als unbequem. Der
Absender des mir gewidmeten Geschosses konnte niemals er-
mittelt werden. Mir erscheint trotz diverser entsprechender Ver-
mutungen Dritter bis heute zweifelhaft, ob er überhaupt aus dem
Unternehmen oder aus dem Bereich vermeintlicher Sanierungs-
verlierer aus dem gewerkschaftlichen Umfeld kam. Wir hatten
im Rahmen der Sanierung schließlich an den verschiedensten
mitunter höchst unbequemen Fronten zu kämpfen und mussten
dabei mitunter auch illegitime Verhaltensweisen einzelner Personen aufdecken – und waren dabei äußerst erfolgreich.

So erfolgreich, dass ich ohne bewaffnete Sicherheitsleute nicht
mehr abends im Pool schwimmen oder tagsüber eine öffentliche
Toilette aufsuchen konnte. Wer sich von der Korruption weder
verführen noch brechen lassen will, muss ihr eben trotzen können. Doch das bedarf auch angemessener Vorsorge für vernünftigen Schutz. Schutz vor den Folgen der unbequemen Bekämpfung der Korruption.

Stille Begrüßung in Jakarta

Die unbequemen Rand- und Begleiterscheinungen solcher Korruption können einen über lange Zeit und auch über lange Distanzen verfolgen. Mir begegneten sie damals bis hin nach Jakarta. Wir leben eben in Zeiten der Globalisierung.

Obwohl der mich begleitende tüchtige Unternehmensberater und ich einen Zwischenstopp in Singapur unerwartet verlängert hatten und mit einem SilkAir-Flug landeten, auf dem uns niemand erwarten konnte, stand schon im Bereich der Kofferbänder ein recht düster aussehender Mann mit einer handgeschriebenen Tafel, auf der unsere Namen und unser Hotel aufgekritzelt waren. Hinter dem Bereich von Gepäckausgabe und Passkontrolle wartete ein zweiter, deutlich gepflegter aussehender Mann mit einer Tafel, auf der der Hotelname aufgedruckt war und unsere Namen ebenfalls handschriftlich aufgeführt waren.

Mein Begleiter folgte dem ersten »Abholer«, ich dem zweiten. Eine rein zufällige Entscheidung. Ich wurde ins Hotel gefahren, checkte ein und wartete auf meinen Kollegen. Doch der kam erst deutlich später – wahrgenommen einen ganzen Tag oder vielleicht auch zwei. Er war in ein Haus in den Bergen gebracht worden, in dem ein unterschriftsreifer Vertrag darauf wartete, von mir unterschrieben zu werden. Ein Vertrag gleichwohl, den ich weder kannte noch wollte noch jemals hätte freiwillig unterschreiben können. Und niemals hätte unterschreiben wollen. Ein Vertrag, dessen Unterzeichnung vornehmlich im Interesse von Gruppen oder Gruppierungen lag, mit denen wir nur höchst ungern hätten Geschäfte machen wollen. Gruppen, die wir auch in Indonesien gar nicht treffen wollten. Die sich uns gleichwohl auch schon in Spanien bekannt gemacht hatten.

Mein Reisebegleiter entkam, indem er mittels seines Passes beweisen konnte, dass er nicht ich war und dementsprechend auch nicht über eine entsprechende Unterschriftsberechtigung verfügen konnte. Doch wie hätte ich im Ernstfall beweisen wollen, dass ich nicht ich war? Wäre ich dem anderen Abholer gefolgt, hätte ich diese Chance nicht gehabt, mein Pass hätte mich nicht befreit. Ob ich aus dem Dschungel wieder in die moderne Hauptstadt gekommen wäre, sei einmal dahingestellt.

Sack mit Atemlöchern, Stadion mit Hundertschaft

Doch auch eine Entführungssituation war für mich nicht mehr vollkommen neu. Bereits im Vorgarten meines Hauses in einem Vorort von Barcelona hatte ich mich mit einer solchen Eventualität mental vertraut machen müssen, als ich einen Sack mit Atemlöchern und höchst merkwürdigen Aufschriften in den Händen hielt, der für meine Größe und Körperkonstitution nahezu maßgeschneidert erschien. Er war dort zurückgeblieben, nachdem nachts versucht worden war, in mein Haus einzudringen, an den Kellergittern unmittelbar zuvor installierte Vibrationssensoren jedoch den Alarm auslösten und meine Sicherheitsleute eine allem Anschein nach geplanten Entführung noch gerade rechtzeitig unterbinden konnten.

Dass es sich um einen ganz normalen Einbruchsversuch mit dem Ziel ganz normalen Diebstahls eindeutig nicht handeln konnte, ergab sich allein schon daraus, dass der Vorfall stattfand, nachdem sich bis tief in die Nacht hinein sechs Personen auf der Terrasse meines Hauses aufgehalten hatten. Unmittelbar nachdem zwei davon das Haus verlassen hatten, löste der Sensor aus. Wer immer ihn auslöste, musste also wissen, dass sich noch einige Personen im Haus befanden, die ganz sicher noch nicht schliefen. Jeder »halbwegs vernünftige« Einbrecher, der an der

Erbeutung von Diebesgut und nicht einer Person interessiert gewesen wäre, hätte zunächst den Schlaf der Bewohner abgewartet, um dann in Ruhe seiner »Arbeit« nachzugehen. Die Flüchtenden wurden nicht mehr gefasst, zurück blieb allein der fragliche Sack.

Eine vorbeifliegende Pistolenkugel verursacht einen kurzen Schreck, so etwa wie der Moment auf der Autobahn, in dem sich nach einem Fahrfehler entscheidet, ob man mit dem Leben davonkommt oder am Brückenpfeiler klebt. Einen Sack in der Hand zu halten, mit der Vorstellung, man selbst könne jetzt Inhalt dieses Sackes sein, und das in der Hand von wem auch immer, ist schon eine andere Sache, eher so, wie die lang anhaltende Angst in einem Flugzeug, das in eine tropische Gewitterzelle gerät.

Entscheidend dafür, mich auch in dieser Situation nicht brechen zu lassen, waren zwei Dinge: mein unbedingter Wille, meine nicht nur für mich so wichtige Arbeit nicht von sachfremden Einwirkungen stören zu lassen. Und das Wissen, dass der Konzern alles tun würde, was zu meiner Sicherheit angemessen und erforderlich sei. Letzteres ist insbesondere deshalb wichtig, damit man das sichere Gefühl entwickelt, sich um das Thema Sicherheit nicht kümmern und schon gar nicht unnötige Gedanken darüber machen zu müssen.

Hat man das Gefühl, das Notwendige werde ohnehin getan, fällt es einem deutlich weniger schwer, sich auf den Kern der eigenen Arbeit zu konzentrieren. Insofern hat angemessener Personenschutz eine physische und eine psychische Komponente. Wer sich niemals brechen lassen will, muss allein schon stark sein, doch ganz allein schaffen wird er es nie.

Das erlebte ich auch einige Zeit nach meinem Aufenthalt in Barcelona: Als ich Vorsitzender des Vorstandes von Hannover 96 war und mich – erneut aufgrund zweifelsfrei notwendiger, aber doch auch offenkundig unbequemer Sanierungsbemühungen – wiederum massiven Anfeindungen bis hin zur Morddrohung ausgesetzt sah, waren es neben privaten Sicherheitskräften insbesondere Polizei und Landeskriminalamt, die mich hervorragend berieten und einen exzellenten Schutz für mich sicherstellten. Auch sie halfen mir, mich im entscheidenden Moment nicht brechen zu lassen, wofür ich ihnen bis heute dankbar bin.

Dabei bleibt der Tag schon etwas merkwürdig in Erinnerung, an dem ich aufgrund der ausdrücklichen Empfehlung der Kriminalpolizei erstmals eine kugelsichere Weste tragen musste. Spätestens in dem Moment, als diese mir umgelegt und geschlossen wurde, wusste ich, wie ernst die gegen mich ausgesprochenen Drohungen offensichtlich zu nehmen waren. Und als ich das Foto sah, das Polizisten zeigte, die das Stadion auf Sprengsätze hin absuchten, verdeutlichte mir auch dies, dass Fußball offensichtlich kein Spiel mehr war.

»Der Wöhe«

Doch nicht nur im Umgang mit Scharfschützen oder mit enthemmten Fußballfans kann und muss man lernen, sich niemals brechen zu lassen. Auch »geliebte« Vorstandskollegen können einem im Zweifelsfall so viel »Liebe« zuteilwerden lassen, dass es einen fast zerreißt. So, wie in den Fanblocks englischer Stadien über Jahrzehnte hinweg vollgepinkelte Bierbecher als Wurfgeschosse Standard waren und in deutschen Fußballarenen gefährliche Pyrotechnik trotz aller Verbote noch immer zum »Comment der Ultras« gehört, bringt man Liebe und Zuneigung auf der Vorstandsetage stets auch mit gewissen Usancen zum Ausdruck – und keineswegs weniger spürbar als im Umfeld der Fankultur. Und da, wo die Intrige regiert, kann jedes einzelne

Wort ohnehin zum Messerstich werden. Doch auch kleine Nadelstiche zählen, können zermürben, sollen ihr Ziel am Ende zerbrechen.

Wie filigran mitunter vorgegangen wird, mag das folgende Beispiel veranschaulichen: Wenn ein neues Vorstandsmitglied oder ein/e neue/r Vorstandsvorsitzende/r bestellt ist, ist es nicht unüblich, dass diese/r/s nach dem Zeitpunkt der Bestellung, aber noch vor dem Zeitpunkt des offiziellen Amtsantritts bereits als Gast oder als Vorstandsmitglied ohne Ressort an Vorstandssitzungen der Gesellschaft teilnimmt, um sich einzuarbeiten und um ein Gefühl für die Kultur des Unternehmens oder auch für die neuen Kollegen zu bekommen. Wie heiß und intensiv die Gefühle dabei sein können, erlebte ich bei einem der Unternehmen, in deren Vorstand ich wirken durfte. Nach einer Vorstandssitzung, an der ich ausdrücklich (nur) als Gast teilgenommen hatte, überreichte mir ein (künftiger) Vorstandskollege – rein privat, versteht sich, sonst würde ich hier nicht darüber berichten – die Fotokopie von Seite 744 eines Lehrbuches, damit ich doch nicht umsonst studiert hätte. Handschriftlich war auf der Kopie – doppelt unterstrichen – der Name »Wöhe« vermerkt, und ohne entsprechende Unterstreichung die Worte »Einführung in die Allgemeine BWL«. Aha! Offensichtlich handelte es sich um eine Kopie eines der Standardwerke der betriebswirtschaftlichen Literatur, welches so bekannt und angesehen ist, dass es unter Professoren und Studenten als »der Wöhe« gilt.

Rücktritt mit Ertrag

Doch warum hatte mir mein künftiger Vorstandskollege, wenn er schon meinen sollte, ich hätte vielleicht umsonst studiert, nicht gleich das ganze Werk geschenkt, sondern lediglich Seite 744 aus dem sechsten Abschnitt (*Das betriebliche Rechnungswesen*) übergeben? Die Antwort fand sich wohl in seiner grünen Schraffierung mit zusätzlichem (ebenfalls jeweils grünen) Doppelstrich an beiden Seiten:»**Ertrag** ist der in der Finanzbuchhaltung in Geld bewertete Wertzugang einer Periode. Er stellt den Gegenbegriff zum Aufwand dar.« Das waren die zwei Sätze, die ein nach eigener Einschätzung vermutlich recht wichtiges Vorstandsmitglied einer Aktiengesellschaft offenbar seinerseits für so wichtig hielt, dass er sie seinem künftigen Vorstandsvorsitzenden nicht nur mündlich mit auf den Weg geben wollte, sondern gleich als Hardcopy und mit entsprechender Hervorhebung durch einen Farbmarker.

Die Definition von Ertrag ist dabei für einen studierten Ökonom oder Betriebswirt etwa so grundlegend (und so trivial) wie die Feststellung eines im Grenzbereich der Topologie tätigen Mathematikers, dass 2 mal 3 gleich 6 ist, oder das hoffentlich sichere Wissen eines international renommierten Hirnchirurgen, wonach der Mensch in aller Regel über einen Kopf mit einem Gehirn, zwei Augen und zwei Ohren verfüge. Gegenüber einem künftigen Vorstandsvorsitzenden und promovierten Wirtschaftswissenschaftler war das Überreichen der entsprechenden Definition ein fast unvorstellbarer Affront. Eine Provokation ohnegleichen.

Doch wer sich nicht brechen lassen will, darf sich schon gar nicht provozieren lassen. So reagierte ich überaus höflich, bedankte mich bei meinem künftigen Vorstandskollegen artig und ließ ihn noch wissen, dass ich für die Übergabe der kopierten Lehrbuchseite insofern besonders dankbar sei, als ich mich ja stets dem Thema Wissensmanagement verpflichtet fühlte und insofern natürlich auch stets bemüht sei, mein eigenes Wissen weiterzuentwickeln.

Im Stillen fragte ich mich, aus welcher Auflage der *Einführung in die Allgemeine Betriebswirtschaftslehre* die mir überreichte Kopie wohl stammen möge. Der »Wöhe« bringt es als führendes Standardwerk der Betriebswirtschaftslehre schließlich schon auf weit mehr als 20 Auflagen und eine siebenstellige Anzahl verkaufter Exemplare. Die erste Auflage stammt übrigens aus dem Jahr 1960. Ich hoffte sehr, dass der Ausbildungs- und Entwicklungsstand meines künftigen Kollegen nicht im Jahr 1960 stehen geblieben war, mochte diesen Aspekt jedoch nicht eingehend mit ihm diskutieren. Die Frage wäre mir bei allem Mut zur Wahrheit schon ein wenig unangenehm gewesen. Und ein wenig respektlos.

Und nachtragend bin ich ohnehin nicht. So hatte ich auch keine Einwendungen dagegen, dass ein anderes Vorstandsmitglied meinem neuen Kollegen, der sich so rührend um meine betriebswirtschaftlichen Kenntnisse gesorgt hatte, schließlich freundschaftshalber – ebenfalls rein privat, versteht sich – mit einem handschriftlichen Textentwurf hilfreich zur Seite stand, als es einige Zeit nach meinem offiziellen Amtsantritt für ihn darum ging, eine aufsichtsratstaugliche Rücktrittserklärung zu formulieren. Und mit dem Selbstbewusstsein und der Selbstsicherheit meines mit seiner Hilfe aufgefrischten Wöhe-Wissens fiel es mir auch nicht mehr ganz so schwer, im Moment der Trennung die Tränen zu unterdrücken und meinen hohen Respekt für eine richtige und wichtige Entscheidung zu bekunden. Lass dich niemals brechen! Und habe immer Respekt!

Spreu und Weizen

Inzwischen sind mir im Laufe meiner beruflichen Karriere und meines persönlichen Werdegangs auch noch sehr viel extremere Dinge passiert und widerfahren. Wer ungewöhnlich schwierige Aufgaben erhält, die bequem nicht zu lösen sind, muss sich eben auf das Unbequeme einrichten und auch auf manche wahrlich unbequeme Schweinerei.

Dabei gibt es wahrlich nichts, das es nicht gibt. Die absurde Forderung nach Entlassung wegen »Manipulation und Terrorismus«; der haltlose Vorwurf von Bilanzfälschung oder Korruption; die von einem Presseorgan getriggerte unnötige Hausdurchsuchung mit etlichen Bewaffneten auf der Suche nach Beweisen, die es in Wirklichkeit doch gar nicht gibt; die diffamierenden und drohenden Äußerungen ganz verschiedener Blogger, hinter denen sich doch ein und dieselbe IP-Adresse verbirgt; falsche Berichte auf einer ausländischen Internet-Plattform, die sich mangels zustellfähiger Anschrift dem rechtsstaatlichen Zugriff entzieht; Rufmord für gutes Geld, dessen Quellen man lieber nicht kennt: Die Liste möglicher unbequemer Erlebnisse des unmöglich unbequem Handelnden ist vielfältig, und sie ist mitunter recht lang.

Wer für Wahrheit und Klarheit eintritt, wer sich der Lüge und der Bequemlichkeit entgegenstellt, wer sich dem Unsinn und der Korruption konsequent widersetzt, wer einen gerechten Weg geht gegen das Ungerechte, der hat es nicht leicht. Doch das ist keineswegs neu. So war die Welt schon immer. So war der Mensch schon immer. Als ein Mensch gemerkt hat, dass er über andere Macht ausüben kann, war es vorbei. Vorbei mit dem Frieden – und auch mit der Harmonie unter den Menschen.

»Herrsche über die Welt!« – das ist nicht etwa die Aufforderung eines gescheiterten nordafrikanischen oder südamerikanischen Potentaten an seinen Sohn, sondern ein gängiger Satz aus der Fernsehwerbung für ein sehr erfolgreiches und sicher auch recht spannendes Computerspiel. Doch im Spiel wie im Leben gilt: Die Spreu trennt sich vom Weizen in aller Regel ganz besonders in Extremsituationen. Deshalb gilt auch: Habe keine Angst vor und in solchen Extremsituationen! Diese geben dir erst die Gelegenheit, dich wirklich auszuzeichnen und von anderen abzuheben. Lass dich in solchen Situationen nicht erschrecken! Lerne den Umgang mit der Bedrohung! Sieh die Dinge, wie sie sind! Lass dich niemals brechen! Und bleibe standhaft auf deinem Weg.

Verkürzung und Verschwendung

Dass man sich niemals brechen lassen darf – ganz besonders dann, wenn man recht und sich nichts vorzuwerfen hat, aber sogar und ausdrücklich auch dann, wenn man gefehlt haben sollte und insofern Reue zeigen und Verantwortung übernehmen muss –, hat im Jahr 2013 nicht zuletzt eine der bis dahin zweifelsfrei angesehensten Personen unserer Gesellschaft an der Schnittstelle zwischen Sport und Wirtschaft erfahren müssen: der Aufsichtsratsvorsitzende von Bayern München, Uli Hoeneß.

Der »Fall Hoeneß« ist nicht zuletzt vor dem Hintergrund der besonderen »Fallhöhe« medial bereits so intensiv und exzessiv diskutiert worden, dass in diesem Buch auf eine weitere Vertiefung und Verfeinerung aller zum Thema ohnehin bereits vorgetragenen Argumente verzichtet werden soll. Und wer wollte dem Bundespräsidenten ganz unabhängig von konkreten Einzelfällen insofern noch etwas hinzufügen, der unter dem Zwischensummenstrich ja mit der Bemerkung, Steuerhinterziehung sei »asozial«, eine Feststellung getroffen hat, die man weder negieren kann noch relativieren möchte.

Ja! Die »Verkürzung von Steuern«, besser bekannt als Steuerhinterziehung, ist schlimm! Steuerhinterziehung ist moralisch verwerflich! Steuerhinterziehung ist für die Gesellschaft schädlich! Und Steuerhinterziehung ist »asozial«! Ohne Wenn und Aber! Steuerhinterziehung ist insofern nicht entschuldbar, und niemand sollte Steuerhinterziehung aus falschen oder falsch verstandenen Gründen relativieren wollen.

Doch Steuer*verschwendung* ist hinsichtlich ihrer Wirkungen genauso schlimm. Genauso schlimm wie Steuerhinterziehung. Steuerverschwendung ist ebenfalls moralisch verwerflich. Und jeder verschwendete Euro an Steuern schädigt die Gesellschaft genauso wie ein hinterzogener Steuereuro. Auch Steuerverschwendung ist mithin asozial!

Elbphilharmonie, Hauptstadtflughafen, Euro Hawk: Der Preis der Qualität unserer Politik

Betrachten wir kurz drei Beispiele, um ein Gefühl für die gelegentliche Dimension dieses Asozialen zu bekommen: Beim Euro Hawk, der nicht einsatzfähigen Langstrecken-Aufklärungsdrohne also, die die Sicherheit unserer Heimat in fernen Regionen zwischen Hindukusch und Horn von Afrika so vorzüglich hätte gewähren sollen, sind den vorliegenden öffentlichen Informationen zur Folge etwa 500, vielleicht sogar 600 Millionen Euro an Steuergeldern verausgabt – oder sollten wir sagen: verbraten? – worden, obwohl bzw. nachdem allem Anschein nach erheblichste technische Mängel bereits längst bekannt waren. Ein wahrlich unfassbarer Vorgang, der jeden verantwortlichen Manager nicht nur sofort den Job gekostet, sondern ihm zugleich wohl eine Organhaftungsklage in astronomischer Höhe eingebracht hätte.

Doch wer denkt in hoher politischer Verantwortung schon an solche Kleinigkeiten wie ein Antikollisionssystem für eine Kampfdrohne? Sollen die zivilen Jets mit ihren zahllosen Fluggästen doch selbst sehen, wie sie Zusammenstöße mit den fliegenden militärischen Aufklärungsmaschinen vermeiden

können! Und wer würde als Politiker schon wirklich eine angemessene Politikerhaftung propagieren wollen?

Möglicherweise, so wurde auch schon von Bundesverteidi-
gungsminister Thomas de Maizière argumentiert, werde der
Verlust durch das Drohnenprojekt ja auch »nur 250 Millionen
Euro« betragen. 250 Millionen Euro – was ist das schon …? Ist
das denn wirklich viel zu viel? Und was wären eigentlich auch
schon 600 Millionen Euro, wenn doch die innere und die äußere
Sicherheit der Nation auf dem Spiel stehen?

So vermag es vielleicht auch nicht zu überraschen, dass der
CDU-Politiker Andreas Schockenhoff dem staunenden Fernsehpublikum mit großen Augen erklärte, man könne doch in einem
Ministerium, in dem es täglich Hunderte von Vorgängen gibt,
nicht den Minister für alles verantwortlich machen. Ja, aber wen
denn sonst?

Managerhaftung ja, Politikerverantwortung nein: so einfach ist
das? Wir leben offenbar doch in einer Zweiklassengesellschaft,
der von *Politikern* und *Normalos* nämlich – Politikern, die sich
offenbar alles leisten können, und Normalbürgern, die nicht nur
für ihr eigenes Handeln haften, sondern auch für Politikversagen
zahlen müssen.

Im Übrigen relativiert sich die Dimension des politischen
Skandals im Umgang mit dem »Euro Hawk« allein schon dann,
wenn man nur einmal denjenigen mit seinem Namensvetter,
dem »Eurofighter«, betrachtet: Für dessen Beschaffung werden
nach Berechnungen des *SPIEGEL* bis Jahresende 2013 angeblich bereits 14,5 von bisher durch den Bundestag bewilligten
14,7 Milliarden Euro ausgegeben sein – allerdings bei dann erst
108 gelieferten von etwa 140 bestellten und zuvor sogar circa
180 vorgesehenen Kampffliegern. Angeblich erwartet die Bun-
deswehr bereits Zahlungen von 16,8 Millarden Euro bis zum
Jahr 2018, und auch diese Summe könnte laut *SPIEGEL Online*

wohl nochmals um einen Betrag in Milliardenhöhe überschritten werden. Euro Hawk – Eurofighter – Euroshima?

Die Kosten für den Bau der Elbphilharmonie, unserem zweiten Beispiel, waren einst mit 77 Millionen Euro veranschlagt. Per
Mai 2013 stieg ihre Projektion auf 790 Millionen Euro, mehr als
das Zehnfache der ursprünglichen Planung also. Sofern der ur-
sprüngliche Budgetansatz nicht eine vorsätzliche Täuschung
dargestellt hat, dürfte man wohl von einer Steuerverschwendung in Höhe von mehr als 700 Millionen Euro sprechen dürfen.
700 Millionen Euro! Doch was sind aus der Vogelperspektive
unserer in Multi-Milliarden-Kategorien denkenden Politiker-
kaste schon 700 Millionen Euro? Nicht mehr als rechnerische
400 Euro für jeden Bürger der Hansestadt. Wer mag da schon
nach Verantwortung fragen, geschweige denn diese einfordern
oder gar einklagen?

Wie wenig 600 Millionen oder 700 Millionen Euro im politischen Steuerverschwendungswettbewerb schlussendlich ohnehin sind, belegt eindrucksvoll unser Beispiel 3: der neue Hauptstadtflughafen, kurz BER. Der Bau dieses körperlichen Beweises
deutscher Ingenieurs- und Planungskunst hat sich mittlerweile
um etwa 3 Milliarden (!) Euro verteuert (das entspricht pikanter-
weise übrigens in etwa den rechnerischen Mehrkosten des »Eurofighter« – hochgerechnet auf die Zahl der insgesamt bestellten
Jets). So bekommt »Made in Germany« eine ganz unerwartete
Bedeutung und eine ganz neue Dimension.

Ursachen und Folgen, Wechselwirkungen und Verantwor-
tungszusammenhänge, Personen und Personalien, Besonderheiten und Absonderlichkeiten dieser wohl einzigartigen tragi-
komischen Darbietung mit äußerst tragischen Folgewirkungen
für den Steuerzahler sind auf Hunderten von Seiten angesehener
Zeitungen, Magazine oder Internet-Homepages ausgiebig diskutiert worden. Von »Pannen-Airport« war die Rede oder auch

von »Airport-Pannen«. Doch wer hat bisher eigentlich Verantwortung übernommen, wer hat sie verbindlich eingefordert, wer
hat sie rechtsstaatlich eingeklagt? Und wer wird am Ende für das
ganze Desaster einstehen? Wohl niemand – außer dem Steuerzahler. Jedenfalls ganz sicher nicht unsere »Pannen«-Politik.

Rekordsteuereinnahmen – Rekordsteuerverschwendung: Sind
das Gleichung und Formel unserer bequemen Demokratie? Wir
sind bisher als Land und als Volkswirtschaft nicht deshalb wirtschaftlich so erfolgreich, weil wir etwa so gut regiert würden,
sondern vielmehr trotz der zumindest in Teilen mehr als fragwürdigen Qualität unserer Politik. Die nach dem Zweiten Weltkrieg entstandene industrielle Infrastruktur und die Substanz
des dualen Bildungssystems sind die Säulen, die uns noch immer
tragen. Gebe Gott uns auch morgen und übermorgen den wirtschaftlichen Erfolg und die wirtschaftliche Kraft, die wir brauchen, um die wiederkehrenden Unsinnigkeiten und Bequemlichkeiten der Politik finanzieren zu können, ohne dass Wirtschaft
und Wohlstand nachhaltig gefährdet werden – und mit ihnen
womöglich die Demokratie. Und gebe Gott uns auch die Kraft,
endlich mutig zu fragen, wer Verantwortung trägt für die Vergeudung von öffentlichen Geldern und für die Verschwendung von
Steuern.

Für Steuerverschwendung in den Knast?

Nach den gültigen Vorgaben des Bundesgerichtshofes muss jemand, der 3 Millionen Euro an Steuern hinterzogen hat, im Allgemeinen zwingend ins Gefängnis, eine Bewährungsstrafe ist bei
einem hinterzogenen Betrag von mehr als 1 Million nicht mehr
möglich, sofern nicht ausnahmsweise besonders gewichtige Mil-
derungsgründe greifen. Gut so! Aber warum behandelt unser

Rechtsstaat eine Steuerverschwendung von 3 Milliarden Euro so viel milder als eine Steuerhinterziehung von 3 Millionen? Verantwortungsloser Umgang mit anvertrauten Mitteln der Gemeinschaft ist schließlich auch asozial. Im Einzelfall sogar höchst asozial – genau wie Steuerhinterziehung. Wenn jemand wegen einer etwaigen Steuerhinterziehung von 3 Millionen ins Gefängnis muss, gehörte man wegen Mitwirkung an oder Beihilfe zu einer Steuerverschwendung von 3 Milliarden unter dem moralischen Aspekt des Asozialen und unter dem ökonomischen Aspekt der Höhe des für das Gemeinwesen entstandenen Schadens dann nicht eigentlich auch hinter Gitter? Vielleicht sogar lebenslänglich? Jedenfalls dann, wenn Steuerverschwendung endlich strafbar wäre, so wie Steuerhinterziehung es ja längst schon ist?

Betrachten wir eine Steuerverschwendung von 3 Milliarden Euro einmal aus anderer Perspektive, setzen wir sie in eine verständliche Relation: Um 3 Milliarden Euro an Steuern zu zahlen, müsste einer Berliner oder Brandenburger Krankenschwester vermutlich etwa 1 Million Jahre lang arbeiten. Das bedeutet Notfälle, Nachtschichten und Intensivstation über eine Zeitspanne, die 500-mal so lang ist wie der Zeitraum seit Christi Geburt! Soll die sinnlose Vergeudung der Steuerzahlungen eines solchen mühsamen »Lebenswerkes« über 50.000 Generationen etwa wirklich nicht strafbar sein? Ist sie nicht sogar ein moralisches Verbrechen, dem Höchststrafe gebührt?

Was für eine schöne Vorstellung: Schädigung des Gemeinwesens wird gleichbehandelt, egal ob sie auf der Einnahmen- oder Ausgabenseite entsteht – Steuerverschwendung als Straftatbestand! Und verantwortungsloses Handeln von Entscheidungsträgern wird ebenfalls gleichbehandelt, egal ob es sich um Manager oder Politiker handelt – Politikerhaftung bei Vorsatz und grober Fahrlässigkeit! So »unbequem« sollte der Rechtsstaat auch für seine Repräsentanten im Zweifelsfall sein können. Und der Leitsatz »Lass dich niemals brechen« bekäme so noch eine ganz neue, unerwartete Wendung und Komponente – eine wahrlich interessante Dimension!

8. BEUGE DICH NICHT DEM DRUCK VON MEDIEN UND MASSE

Überzogene Banker-Boni, angebliche Antrittsgelder, goldene Handschläge, riesige Abfindungen: Das Thema Managergehälter ist eines, mit dem man – sofern man sich der sachlichen Diskussion verpflichtet fühlt – nicht gewinnen kann. Starten wir dieses Kapitel also gerade mit diesem Thema, um zu veranschaulichen, dass man sich dem Druck von Medien und Masse niemals beugen darf! Und um zu zeigen, zu welch kontraproduktiven und geradezu widersinnigen Ergebnissen ein zu hohes Maß an Bequemlichkeit führen kann. Es geht dabei schlichtweg um die fundamentale Frage von Populismus und Emotion versus Vertragstreue und sachlicher Diskussion.

Würde ich erzählen, geschweige denn darüber sprechen, wie oft allein über mein persönliches Gehalt oder über meine angeblichen Antrittsprämien oder Versorgungszusagen in der letzten Dekade in der Öffentlichkeit falsch, unwahr oder irreführend berichtet worden ist, so wäre ich wohl einige Wochen oder vielleicht auch Monate damit beschäftigt. Doch dies mag hier zunächst dahinstehen, da es bei der nachfolgenden Diskussion nicht um mein eigenes Gehalt gehen soll und schon gar nicht um eine ohnehin nicht erforderliche Rechtfertigung irgendeiner Art.

Zudem kann ich mir gestatten, über dieses Thema einigermaßen unverkrampft zu sprechen, da ich ohnehin einer der ersten, vielleicht sogar der erste deutsche Spitzenmanager war, der Transparenz gefordert und im Hinblick auf sein Gehalt auch geschaffen hat – lange vor den entsprechenden gesetzlichen Regelungen und auch lange vor der Vertiefung der entsprechenden Governance-Diskussion.

Zweckmäßigkeit, Bequemlichkeit, Scheinheiligkeit

Kaum ein anderes Thema scheint sich so gut zu eignen, von den wirklich schwierigen und unbequemen Themen unserer Gesellschaft abzulenken, wie jenes der Managergehälter. Betrachtet man die schier unglaubliche und völlig unverhältnismäßige Aufmerksamkeit, die dieses durchaus wichtige und durchaus ernsthaft zu diskutierende Thema allmorgendlich in den Tageszeitungen und Magazinen und allabendlich in den Talkshows erfährt, dann stellt sich zunächst einmal die folgende Frage, die mir einst der amerikanische Starbanker Sandy Weill stellte: Glaubt eigentlich ein einziger Mensch, dass es einem einzigen Menschen besser geht, wenn wir die Gehälter der 30 DAX-CEOs, also die Gehälter der Vorstandsvorsitzenden der im Spitzenindex der Deutschen Börse notierten Unternehmen, morgen halbieren?

Die Gerechtigkeitsfanatiker unter den Talkshow-Diskutanten werden nun – durchaus zu Recht – einwenden, dass jede soziale Gemeinschaft und Gesellschaft sich nicht nur an Kriterien der Zweckmäßigkeit, sondern auch der Gerechtigkeit und Verhältnismäßigkeit zu orientieren haben. Das stimmt ausdrücklich. Aber wieso wird zu einem solchen Zweck eine einzelne, ja eine einzige Berufsgruppe herausgegriffen? Ist die Diskriminierung von beruflicher Aktivität und Zuordnung tatsächlich zulässig und diejenige von sexueller richtigerweise nicht?

Und wer befasst sich mit den Gehältern der Fußballstars? Wer deckelt die Einkünfte eines Guardiola, Lahm oder Ribéry, wer begrenzt die Ablösesumme für einen Martínez oder Ronaldo? Wer nimmt Anstoß an den Millionenverdiensten der Popstars? Und wer deckelt gesetzlich die Bezüge einer Maybrit Illner oder eines Günther Jauch?

Es wäre in der Tat einmal interessant zu analysieren, um wie viel höher mitunter die Einkünfte der Moderatoren der Talk-shows sein mögen als jene der Manager, über die sie sich mokieren. Oder zu untersuchen, wo welche Moderatorin welche Einkünfte wie zu versteuern hat. Vielleicht auch zu ergründen, welche Vorteile es den Moderatoren bieten mag, nicht nur zu moderieren, sondern auch zu produzieren. Qualität aus einer Hand – das wissen wir alle – hat schließlich ihren Preis.

Und mindestens wer einmal eine bekannte Bildschirmgröße für eine Unternehmensveranstaltung oder eine private Feier engagieren wollte, hat eine Vorstellung davon, um wie viel höher der Stundensatz des professionellen Talkers bisweilen liegen kann als der eines Vorstandschefs mit Verantwortung für das Schicksal und die Zukunft von zigtausend Familien und deren täglich Brot.

Die Scheinheiligkeit kennt mitunter wohl keine Grenzen. Mir selbst ist ein deutscher Spitzenpolitiker persönlich bekannt, der sich nur allzu gern am Thema der Managergehälter abarbeitet und profiliert, der aber selbst nicht davor zurückgeschreckt hat, selbst aktiv die Vermittlung eines Termines mit einem EU-Kommissar anzuregen und anzubahnen, um sodann ein hübsches Sümmchen dafür in Rechnung zu stellen – in einer Dimension ganz außerhalb der Kriterien von Angemessenheit oder Hartz IV.

Im Extremfall findet sich sicher ein passender Talkmaster, der den zahlungskräftigen ehemaligen Kunden bildschirmgerecht vorführt oder diskreditiert, dessen Scheck zu empfangen ihm gestern doch niemand verbot. Oder auch ein ehemaliger Bundesminister, der hinter verschlossenen Türen über Möglichkeiten der Aufweichung des Kernenergieausstieges sprechen mag, um vor diesen Türen im aufsehenerregenden Interview über die Gefahren des Nuklearterrorismus zu dozieren. Wer würde schon mit den Protagonisten des nuklearen Terrors Geschäfte machen? Wohl alles eine Frage der Bequemlichkeit.

Der Vergütungsbericht ist der Star

Wie bequem es doch ist, fast allabendlich eine Show aufzuziehen, in der fünf Gute und ein Böser miteinander darüber diskutieren, was der Böse all den anderen Guten zugutekommen lassen sollte, um weniger böse zu sein. Und genau auf diesem Niveau und nicht etwa auf der Ebene sachlicher Diskussion wird die Show zelebriert. Das Gegenmodell zu »Deutschland sucht den Superstar«.

Dabei ist es durchaus legitim und auch erforderlich, die Einkünfte von Managern im Sachzusammenhang von wirtschaftlicher Entwicklung, gesellschaftlichem Konsens und Aktiengesetz zu diskutieren. Ich selbst war im Jahr 2004 – lange bevor die Pflicht zur Offenlegung der Managereinkünfte gesetzlich verankert wurde – einer der Ersten, der öffentlich forderte, die Gehälter der Vorstände individuell offenzulegen und damit höchstmögliche Transparenz zu schaffen. Wer nichts zu verbergen hat, hat kein Problem mit Transparenz.

So folgte ich auch dem selbst geforderten Beispiel bereits zu einem Zeitpunkt, als eine Verpflichtung dazu noch längst nicht bestand. Doch was folgte, war keine faktenbezogene Diskussion auf Grundlage der geschaffenen Transparenz, sondern mitunter vielmehr eine mediale Jagd. Ich habe eine Bilanzpressekonferenz erlebt, in der einzelne Journalisten, bevor sie sich mit dem erzielten Unternehmensergebnis befassten, geradezu gierig die Seiten mit dem Vergütungsbericht aufschlugen, auf der Suche nach einer neuen Zahl und vielleicht einer Sensation. Der Vergütungsbericht ist der Star.

In der »Kurzfassung« des Geschäftsberichtes 2012 der Porsche Automobil Holding SE nimmt der Vergütungsbericht in Summe 17 Seiten ein. Das belegt, wie sorgfältig und vorbildlich Porsche arbeitet, berichtet und Transparenz schafft. Es zeigt aber auch, welchen Berichtserwartungen und Berichtserfordernissen zur Vergütung von Vorstand und Aufsichtsrat große erfolgreiche Unternehmen inzwischen ausgesetzt sind. Fast so, als hätten wir in Deutschland keine anderen Themen oder als hätte man sonst nichts zu tun.

Wen interessiert es schon, ob ein Unternehmen exzellent geführt wird, wenn sich doch vielleicht Neid generieren lässt mit dem einfachen Hinweis auf eine einzige Zahl? Und genau das ist das Kernproblem der Debatte: In der medialen bildschirmgerechten Diskussion nehmen wir mitunter mehr Anstoß an dem hoch bezahlten Manager, der sein Unternehmen herausragend führt, hochgradig innovativ ist und Tausende von Arbeitsplätzen sichert oder gar schafft, als an jenem, der ein vergleichsweise moderateres Gehalt erhält, allerdings auch sehr moderat in seinen Leistungen ist und das Unternehmen so irgendwann vor die Wand fährt. Die Liste der Beispiele für beides füllte an sich schon ein Buch.

Innerhalb der betroffenen Unternehmen wird diese Diskussion im Übrigen ganz anders geführt. Keine Belegschaft eines herausragend geführten Unternehmens wird sich die über das ebenfalls herausragende Gehalt ihres Chefs beschweren. Im Gegenteil. Und da, wo außergewöhnliche Gehälter gezahlt werden, sitzen bei den Entscheidungen Gewerkschaften, Belegschaftsvertreter und auch Volksvertreter oft mit am Tisch.

Der Messi der Manager

Aber außerhalb der Unternehmen, da, wo die Betroffenheit eigentlich viel niedriger sein müsste, dort schwimmen offenbar alle auf demselben Strom. Das ist schließlich auch viel einfacher und bequemer. Unsere Zeit funktioniert offenbar oftmals dadurch und damit, dass man sich gegenseitig aufhetzt oder aufgehetzt wird. Klatsch, Tratsch und Diffamierung in Reinkultur – und projiziert in die distanzierte Welt der wirtschaftlich Mächtigen. So ist die Menschheit wohl, so war sie immer schon. Brot und Spiele.

Der strukturelle Nachteil der Spieler am Vorstandstisch liegt im Hinblick auf die Gehaltsdebatte dabei darin, dass niemand sieht, wie sie ihre Tore erzielen. Wenn Lionel Messi drei Tore in sieben Minuten erzielt, sieht die Welt mit. Wir sind begeistert von seinen Künsten und respektieren sein hohes Gehalt. Wenn der Messi der Manager, der Allerbeste unter den Managern, zaubert, sehen wir nicht, wie er seine Innovationen kreiert, seine Investitionen absichert und damit vielen Menschen Arbeit gibt.

Und doch maßen wir uns in den Talkshows an, bewerten zu können, wie viel welche Leistung wert sein kann und darf. Dabei vergessen wir zweierlei ganz grundsätzlich: zum einen, dass die Frage gerechter Verteilung vorrangig eine Frage der Fiskalpolitik, also der Höhe der Besteuerung ist. Wenn in unserer Gesellschaft – zu Recht! – der Eindruck entstanden ist, dass Arm und Reich zu weit auseinanderdriften und dass es Gerechtigkeitsdefizite gibt, dann ist es zunächst einmal eine Aufgabe der Finanzpolitik und der Sozialpolitik, diese Probleme zu beseitigen. Und auch das ließe sich ganz sachlich regeln, auch ohne fragwürdige Begriffe wie »Reichensteuer« – oder vielleicht auch »Managersteuer«? –, allein auf dem normalen Wege der Steuerprogression.

Zum anderen wird allenthalben vergessen, dass die Entscheidung über die Höhe zu zahlender Gehälter den Eigentümern obliegt. Wer würde einem Fußballklub vorschreiben, wie viel er seinen Spielern zahlen darf? Wer würde einem Unternehmer verbieten, seinen Mitarbeitern das Gehalt zu erhöhen? Wer würde eine Familie daran hindern, ihrer Haushaltshilfe künftig das Doppelte zu zahlen wie zuvor? Und welcher Gesetzgeber regelt die Einkünfte bei ARD und ZDF?

Gesetzliche Gehaltsbeschränkungen bei Spitzenführungskräften von Aktiengesellschaften sind evident Unsinn. Transparenz hingegen bleibt wichtig, vernünftige Entscheidungsprozesse auch. Und vielleicht am wichtigsten ist die konsequente Sanktionierung von Missmanagement und Gesetzesverstößen. Die gesetzlichen Grundlagen für eine angemessene Organhaftung von Managern liegen vor, jene für die Politikerhaftung hingegen stehen noch aus.

Die kontraproduktive Bequemlichkeit

Die eine Frage, die indes tatsächlich zu diskutieren und zu klären ist, ist die, wer im Namen der Aktionäre festlegen soll und festzulegen hat, was angemessene Vorstandsbezüge in einer Aktiengesellschaft sein sollen. In der Vergangenheit oblag diese Rolle dem von den Aktionären gewählten Aufsichtsrat. Das hat sich in vielen Fällen bewährt, in einzelnen nicht.

Die deutsche Regierungskoalition hat sich nun im März 2013 dazu entschieden, künftig die Hauptversammlungen selbst über die Höhe der Vergütung der Vorstände entscheiden zu lassen, und Ende Juni beschloss der Bundestag bereits entsprechende neue Regeln für Managergehälter, wonach in Zukunft bei börsennotierten Aktiengesellschaften die Aktionäre über das Vergütungssystem und über die maximale Vergütungshöhe abstimmen sollen.

Grundsätzlich hört sich das gut und vernünftig an. Und es ist eine in jeder Hinsicht bequeme Lösung. Ein typischer bundespolitischer Kompromiss. Die Manager bringt man nicht dadurch gegen sich auf, dass die Regierung die Klärung der Vergütungsfrage der Hauptversammlung zuordnet. Und das zuvor emotionalisierte Volk hat man als Reaktion auf die von der Politik selbst befeuerte öffentliche Debatte über exzessive Managergehälter sodann durch ein neues Gesetz umfrage- und stimmenwirksam beschwichtigt, ohne dass den Menschen klar wird, worum es hier eigentlich geht.

Denn der skizzierte Vorschlag, künftig allein die Hauptversammlung über die Entlohnung ihrer Spitzenmanager abstimmen zu lassen, und dies verbindlich, ist bei näherer Betrachtung für den beabsichtigten Zweck sogar kontraproduktiv. Zunächst einmal werden und wurden die Aufsichtsräte ohnehin von den Hauptversammlungen gewählt, sodass sich in beiden Gremien im Grunde ähnliche oder sogar dieselben Gruppen wiederfinden. Aus dieser Perspektive heraus würde sich also nicht viel ändern.

Allerdings: Ausländische institutionelle Investoren sind im Aktionärskreis üblicherweise sehr viel stärker vertreten als in den Aufsichtsräten. Der DAX ist längst nicht mehr deutsch. Jeder, der wie ich mehrere Hundert Investorengespräche oder mehr mit angloamerikanischen Anlegern geführt hat, weiß, dass deren Sorge zuallererst nicht etwa vernünftigen Bezügen für die Gesamtbelegschaft gilt, sondern vielmehr der Frage, ob Vorstand oder CEO auch hinreichende Anreize zur Bewirtschaftung haben. »And how are you incentivized?« ist die immer wieder gehörte Frage, bei der es in aller Regel weniger um die Begrenzung als vielmehr um die Erhöhung des Anreizes geht.

Vor diesem Hintergrund kann aus meiner Sicht überhaupt kein Zweifel daran bestehen, dass die Koalitionsinitiative, mit der dem Volk suggeriert werden soll, das man nun endlich etwas gegen die doch allzu hohen Managerbezüge tue – wenn sie wie geplant umgesetzt wird –, langfristig nicht zu einer Senkung, sondern vielmehr zu einer Erhöhung der Managergehälter führen wird.

Noch fragwürdiger erscheint mir das Folgende: Der paritätischste aller paritätisch gefassten Beschlüsse in einer deutschen Aktiengesellschaft ist derjenige über die Vorstandsvergütung. Hierbei wirken Kapitalvertreter und Arbeitnehmervertreter im Aufsichtsrat in aller Regel vollkommen gleichberechtigt mit. Entzieht man nun die Entscheidungshoheit dem Aufsichtsrat und ordnet sie allein der Hauptversammlung zu, so heißt das in der Wirkung nichts anderes, als dass Gewerkschaften und Belegschaftsvertreter künftig ihre entsprechenden Mitwirkungsmöglichkeiten verlieren.

Die Entscheidung obläge dann nur noch dem Kapital. Dies ist nicht nur ordnungspolitisch fragwürdig, sondern hätte ebenfalls mit allerhöchster Wahrscheinlichkeit keineswegs eine gehälterbegrenzende, sondern vielmehr eine vergütungserhöhende Wirkung. Für mich ein klassisches Beispiel, zu welch kontraproduktiven und geradezu widersinnigen Ergebnissen ein zu hohes Maß an (politischer) Bequemlichkeit führen kann.

Doch auch damit nicht genug: Wie scheinheilig und geradezu absurd die vorgesehene Regelung, Vorstandsgehälter allein von der Hauptversammlung entscheiden zu lassen, ist, zeigt sich allein schon darin, dass die mitunter in hoher, große Kongresszentren füllenden Anzahl versammelten Aktionäre ja schlecht spontan in der Veranstaltung – so wie vielleicht früher bei dem einen oder anderen Fußballklub – auf Zuruf irgendetwas oder irgendeine Zahl beschließen können. Es wird also in jedem Falle ein Gremium geben müssen, dass diese Vorarbeit leistet. Etwa der ohnehin von den Aktionären gewählte Aufsichtsrat?

Millionen und Milliarden

Zudem würde aufbauend auf der beabsichtigten Regelung verschiedentlich eine Situation entstehen, in der die Aktionäre dann zwar unmittelbar über das *Millionen*gehalt ihres Vorstandsvorsitzenden abstimmen dürfen oder müssen, nicht aber über die *Milliarden*investitionen der Gesellschaft, die möglicherweise sogar geeignet sein könnten, das Unternehmen unwiderruflich zu ruinieren. Zumindest hier schließt sich der Kreis, und hier zeigt sich Konsequenz: Viel zu verdienen ist mitunter sträflich, viel vor die Wand zu fahren offenbar nicht.

Und wo ist eigentlich die Trennlinie zwischen einem Manager und einem Unternehmer? Wie wollen wir in unserer Bewertung unterscheiden zwischen dem Chef einer heimischen Gesellschaft in mehrheitlichem Familienbesitz und einem ausländischen Vorstandsvorsitzenden, der zugleich Aktionär der von ihm geleiteten Aktiengesellschaft ist? Unter welchem Aspekt könnten Einkünfte aus Leitungstätigkeit moralisch oder ethisch eigentlich als »besser«, »anständiger« oder »sozial angemessener« zu bewerten sein, wenn der Betroffene zudem durch einen hohen Anteilsbesitz auch noch von den Kapitaleinkünften profitiert?

Wie herrlich bequem es doch sein muss, als Unternehmer und Milliardär den staunenden Fernsehzuschauern verkünden zu dürfen, dass *Millionen*gehälter für die Chefs von Weltkonzernen ab einer bestimmten Grenze unmoralisch, die Erbschaftssteuer und eine etwaige Vermögenssteuer auf das eigene *Milliarden*vermögen hingegen des Teufels sind. Wie schön, wenn man im Extremfall vielleicht selbst ein Zehnfaches verdient und ein Hundertfaches hat von denen, über die es sich doch medienwirksam zu entrüsten gilt.

Wie absurd und scheinheilig die angeblich unter Gerechtigkeitsaspekten geführte Diskussion ist, zeigt sich auch in der Begrenzung auf die Vorstandsebene. Auch dies führt zu kontraproduktiven und geradezu grotesken Resultaten. Allein schon die Offenlegungspflicht für Vorstandsgehälter hat dazu geführt, dass die wirklichen Spitzengehälter mitunter nicht mehr auf der obersten Ebene, sondern auf Ebenen danach gezahlt wurden. So wurden Bankenvergütungen für Händler in Höhe von 80 Millionen Euro als »marktüblich« klassifiziert, Vorstandsbezüge von einem Zehntel dieser Höhe hingegen als unmoralisch kritisiert. Wollen wir wirklich am Ende eine Situation erzeugen, in der die Übernahme von Spitzenverantwortung sowohl unter Einkommensaspekten als auch unter Haftungsaspekten nicht mehr attraktiv erscheint? Die Politik leidet schon heute oft unter dem Problem, für Spitzenposten häufig nicht mehr unter Spitzenkandidaten auswählen zu können – jedenfalls nicht unter solchen mit einer für das jeweilige Amt spitzenmäßigen Qualifikation.

Die exakte Grenze von Ethik und Moral

Herrlich bequem müsste es wohl auch sein, wenn man als schwerreicher Unternehmer in einer abendlichen Talkshow sitzen könnte, um dort höchst präzise und chirurgisch sauber feststellen, dass etwa ein Managergehalt von 14,5 Millionen Euro auch bei größtmöglicher Leistung angeblich moralisch nicht gerechtfertigt ist, ein solches von bis zu 10 Millionen jedoch sehr wohl ethisch vertretbar sein kann. 10 Millionen Euro als exakte Grenze zwischen Ethik und Unmoral? 9,9 Millionen Euro Vorstandsgehalt sind ethisch vertretbar und 10,1 klar außerhalb der Grenzen der Moral?

Und wie gehen wir dabei mit Inflation und Wechselkursschwankungen um? Würden sich bei 2 Prozent Inflation die Grenzen des moralisch Akzeptablen in einem Jahr dann auf 10,2 Millionen Euro erhöhen? Und würde eine Abwertung des Euro gegenüber Dollar und Pfund, gegenüber Yen und Yuan um ein Drittel dazu führen, dass der ethisch vertretbare Grenzwert plötzlich auf 15 Millionen Euro Jahresgehalt steigen würde und somit der zuvor angeblich nicht vertretbare Betrag von 14,5 Millionen Euro innerhalb der Grenzen der Moral läge? Würde es dabei möglicherweise sogar einen Unterschied machen, ob der betroffene Vorstand Deutscher oder Brite, Japaner oder Chinese wäre? Wäre es relevant, ob er Familienmitglieder außerhalb der Grenzen der Eurozone zu versorgen hat?

Und sollten wir bei Vorstandsgehältern im Sinne von Ethik und Moral und natürlich vor allem im Sinne von perfekter Angemessenheit nicht ohnehin die Kaufkraft am jeweiligen Dienstsitz oder Wohnort angemessen berücksichtigen? Müsste unter Gerechtigkeitsaspekten ein Vorstand in München oder Stuttgart nicht anders behandelt werden als einer in Wolfsburg oder Oldenburg? Die Vorschläge, das maximal zulässige Vorstandsgehalt als einen Multiplikator des niedrigsten oder des durchschnittlichen Lohnes im Unternehmen zu definieren, gehen ja schon genau in diese Richtung. Der durchschnittliche Lohn ist in München eben höher als in Oldenburg. Ist das auch zu berücksichtigen bei der so drängenden Suche nach der Grenze der Moral?

Es ist offenkundig, wie fragwürdig, unsinnig und mitunter grotesk die Formen der Diskussion sein können, die über deutsche Fernsehsender zu bester Sendezeit in unsere Wohnzimmer verbreitet werden. Der Flachbildschirm bekommt so einen völlig neuen Sinn. Was wir jedoch vergessen, ist, wo er herkommt. Dieselbe Politik, die uns täglich von internationalen Märkten und internationalem Wettbewerb erzählt, blendet all das von ihr selbst durchaus Erkannte geflissentlich aus, wenn es um Themen wie Managergehälter gibt. Der Wohlstand unseres Landes wird zwar großenteils außerhalb seiner Grenzen geschaffen, aber innerhalb der Grenzen verteilt. Und Werte entstehen vorrangig global, doch Wahlen entscheiden sich national.

Wozu es im Übrigen im internationalen Vergleich führen kann, wenn man nationale Regelungen einführt, die dem internationalen Wettbewerb nicht entsprechen, kann man in Frankreich besichtigen. Dort ist es schon seit Jahren gang und gäbe und auch gesetzlich verankert, dass beispielsweise ein Manager, der einen Fünfjahresvertrag hat, im Falle der vorzeitigen Entlassung auch dann, wenn es für diese Entlassung keine angemessenen Gründe wie etwa schlechte Leistung oder rechtswidriges Verhalten gibt, den Vertrag nicht etwa erfüllt und ausbezahlt bekommt, sondern lediglich eine deutlich begrenzte Abfindung erhält. Eine Tracht Prügel für vermeintlich nicht erfolgreiche Manager hingegen entspricht in der Grande Nation schon eher dem Comment, wie die jüngere Vergangenheit bisweilen schmerzhaft gezeigt hat. So darf man sich nicht wundern, dass international erfahrene und erfolgreiche Manager in Paris, Lyon und Marseille eher nicht anzutreffen sind.

Wie absurd nationale Alleingänge bei Gehaltsfragen im Übrigen sind, wird deutlich, wenn man die Frage stellt, was beispielsweise passieren würde, wenn es in Deutschland eine gesetzliche oder eine vom Deutschen Fußballbund und DFL verhängte Beschränkung der Spielergehälter auf 1 Million Euro pro Jahr gäbe, international attraktive Spieler aber gleichzeitig in Spanien, England oder Italien weiterhin zweistellige Millionenbeträge verdienen könnten. Es ist vollkommen eindeutig, dass es dann schwer bis unmöglich würde, ausländische Spieler vom Kaliber eines Robben oder Ribéry in die Bundesliga zu holen oder auch deutsche Stars wie Lahm oder Schweinsteiger hier zu halten.

Und was wäre wohl die öffentliche Reaktion? Was würden die Millionen Fußballfans sagen, wenn aufgrund gesetzlicher Gehaltsbeschränkungen die Bundesliga plötzlich zur internationalen Zweitklassigkeit degradiert würde?

Die Politik weiß sehr wohl, warum sie derartige Diskussionen in ihrer Auswirkung auf kleine Gruppen beschränkt, die selbst nicht wahlentscheidend werden können, unter Benutzung derer man aber Wahlen für sich entscheiden kann.

Zweifelhafte Rechnungen, Demagogie ohne Zweifel?

Dabei ist die Politik in der Wahl ihrer Mittel nicht zimperlich. Dem Volk wurde im Frühjahr 2013 gleich von zwei Parteivorsitzenden – sowohl rot als auch grün, wohl der erhofften koalitionären Logik folgend – sinngemäß suggeriert, dass die Millionengehälter der Vorstandsbosse nicht länger vom kleinen Mann als Steuerzahler finanziert werden dürften. Es wurden beispielsweise von der Bundestagsfraktion BÜNDNIS 90/DIE GRÜNEN sogar Forderungen erhoben, ab einer Grenze oberhalb von 500.000 Euro jährlich Gehälter im Rahmen des Betriebsausgabenabzuges nicht mehr als steuerabzugsfähige Kostenposition anzuerkennen.

SPD-Chef Sigmar Gabriel sprach im Mai 2013 von »irren« Managergehältern und erklärte, ein wichtiger Schritt wäre, »dafür zu sorgen, dass die hohen Gehaltszahlungen nicht mehr hinterher als Betriebskosten von der Steuer abzusetzen sind«. Er betonte zudem, es sei »nicht Aufgabe der Allgemeinheit, hohe Managergehälter zu zahlen«.

Derartiges hört sich zweifelsfrei gut an. Und es mag auch bequem die eine oder andere Wählerstimme bringen. Doch die Frage muss erlaubt sein: Wo beginnt Unsinn, was ist Populismus pur? Schließlich sind die Vorstandsgehälter für deutsche Aktiengesellschaften tätiger Vorstandsmitglieder auch in Deutschland zu versteuern, und das mit einem höheren Steuersatz, als es bei den Unternehmenssteuern regelmäßig der Fall ist. Obendrein ist ein großer Teil der wohlhabenden Aktionäre der DAX-Gesellschaften in Deutschland nicht ansässig und damit auch außerhalb etwaiger Quellensteuer nicht steuerpflichtig. Anders als mitunter Profisportler oder Talkmaster muss ein Vorstandsmitglied einer in Deutschland ansässigen Aktiengesellschaft regelmäßig selbst dann in Deutschland sein gesamtes Arbeitseinkommen aus seiner Vorstandstätigkeit versteuern, wenn er Ausländer ist und im Ausland wohnt. Wer also suggeriert, der deutsche Steuerzahler leide unter hohen Vorstandsbezügen, verkehrt die Wahrheit schlicht und einfach in ihr Gegenteil.

Das Niveau der Diskussion ist im Grunde nicht mehr zu ertragen. Und auf diesem Niveau wird bei uns leider nicht nur diskutiert, sondern auch tatsächlich Politik gemacht. Man darf, kann, soll und muss durchaus auch Fragen von Einkommensverteilung, Verteilungsgerechtigkeit und Leistungsgerechtigkeit diskutieren. Und ohne Zweifel gibt es in unserer Wirtschaft und Gesellschaft erheblichen Handlungs- und Veränderungsbedarf. Den aber muss man sachlich ergründen und logisch erschließen.

Nehmen wir an, ein Vorstandsmitglied einer Aktiengesellschaft verdiene 1,5 Millionen Euro im Jahr. Nehmen wir nun weiter an, aufgrund einer uns als höchst sozial suggerierten Gesetzesänderung würden künftig nur noch 500.000 von diesen 1,5 Milli-

onen Euro für das Unternehmen als steuerabzugsfähige Kostenposition anerkannt – oder gehen wir vielleicht doch lieber gleich
davon aus, in Anlehnung an einen Vorschlag des LINKEN-
Vorsitzenden Bernd Riexinger würde ein Höchstlohn in Höhe
von 40.000 Euro pro Monat, also 480.000 Euro pro Jahr gesetzlich
verankert. Was wären die Folgen für Allgemeinheit und Steuerzahler, wenn aufgrund einer der beiden vorgeschlagenen Varianten das Jahresgehalt unseres Vorstandsmitgliedes am Ende nur
noch rund eine halbe Million Euro betragen würde?

Die steuerpflichtigen Bezüge des Spitzenmanagers würden
sich um 1 Million Euro reduzieren, mithin verlöre der Fiskus einen Betrag in Höhe des Spitzensteuersatzes auf 1 Million Euro.
Selbst ohne Kirchensteuer und ohne Berücksichtigung einer ja
ebenfalls geforderten weiteren Erhöhung der Steuerprogression
wären das bei 42 Prozent Spitzensteuersatz, 3 Prozentpunkten
»Reichensteuer« und 5,5 Prozent Solidarzuschlag in Summe
knapp 475.000 Euro, die der Allgemeinheit zunächst einmal verloren gingen. Als Gegenposition würde sich der Unternehmens-
gewinn vor Steuern entsprechend erhöhen. Da jedoch kaum ein
Unternehmen durchschnittliche Gewinnsteuern in Höhe von
47,5 Prozent entrichtet, würden Steuerzahler und Gemeinwohl
am Ende nicht etwa gewinnen, sondern vielmehr deutlich verlieren. Bei 30 Prozent Gewinnsteuern betrüge der Nachteil für
die Staatskasse immerhin geschätzte 175.000 Euro.

Zudem sind mehr als die Hälfte der Aktionäre deutscher
DAX-Gesellschaften ohnehin im Ausland ansässig (und steuerpflichtig!). Und der deutsche Kleinaktionär finanziert die Vorstandsgehälter als Steuerzahler unter den dargestellten Erwägungen gerade nicht. Wenn seitens medienbewusster Politiker
also öffentlichkeitswirksam verkündet wird, dass es nicht Aufgabe
der Allgemeinheit sei, hohe Managergehälter zu bezahlen, dann
drohen nach meinem persönlichen Empfinden im Grunde die

Grenzen des guten Geschmacks zu verschwimmen. Wo endet legitimer Wählerfang, wo beginnt Volksverdummung in Reinkultur?

In jedem Fall reflektieren derartige Überlegungen oder politische Forderungen eine Logik, die, käme sie im Steuerrecht je zur Anwendung, höchst kontraproduktiv gerade für die so schamlos umworbenen Wähler und »kleinen« Steuerzahler wäre. Und glauben wir wirklich, es sei so viel sozialer, wenn das Geld statt auf dem Gehaltszettel des im Vorstand arbeitenden Einkommensmillionärs dann als Dividendengutschrift lieber gleich auf dem Konto angloamerikanischer Hedgefonds, arabischer Scheichs oder einheimischer Industriemilliardäre landete?

Diskriminierung und Zerfall

Ein Weiteres sollten wir in diesem Zusammenhang nicht vergessen: Die zentrale, vielleicht größte Errungenschaft, die wir haben, ist der Rechtsstaat, verwurzelt in einer stabilen Demokratie. Der Rechtsstaat ist schlichtweg unser höchstes kollektives Gut. Und eine der stärksten Grundsäulen des Rechtsstaats, die tragende sogar vielleicht, ist die Vertragstreue – das war schon seit Jahrhunderten so. Genau an dieser Stelle liegt das allergrößte Risiko unserer ach so populistischen und ach so bequemen Vorstandsgehälterdiskussion.

Wenn wir den Grundsatz der Vertragstreue um des bequemen Buhlens um Wählerstimmen willen aufs Spiel setzen, legen wir die Axt an den Stamm, der unser aller Freiheit und rechtsstaatliche Sicherheit trägt. Verträge sind Verträge. Und Verträge sind zu erfüllen. Das galt auch schon vor 2000 Jahren im alten Rom. Die Diskriminierung einzelner wird den Zerfall des Wohlstands aller zur Folge haben. Wer aus rein populistischen Gründen Verträge nicht erfüllt, um den Beifall der Masse zu erheischen, verkennt, dass sein eigenes Wohlsein auf der Erfüllung von Verträgen beruht. Und der Schwache braucht eher als der Starke des Rechtsstaates Schutz.

Jede Vorstellung, Leistung könnte etwas sein, das sich gerade auf höchstem Niveau auch bestens zu bezahlen lohnt, scheint mitunter verschwunden – ganz einfach weg. Jedenfalls dann, wenn es um den Ast geht, auf dem wir alle sitzen: unseren wirtschaftlichen Erfolg und unsere wirtschaftliche Kraft. Der Sozialismus erzählt sich spannender als der Kapitalismus – und bequemer ist er allemal.

Und wie spannend es doch ist, dass man sich gerade in unserer sonst so diskriminierungsfeindlichen Gesellschaft eine einzelne Berufsgruppe – und auch davon streng genommen nur einen kleinen Teil – herausgreift, um Exempel von vermeintlicher Moral, allerdings eindeutiger Restriktion zu statuieren. Braucht Diskriminierung eine neue Definition?

Um es deutlich zu sagen: Ich bin mir sicher, dass ein Teil der DAX-Vorstände sein Geld – allein schon wegen seines Mangels an Unbequemlichkeit – nicht wert ist. Mitunter fehlt Mut, mitunter fehlt Wahrheit. Das sagen auch die Zahlen, und die lügen nicht. Denn bei nüchterner Betrachtung der Ergebniszahlen wird deutlich, dass etliche DAX-Unternehmen bei Weitem nicht so erfolgreich sind, wie die zwischenzeitlichen immer neuen Rekordwerte des DAX suggerieren mögen. Der DAX ist nicht zuletzt auch deshalb in ungeahnte Höhen geschossen, weil die Anleger zunehmend Zweifel an der Solidität unserer Währung hegen und wir ein äußerst niedriges Niveau von Nominal- und Realzinsen haben. Wer mit seiner Spareinlage nichts mehr verdienen kann, mag umso mehr auf eine gewisse Dividendenrendite hoffen.

Kritik an der Leistung unserer Spitzenmanager ist also in manchen, vielleicht sogar vielen Fällen angebracht. Zum Teil ist sogar sehr harte Kritik berechtigt und auch geboten. Aber Kritik muss stets sachbezogen und differenziert sein. Auch Vergütungsdiskussionen müssen selbstverständlich geführt werden können und auch geführt werden. Aber bitte ebenfalls fundiert und sachlich.

Denn mit der pauschalen Diskriminierung, Diskreditierung und Diffamierung der Eliten beginnt der Zerfall einer jeden Gesellschaft, unabhängig davon, ob es dabei um Vorstandsgehälter oder auch um sehr viel wichtigere Themen geht. Die Geschichte jedenfalls hat uns genau das gelehrt: Aus dem Angriff auf Einzelne wird schnell der Angriff auf alle, Verleumdung nährt jede totalitäre Struktur.

Talkshows und Tribunale, »kann« und »könnte«

Diskreditierung von Eliten und Leistungsträgern, Abschaffung von Leistungsmaßstäben, Schaffung von Angst und Druck sowie Lieferung fertiger Meinungskonzepte: das bildete schon immer eine explosive Kombination. Jeder Versuch, eine einzelne Berufsgruppe herauszugreifen, um sich möglichst bequem zu profilieren, ist insofern gefährlich. Was heute die Vorstandsgehälter sind, könnten morgen schon die Unternehmergewinne sein und übermorgen die Abgeordnetendiäten. Was vorgestern die Energiemanager und gestern die Investmentbanker waren, sind heute schon die Banker schlechthin und kann morgen jeder Einzelne von uns sein.

Talkshows als Tribunale helfen niemandem weiter, schon gar nicht, wenn über Abwesende gesprochen und in Abwesenheit geurteilt wird. Kollektive Diffamierung ist die Vorstufe zu individueller Denunziation. Und die schon von Tacitus vor etwa 1900 Jahren aus römischer Sicht beschriebene und seither offenkundig nicht gänzlich gewichene Zwietracht der Germanen hat der realen Denunzierungsgesellschaft nicht nur einmal Vorschub geleistet. Nicht nur Manager, auch Buchautoren und ehemalige Bundespräsidenten wissen inzwischen, wie schnell aus einem eventuellen Vorwurf eine definitive Meinung wird – und eine neue Realität entstehen kann. Und wie unbequem manchmal der Weg zwischen Unschuld und Unschuldsvermutung ist. Und wie lang.

Mitunter wird Integrität kriminalisiert und Kriminalität bagatellisiert. Jedenfalls dann, wenn es bequem ist oder nur allzu bequem erscheint. Ein erfahrener und angesehener, keineswegs zu Übertreibungen oder Überreaktionen neigender Rechtsanwalt und Notar sagte im Kontext der zunehmenden Diffamierung von Leistungsträgern der Gesellschaft kürzlich zu mir: »Das ist nicht mehr das Deutschland, das ich kenne aus früheren Zeiten. Ich bin entsetzt, was alles so abläuft. Ich hätte nie gedacht, dass Justiz und Behörden sich für so was hergeben würden.«

Ermittlungsverfahren auf Basis reiner Spekulation, Strafverfahren ohne ersichtlichen Anfangsverdacht, Durchsuchungsmaßnahmen ohne nachvollziehbaren Anlass, Verdachtsmeldungen motiviert durch hohe Bekanntheit: die Liste möglicher Diskreditierungsinstrumente ist lang, und laut ist häufig ihre mediale Begleitung. Schon der unbequeme Staatsmann Perikles, von dem bereits an anderer Stelle die Rede war, erlebte vor knapp 2500 Jahren im antiken Athen, dass verschiedene gegen Personen in seinem Umfeld geführte Prozesse wohl vorrangig der Diskreditierung und Zermürbung seiner eigenen Person und seines politischen Programms dienen sollten.

Der (einfache) Bürger ist in den Augen von Rechtsstaat und Gesellschaft unschuldig (und muss als unschuldig gelten!), solange er nicht für eine Straftat rechtskräftig verurteilt ist. Aber der Prominente wird nicht selten schon bei allergeringstem Vorverdacht in »mediale Untersuchungshaft« genommen und gilt für große Teile der Öffentlichkeit als schuldig, bis er rechtskräftig freigesprochen ist. Das habe ich von einem äußerst prominenten Freund gelernt, der allein schon aufgrund seines außergewöhnlichen finanziellen Erfolges stets das Interesse von Bewunderern wie auch von Neidern, von Boulevardpresse wie auch von Enthüllungsjournalisten auf sich zieht. Doch mediale Bekanntheit darf nicht zur Aberkennung grundlegender Grundrechte führen.

Gegen Verbrechen und Kriminalität muss hart gekämpft und konsequent eingeschritten werden. Äußerst konsequent! Ohne Rücksichtnahme auf Position und Prominenz! Wer wohlhabend und einflussreich ist, darf bei der Rechtsprechung keine Vorteile haben. Aber ein Pauschalverdacht gegen alles und jeden hilft auch nicht weiter. Auch nicht dann, wenn er sich vorrangig gegen Reiche oder Mächtige richtet.

Nicht jeder, der ein Konto im Ausland hat, hinterzieht Steuern. Nicht jeder, der ein Upgrade erhält, lässt sich bestechen. Nicht jeder, der auf höchstem Leistungsniveau Sport treibt, ist ein Dopingsünder. Nicht jeder, der straffällig gewordene Freunde hat, ist selbst ein Krimineller. Nicht jeder, der auffällig hohe Sozialleistungen bezieht, ist ein Sozialbetrüger. Nicht jeder, der in der digitalen Welt von SIM-Cards und Kreditkarten noch bar bezahlt, betreibt Geldwäsche.

Wenn weitreichende Ermittlungsverfahren allein schon darauf aufbauen können, dass *nicht ausgeschlossen werden kann*, dass *etwas sein*, dass irgendein *Verdacht* bestehen *könnte*, dann sind der Willkür Tür und Tor geöffnet. Perfider »Logik« ist schon im Ansatz Einhalt zu gebieten. Bei wem könnte aus Behördensicht wohl schon gänzlich ausgeschlossen werden, dass ein »Verdacht« bestehen »könnte«, dass er irgendwann irgendwo irgendwie irgendwas Böses getan hat?

Gute und böse, bequeme und unbequeme CDs

Dabei zahlen wir mit unseren Steuern die Gehälter derjenigen, die uns mitunter unangemessen drangsalieren, genauso wie die Einkommen von Verantwortungsträgern, die unsere Zukunft nachhaltig gefährden.

Wie ideologiebasiert und interessengetrieben administratives und politisches Handeln mitunter sein kann, zeigt das Beispiel der staatlichen Ankaufsgeschäfte mit potenziellem Diebesgut: Der Erwerb von Steuer-CDs gilt mehrheitlich als gesellschaftlich akzeptabel, die Sendung von Fernsehbildern über Festnahmen oder Durchsuchungen bei prominenten Millionären ist nicht etwa ein gesellschaftliches Tabu, sondern wird von Millionen anonymer Zuschauer zu bester Sendezeit fingerzeigend bestaunt.

Doch was würde wohl passieren, wenn erst einmal der erste Datenträger mit Informationen über etwaige Hartz-IV-Betrüger gekauft und verbreitet würde? Und ob die Bundesrepublik Deutschland dem selbst erklärten Freiheitskämpfer Snowden wohl auch dann kein Asyl gewährt hätte, wenn er auf einem seiner angeblichen vier Laptops Dateien über Auslandskonten deutscher Steuerhinterzieher hätte anbieten können?

Oder wäre dann womöglich ein zuständiger Finanzminister unverzüglich nach Moskau geflogen, um den Datenträger im Transitbereich des Flughafens persönlich in Augenschein zu nehmen? Wie viele Journalisten, Fotografen oder Biografen hätte er gegebenenfalls im Regierungsflieger mitgenommen? Und welche Belohnung hätte unser Staat Herrn Snowden dann möglicherweise gezahlt?

Die offenen Grundsatzfragen liegen auf der Hand: Wo sind eigentlich die Grenzen zwischen bösen Datensätzen und guten Steuer-CDs? Ist Datenklau allein dann legitim, wenn er zu erhofften Steuermehreinnahmen führt? Kann er allein schon des-

halb straffrei werden, weil er Auslandskonten von Inländern betrifft?

Es zählt nur, wer du bist

Nichts ist morgen so alt wie die Zeitung von heute. Nichts ist
heute so alt wie die Zeitung von gestern. Behalte dies stets im
Kopf! Beuge dich niemals dem Druck der Masse oder den Medi-
en, denn sowohl die Masse als auch die Medien werden übermorgen ohnehin vergessen haben, was sie gestern dachten oder
heute sagten. Tue immer das, was du für richtig hältst, tue immer
das, was sachbezogen richtig ist.

Auch hier kann ich aus meiner eigenen Erfahrung sagen: die
Zeiten, in denen der Druck von Masse und Medien am größten
war und die mir deshalb kurzfristig große Schmerzen und große
Sorgen bereitet haben, haben sich nachhaltig und langfristig als
Zeiten erwiesen, in denen man die Grundlage für das Ansehen
und für den Ruf der Unbeugsamkeit, der Wahrheitstreue und
des Vorausschauens überhaupt erst erwerben konnte.

Als während meiner Zeit an der Spitze von Hannover 96 über
mich furchtbare Schlagzeilen und grausame Artikel bis hin in
die Regionen vermeintlicher psychiatrischer Ferndiagnosen er-
schienen, sagte mir mein akademischer Lehrer Lothar Hübl, der
auch in ganz praktischen Fragen höchst hilfreich und höchst erfahren war, das sei im Grunde eine sehr nützliche Entwicklung:
Ich hätte jetzt eine solche Bekanntheit erlangt, die mir mein ganzes Leben lang zugutekommen werde; in zwei oder drei Jahren
werde niemand mehr wissen, ob die Schlagzeilen gut oder
schlecht gewesen seien; aber wann immer ich einen Tisch reser-
vieren oder ein Konto eröffnen wolle, würde ich bevorzugt behandelt werden – und vor allem als ehrlicher Mann.

Ich dachte damals offen gesagt, mein verehrter Professor sei womöglich verrückt geworden. Doch er behielt recht. Der Einsatz für Recht und für Ordnung hatte sich nicht nur für den Verein gelohnt, sondern langfristig auch für mich. Dieselben Fans, die mich damals wütend auspfiffen, erbitten heute höflich Autogramme. Derselbe Industriemanager, der mir damals im Aufsichtsrat sehr kritisch gegenüberstand, ist heute ein guter Freund. Und dieselbe von mir im Übrigen seit jeher sehr geschätzte Zeitung, die damals in einem Kommentar mich betreffend noch wenig schmeichelhaft befunden hatte, das *Phantom* müsse weg, druckte nur wenige Tage später ein Zitat, in dem dieses Phantom als der *Beste* beschrieben wurde, »den wir jehatten«.

Ich hatte mich dem Druck von Medien und Masse nicht gebeugt. Und gerade dadurch den Respekt beider erlangt. Gib also niemals zu viel darauf, was die anderen von dir denken. Der Vater von John F. Kennedy hatte unrecht, als er meinte, es zähle nicht, wer man sei, sondern lediglich, als wer man betrachtet werde. Das Gegenteil ist der Fall: Es zählt nicht, was die Leute von dir denken. Es zählt am Ende nur, wer du bist.

Vergänglicher Ruhm, bleibender Spaß

Noch sehr viel deutlicher wird das, wenn man längere Zeitspannen in den Blick nimmt. Der nachhaltige Wert von Ruhm ist in Wirklichkeit gleich null. Wir reden noch heute über den Machtkampf zwischen Caesar und Marcus Antonius oder über die Schlachten zwischen Alexander dem Großen und dem persischen Großkönig Dareios. Doch wer von ihnen war wer? Wer waren diese Menschen wirklich? Mit der Zeit sind Namen nur Hülsen. Und den nichtgegenständlichen Hintergrund der Gegenstandswelt ergründen wir ohnehin nie.

Ansehen, Reputation und Image haben letztlich nur eine Bedeutung im Zusammenspiel und Zusammenwirken mit Menschen, denen man persönlich begegnet oder mit denen man einen anderweitigen für die eigene Lebensqualität und Lebensentwicklung relevanten Kontakt hat. Wen man niemals traf, dessen Meinung zählt nur sehr begrenzt. Und wer vor 3000 Jahren lebte, für den können wir heute ohnehin nichts mehr tun. Die ganze Fokussierung auf Ruhm bringt somit nichts, und der Eintrag in den Geschichtsbüchern oder der Ruhm in der Nachwelt gar nichts.

Doch warum funktioniert der Druck von Medien und Masse so oft? Menschen streben nach Anerkennung nicht nur in der großen Geschichte und in 3000 Jahren, sondern auch im einfachen täglichen Leben des Heute und Jetzt. Wenn wir also die gesellschaftlichen Ergebnisse verbessern wollen, haben wir dafür zwei mögliche Wege: Wir lösen uns individuell von dieser Vorstellung und werden unbequem oder wir schaffen kollektive Anerkennung für Unbequemlichkeit, etwa indem wir die Ökonomie der Aufmerksamkeit durch die Ökonomie der Unbequemlichkeit ablösen.

Am Ende haben die Unbequemen, für die nur zählt, wer sie sind, im Übrigen auch mehr Spaß. Hätte ich mich stets vorrangig nach den Erwartungen von Medien und Masse gerichtet, dann hätte ich niemals bei einer Smoking-Veranstaltung in der Alten Oper mit der Oberbürgermeisterin Frankfurts im Unterhemd Tischfußball gespielt, und auch nicht in einer Spielhalle in Mannheim mit einem Manager von Daimler-Benz. Frau Roth bin ich bis heute in Respekt verbunden, und auch der Daimler AG in vielfältiger Form noch 25 Jahre danach. Und im Moment des entscheidenden Tores war unsere Freude über den kleinen Sieg im Jetzt und im Heute fast genauso groß und wichtig wie Alexanders Freude damals in Gaugamela über den Sieg in der epischen Schlacht.

9. BACKE NIEMALS EINEN KUCHEN, SETZE NOTFALLS ALLES AUF EINE KARTE

Beuge dich nicht dem Druck von Medien und Masse. Das, was offenkundig im Kontext von Medien, Öffentlichkeit und Masse gilt oder zumindest gelten sollte, gilt ebenso im Kleinen, im Privaten, im ganz normalen täglichen Leben, beim Umgang mit Familie und Freunden, bei der beruflichen Arbeit mit Mitarbeitern oder auch Chefs, selbst bei der Gestaltung von Innovation oder dem Kontakt mit der Justiz: Beuge dich niemals dem Druck, sondern handele stets ganz einfach nach dem Kriterium der Vernunft. Schließe niemals einen Kompromiss unter Druck. Schließe niemals einen Kompromiss allein der Bequemlichkeit wegen. Backe niemals einen Kuchen, der dir in Wahrheit nicht schmeckt. Setze notfalls lieber alles auf eine Karte. Auf die Karte von Mut, Wahrheit und Vernunft.

Jede Scheiße holt dich irgendwann ein. Jede Lüge holt dich irgendwann ein. Und jeder falsche Kompromiss holt dich irgendwann ein. Das war mir irgendwie schon immer klar. Also habe ich stets peinlichst darauf geachtet, mich niemals angreifbar zu machen – das war Gegenstand von Kapitel 4 – und stets größtmöglichen Mut zur Wahrheit zu zeigen – das war das Thema von Kapitel 6. Und ich war immer darauf bedacht, niemals falsche

Kompromisse zu schließen. Ein falscher Kompromiss verfolgt dich stets, hängt dir immer nach. Ein falscher Kompromiss ist ein wenig so, als studiere man unter Verrat der eigenen Neigungen genau das Falsche, nur um den strengen Eltern eine Freude zu machen, oder als heirate man wissentlich die falsche Frau.

Nicht weggucken, sondern aufräumen

Ein falscher Kompromiss ist häufig sogar wie ein Tumor, den man durch eine falsche Heilmethode überwunden zu haben glaubt, um dann irgendwann qualvoll der Spätmetastasierung anheimzufallen. Statt Operation und dauerhafter Entfernung des Problems wählt man zunächst eine vermeintlich mildere, einfachere, bequemere Methode – in der Medizin die hoch dosierte Medikamentierung statt des Herausschneidens vielleicht – und betrachtet sich nach scheinbar guten Befunden dann freudig als geheilt. Im Bereich des Berufes lässt man sich, nachdem man höchst unerwartete Dinge gesehen und noch schlimmere Dinge gefunden hat, vielleicht von seinem Umfeld bedrängen, doch nicht ganz so streng zu sein, und wird um des lieben Friedens willen am Ende selbst mit dem Virus unsauberen Handelns infiziert. Oder man relativiert irgendwann die Grenze zwischen Schuld und Unschuld und wird dadurch für immer mit Verdacht und Zweifel kontaminiert.

Doch man darf etwa im Berufsleben nicht ein einziges Mal einen Kuchen backen und sich dabei mit inakzeptablen Handlungen oder Verhaltensweisen arrangieren. Man darf in einem Gremium unabhängig vom Wunsch nach Kollegialität niemals einen Beschluss mittragen, von dessen Unrichtigkeit man durch und durch überzeugt ist. Man darf im Umgang mit der Justiz niemals ein Ermittlungsverfahren gegen Auflagen einstellen lassen, wenn man unschuldig ist. Wenn wir nicht mehr für unsere Werte und für unsere Überzeugungen eintreten, sind wir schließlich nicht mehr wir selbst.

Nicht wegglucken, sondern aufräumen! Das war immer meine Devise. Sie hat mir viele Gegner eingebracht – und noch viel mehr Erfolg. Und vor allem hat sie mir stets das Gefühl vermittelt, auf dem richtigen Weg zu sein, das Richtige zu tun und es richtig zu tun. Wegsehen mag bequem sein, und häufig auch opportun. Doch geschlossene Augen, geschlossene Ohren und ein geschlossener Mund bringen uns niemals weiter, die berühmten drei Affen lösen echte Probleme nicht.

Über das Schlechte weise hinwegzusehen hilft ebenso wenig, wie es nicht wahrhaben zu wollen. Und wer auch nur ein einziges Mal wissentlich wegsieht, macht sich selbst zum Teil des Problems. Niemals einen Kuchen zu backen heißt, aktiv all das zu tun und anzugehen, was im Sinne von Anstand und Vernunft, von Rechtmäßigkeit und Erfolg angemessen und erforderlich ist. Wegschauen führt niemals weiter. Nur mutiges Handeln hilft.

Die Gleichung lautet: Ethik gleich unbequem sein gleich Mut zur Unbequemlichkeit. Verantwortung und Ethik in Politik, Verwaltung oder Unternehmensführung bedingen verantwortungsvolles Tun. Ein wesentlicher Aspekt verantwortungsvollen Handelns etwa im Bereich der Wirtschaft liegt nicht nur bei den handelnden, verantwortlichen Managern, sondern auch bei den Kontrollinstanzen, also bei den Aufsichtsräten. Alle Beteiligten sollten Sachverhalte stets hinterfragen, auch wenn es anstrengend ist. Unethisch verhält sich nicht nur, wer kriminell handelt, sondern auch, wer seiner Verantwortung nicht gerecht wird und wer sich seiner Verantwortung nicht stellt. Das gilt selbstverständlich auch für Amtsträger in der Politik.

Kungeleien und Koppelgeschäfte gehören in der Politik – leider! – zum Alltag: Trägst du meine Mütterrente mit, helfe ich dir bei der Praxisgebühr. Stimmst du für meine Steuerpläne, schone ich deine Klientel. Akzeptierst du meine Kuchenform, besorg ich dir die Sahne. Doch das, was in der Politik fast schon bequemer Standard zu sein scheint, ist im Grunde unethisch, unlogisch und inakzeptabel. Es gehört verboten. In der Wirtschaft ist es das schon.

Widersetze dich notfalls auch deinem Chef

Die Aufforderung, niemals einen Kuchen zu backen und notfalls alles auf eine Karte zu setzen, muss im Extremfall so weit gehen, dass auch gilt: Widersetze dich notfalls auch deinem Chef! Unter gar keinen Umständen darf man sich selbst zum Teil von Missständen machen, indem man Missstände akzeptiert, toleriert oder auch nur stillschweigend zur Kenntnis nimmt. Jeder Missstand, den man kennt, muss konsequent angegangen und bekämpft werden, unabhängig davon, wie schmerzvoll und schwierig dies auch für einen persönlich sein mag. Jedes anderweitige Verhalten holt dich irgendwann ein. Denn der Missstand bleibt ein Missstand, und indem man einen Kuchen backt, macht man sich am Ende zum Teil solcher Probleme und damit selbst auch angreifbar und erpressbar.

Und um Missstände erfolgreich zu bekämpfen und zu beheben, muss man sich in der Tat notfalls auch seinem Chef bzw. Dienstherrn widersetzen – selbstverständlich in angemessener und loyaler Form. Loyalität und Widerspruch stehen dabei keineswegs im Gegensatz zueinander: Die höchste Form von Loyalität besteht nämlich darin, seine Werte auch dann aufrechtzuerhalten, wenn hieraus eine Konfrontation mit dem Chef resultieren und sich infolgedessen auch ein Nachteil für die eigene Karriere ergeben kann. Und wahre Freunde sagen niemals zu allem Ja oder finden alles nur toll. Einer der besten Chefs, die ich je hatte, sprach mich nach einer entsprechenden Situation einmal darauf an, dass ich ja notfalls auch in Kauf genommen hätte, mich gegen ihn zu stellen, und ich entgegnete, dass ich doch schließlich den Beweis hätte antreten müssen, dass das Vertrauen, welches er in mich und meine Werte gesetzt hatte, vollkommen begründet gewesen sei. Dass dies in letzter Konsequenz auch für meine persönliche Relation zu ihm würde gelten müssen, erschloss sich uns beiden dann ganz von allein.

Im Falle eines anderen, nach meinem Empfinden weit weniger vorbildlichen Dienstherrn, der nach meiner sicheren Überzeugung zweifelsfrei gegen geltendes Recht verstoßen hatte, ließen sich die Dinge vor langer Zeit nicht mehr freundschaftlich und sozialverträglich regeln. Vor dem Hintergrund von Rechtsgutachten eindeutigen Inhaltes »einen Kuchen zu backen«, rechtfertigt sich selbst dann nicht, wenn der Konflikt womöglich sogar die eigene Existenz bedroht. Alles auf eine Karte zu setzen heißt in einer solchen Situation, die eigene Position und notfalls sogar die eigene Existenz aufs Spiel zu setzen, im klaren Wissen, dass der Machterhalt die Bewahrung der Werte doch ohnehin niemals ersetzt. Ich trat für meine Werte ein, indem ich meine Macht, meine Position und mein Einkommen aufs Spiel setzte, weit nach 24 Uhr in einer sehr langen Nacht. Am Ende behielt ich alles. Doch alles auf eine Karte zu setzen hätte sich auch bei einem anderen kurzfristigen Ausgang langfristig in jedem Falle gelohnt.

Innovation ohne Stellenbeschreibung

Doch nicht nur Ausnahmesituationen an der Schnittstelle zwischen Recht und Unrecht oder zwischen Ordnungsmäßigkeit und Missstand können derartige Situationen hervorbringen oder erforderlich machen. Der Geschäftsführer der 2b AHEAD ThinkTank GmbH in Leipzig, auf deren offiziellem Briefpapier als eines von vielen interessanten Themen auch das »RULE-BREAKING« aufgeführt ist, Sven Gábor Jánszki, einer der bedeutendsten und erfolgreichsten Zukunftsforscher, geht so weit – mit einem kleinen Augenzwinkern? – zu postulieren, es sei für den Innovationsprozess besser, sich für bestimmte Dinge hinterher zu entschuldigen, als vorher um Genehmigung zu bitten; auch könne die Verbrennung der eigenen Stellenbeschreibung mitunter hilfreich sein. Und rechnen solle man ohnehin stets damit, dass man jeden Tag gefeuert werden kann. Unbequemlichkeit als Masterplan auf dem Weg in die Zukunft und auf dem Weg zur Innovation!

Nicht nur harte Sanierung, nicht nur stringentes Controlling, nicht nur die Bekämpfung von Korruption, sondern auch der Wunsch nach Kreativität und Innovation kann also im Einzelfall dazu führen, dass Gehorsam – wenn auch nicht vergessen – dann doch zumindest in angemessenen Bahnen eingegrenzt wird bzw. einzugrenzen ist. Und nicht falsch verstanden werden darf. Wahre Loyalität zeigt sich niemals im willenlosen Jasagen. Gleichzeitig sei an dieser Stelle sehr deutlich gesagt, dass die notwendige Unbequemlichkeit selbstverständlich nicht als Argument oder gar Entschuldigung für das Übertreten von Grenzen des Erlaubten, der Legalität oder der Moral missbraucht werden darf.

Auch Fragen von Führung, Vertrauen und Verlässlichkeit können eine entscheidende Rolle spielen, wenn es darum geht, sich gegenüber dem eigenen Dienstherrn mutig und gegebenenfalls sogar riskant zu positionieren. Ich verlangte einst eine Entschuldigung von einem Aufsichtsratsmitglied, das einen meiner damaligen Vorstandskollegen nach meinem persönlichen Empfinden deutlich zu hart angegangen hatte. Der von mir Kritisierte wurde nie mehr wirklich mein Freund, ich betrachtete ihn aber auch niemals als Feind. Und der Respekt aller Vorstandskollegen war mir gewiss, und auch ihre dauerhafte Loyalität. Sie wussten ab diesem Tage, dass ihr Wohl und ihre Würde mir im Zweifelsfall wichtiger sein würden als jegliche Sorge um meine eigene Position.

Schließlich können auch ganz konkrete Fragen der ökonomischen Vorteilhaftigkeit für die Institution, gegenüber der man Verantwortung trägt, das Verhältnis zu Vorgesetzten oder Dienstherrn im Einzelfall recht unbequem gestalten. Und auch dann zahlt es sich schlussendlich fast immer aus, auch selbst angemessen unbequem zu sein und zu bleiben. Wer als Vorstand die zweit- oder drittbeste Lösung akzeptiert, um dem Aufsichtsrat zu gefallen, hat seine Aufgabe eindeutig verfehlt. Wer auch in komplexen Gemengelagen der Verlockung ebenso widersteht wie dem Druck, ganz allein um die beste Lösung zu erreichen, der hat Kunden, Belegschaft und Aktionären am Ende wirklich gedient.

Starker Konzernchef, wahrer Traum

Es ist ohnehin ein falscher Mythos, dass Standhaftigkeit und Mut zur gegebenenfalls erforderlichen Konfrontation stets bestraft werden. Das Gegenteil ist manchmal, vielleicht sogar häufig der Fall. Zumindest wer selbst stark und standhaft ist, wird nicht davor zurückschrecken, denjenigen oder diejenige zu fördern, der oder die ebenfalls mutig und standhaft ist. Das habe ich immer wieder erlebt.

Am 12. Dezember 2005 berichtete die *Stuttgarter Zeitung* unter dem Titel »Bei Cola und Schokoriegeln pokert Claassen um seinen Job« mit erstaunlichem Detail aus einer Aufsichtsratssit-

zung der EnBW Energie Baden-Württemberg AG: Nach Informationen der Zeitung seien in dieser Sitzung angeblich bereits
länger bestehende Spannungen zwischen mir als damaligem
Vorstandsvorsitzenden der EnBW Energie Baden-Württemberg
AG und dem französischen Großaktionär Electricité de France
(EDF) eskaliert und es habe angeblich nach überraschenden
Forderungen einer Korrektur der bereits vorberatenen Finanz-
planung für das Jahr 2006 eine viereinhalbstündige »Rede-
schlacht« gegeben. Unsere Pressestelle stellte in einer Stellung-
nahme umgehend klar, dass ich dem Aufsichtsrat nicht mit
Rücktritt gedroht hatte und dass das vom Vorstand der EnBW
vorgeschlagene Zahlenwerk ohne Korrekturen vom Aufsichtsrat
einstimmig genehmigt worden war.

Ich selbst möchte den Artikel auch heute nicht kommentieren.
Nur so viel sei unter Wahrung vollster Vertraulichkeit gesagt: Einen Kuchen hatte ich in der Sitzung ganz sicher nicht gebacken,
vielleicht aber wie immer doch einiges auf die Karte von Logik
und Vernunft gesetzt. So, wie es sich für einen Vorstandschef
schließlich auch gehört und an sich keiner weiteren Kommentie-
rung bedarf.

Nur drei Monate später, im März 2006, und im Alter von gerade einmal 42 Jahren wurde ich in das »Comex« berufen – das
»Comité exécutif«, also das Exekutivkomitee, der Electricité de
France (EDF) in Paris. In dieses Gremium des vielleicht bedeutendsten Energieversorgungsunternehmens auf unserem Globus
bestellt zu werden, war einer der ehrvollsten Momente meiner
beruflichen Laufbahn und sicherlich mehr als das Höchste, das
ich mir in der Energiewirtschaft jemals zu erreichen hätte vorstellen können. Es war die echte Erfüllung eines nicht einmal
wirklich gehegten Traums. Die vielen Stunden in den ehrwürdigen Sitzungsräumen der EDF-Zentrale in Paris gehören im Hinblick auf Kultur, Umgangsformen und intellektuelles Diskurs-

niveau zu den besten Erlebnissen meines gesamten beruflichen Lebens – eine einzigartige Erfahrung von unschätzbarem Wert!

Der damalige EDF-Präsident Pierre Gadonneix, dem ich die fantastische Berufung sicherlich zu einem ganz wesentlichen Teil verdankte und dem ich dafür noch immer dankbar bin, hat offensichtlich niemals Anstoß an Offenheit, Ehrlichkeit und Mut zur Wahrheit genommen. Jahre später gab er eine derart positive Referenz über mich ab, dass man mir offiziell anbot, Chef eines der angesehensten und bedeutendsten Konzerne Frankreichs zu werden.

Wie mir der Verwaltungsratsvorsitzende dieses mich umwerbenden Unternehmens damals berichtete, hatte Pierre Gadonneix ihm offenbar klar vermittelt, dass starke Manager stets gut mit mir zurechtkämen; lediglich diejenigen, die schwach seien, hätten mit mir mitunter ein Problem. Für mich war das in diesem Zusammenhang das größte nur erdenkliche Kompliment, zumal ich Schwäche nie mit dem Machen von Fehlern oder dem Verfehlen von Zielen gleichgesetzt hatte, sondern vielmehr mit dem Backen von Kuchen und dem fehlenden Mut zur Unbequemlichkeit. Und weil ich wusste, dass Pierre Gadonneix ganz sicher nicht zu den Schwachen zählte.

Karma und Keith

Ich hatte niemals damit gerechnet und auch niemals darauf hingearbeitet, einmal in das Exekutivkomitee eines so bedeutenden französischen Konzerns bestellt zu werden. Doch der vielleicht überraschendste und am wenigsten zu erwartende Erfolg meines Lebens war wohl die Wahl zum »Magdalen College MCR President«, zum Präsidenten aller Postgraduates eines der angesehensten Colleges der vielleicht ruhmreichsten Universität dieser Welt.

Im Oktober 1985 war ich nach Oxford gekommen, nachdem ich als »Michael Wills Scholar« ein damals alle zwei Jahre an nur zwei Deutsche vergebenes Stipendium des Dulverton Trust erhalten hatte. Am 6. Juni 1985, genau 41 Jahre nach dem D-Day der Invasion, der wir letztlich unsere heutige Freiheit verdanken, hatte mich die freudige Nachricht erreicht, dass ich als erster Ökonom das begehrte Stipendium erhalten habe und zum Michaelmas Term, also dem im Oktober beginnenden Semester, einen Platz am Magdalen College bekommen würde.

Der genaue Tag des Erhalts der Mitteilung war auch insofern bedeutungsvoll, als das Michael-Wills-Stipendium nicht nur eine wissenschaftliche Relevanz, sondern auch eine wichtige Komponente der Völkerverständigung hatte. Captain Michael Wills, ehemaliger Student des Magdalen College, war im Zweiten Weltkrieg im Jahre 1943 in Nordafrika im Kampf gegen die Deutschen gefallen. Er war ein Cousin und enger Freund des zweiten Lord Dulverton gewesen, und der Dulverton Trust finanziert generös diese Stipendien, die im Geiste der Aussöhnung nach dem Zweiten Weltkrieg geschaffen worden waren. Was für eine wahrlich unglaubliche und unglaublich großmütige Geste war es doch gewesen, dass letztlich auf Entscheidung seiner Familie nach seinem Tod die finanziellen Mittel für das Michael Wills Scholarship bereitgestellt wurden, um so alle zwei Jahre zwei Deutschen die Gelegenheit zu einem zweijährigen Aufenthalt in Oxford zu geben. Eine beeindruckende Geste der Versöhnung gegenüber den Erben der Verursacher von Tod und Aggression.

Für den 29. Januar 1986 stand die jährlich stattfindende Wahl des MCR-Präsidenten im Magdalen College an. Amtsinhaber war Karma Ura, eine schon damals höchst beeindruckende Persönlichkeit aus Bhutan. Sein unglaublicher Weg hatte aus einem entlegenen Bergdorf über Bombay nach Oxford geführt. Er hatte zuvor in meiner furchtbaren Unterkunft im Longwall House gewohnt und war dort ebenfalls ernsthaft erkrankt. Nicht nur aufgrund dieser räumlichen Verbundenheit mit Karma hatte ich schon ein wenig damit geliebäugelt, eventuell für sein Amt zu kandidieren. Insbesondere auch der Völkerverständigungsaspekt meines Stipendiums schien es mir nahezulegen, mich auch außerhalb meiner eigenen wissenschaftlichen Aktivität sozial oder hochschulpolitisch zu engagieren.

Meine Eltern und auch einige Freunde hatten mir jedoch davon abgeraten, um mir eine große Enttäuschung zu ersparen. Das College war unter den Postgraduates schon rein zahlenmäßig von Amerikanern und Engländern dominiert, und es war einigermaßen bekannt, dass mindestens zwei Amerikaner und ein Engländer als Kandidaten zur Wahl antreten würden. Für einen Deutschen bestand somit im Grunde gar keine Chance, und schon gar nicht für einen, der gerade einmal ein Vierteljahr in Oxford war.

Einer der beiden Amerikaner, von denen man annahm, dass sie aller Voraussicht nach kandidieren würden, war Keith Snedegar, ein sehr höflicher und angenehmer Typ und nach meiner Erinnerung ein exzellenter Sprachwissenschaftler aus dem Mittelwesten der Vereinigten Staaten. Er war bereits ein Jahr lang Sekretär des MCR gewesen, hatte also bereits die zweitwichtigste Position dort inne und war entsprechend erfahren. Es schien nur allzu logisch, dass er nunmehr zum Präsidenten avancieren würde.

Zögere nie – nutz deine Chance!

Eines Abends standen Keith und ich vor der öffentlich aushängenden Kandidatenliste, auf der sein Name als Kandidat für das Präsidentenamt noch fehlte. Um Kandidat für irgendeine der diversen im »MCR Committee« zu besetzenden Positionen werden zu können, musste man von einem MCR-Mitglied vorgeschlagen und von einem anderen sekundiert werden. Keith wollte offensichtlich nett zu mir sein und ermunterte mich, doch für eines der verschiedenen zur Disposition stehenden Ämter zu kandidieren. Er selbst wolle mich auch gern dafür vorschlagen.

Vom wahrscheinlichen künftigen MCR-Präsidenten für eines dieser Ämter vorgeschlagen zu werden, war in der Tat reizvoll. Und von diesen Ämtern gab es einige: neben dem Sekretär auch etwa das des Schatzmeisters oder die für die Organisation der MCR Dinner verantwortliche Position. Bei solchen äußerst noblen Dinners im »Black Tie« (Smoking) traten herausragende Gastredner auf, die von College-Präsidenten bis hin zu Shortlist-Kandidaten für den Nobelpreis reichen konnten. Insofern war Keiths Angebot, mich für eines der Ämter im MCR-Komitee vorzuschlagen, äußerst reizvoll. Zudem betonte er, er halte mich dafür für qualifiziert.

Ich bedankte mich für seine freundlichen Worte und fragte ihn, für welches Amt genau er mich als qualifiziert erachte. Er erwiderte, im Grunde für jedes. Ich fragte nach, ob er tatsächlich glaube, dass ich für jedes zur Wahl anstehende Amt qualifiziert und geeignet sei. Er bestätigte dies nachdrücklich, und zwar mehrfach.

In diesem Moment dachte ich an meinen Lieblingssänger Rod Stewart und dessen großen und programmatischen Song »The Killing of Georgie«. Dort heißt es an einer Stelle: »Never wait or hesitate – get in kid, before it's too late – you may never get another chance«. Frei übersetzt in etwa: Warte oder zögere nie – Junge, geh rein, bevor es zu spät ist – du bekommst vielleicht nie mehr eine zweite Chance. Und genau das wurde mir in diesem Moment klar: Keith hatte mir – vermutlich ohne es zu wissen und vielleicht ohne es zu wollen – eine einzigartige Chance eröffnet, die womöglich niemals wiederkommen würde: die auf das Präsidentenamt.

Also fragte ich Keith ein letztes Mal, ob er mich wirklich für jedes hier zur Disposition stehende Amt als qualifiziert erachte und auch vorschlagen wolle. Er sagte: »Yes, of course.« Und ich sagte: »Okay!« Aber wenn er mir schon wirklich alles zutraue, dann solle er mich doch bitte auch gleich für das höchste Amt vorschlagen, nämlich das als »MCR President«. In diesem Moment hätte man eine Stecknadel fallen hören können. Auch von den um uns stehenden Mitgliedern des MCR sagte niemand ein Wort. Und dann tat Keith Snedegar das, was man als Ehrenmann tut: Er setzte meinen Namen auf die Liste der Kandidaten für das Amt des MCR-Präsidenten und unterschrieb selbst als der mich Vorschlagende. Zudem bat er noch einen Kollegen, diesen Vorschlag zu sekundieren, sodass meine Kandidatur förmlich korrekt und zugleich offiziell war.

Seine eigene Chance, MCR President zu werden, hatte Keith damit letztlich vertan. Man kann nicht einen anderen vorschlagen und selbst doch auch kandidieren. Und da er sich nicht wie ich im ersten, sondern bereits im dritten Jahr seiner Zeit in Oxford befand, würde es für ihn wohl auch wahrscheinlich keine Gelegenheit mehr geben, zu einem späteren Zeitpunkt Präsident der Postgraduates von Magdalen zu werden. Hatte er tatsächlich die Hoffnung gehegt, dann war sie in einer einzigen Sekunde dahin.

Und meine Gelegenheit war gekommen. Keith hatte es aus meiner Sicht mit einer von mir so empfundenen gewissen Gönnerhaftigkeit des künftigen Amtsinhabers ganz einfach auch ein wenig provoziert. Und ich hatte die Situation genutzt. Denn nicht nur reaktiv, sondern auch proaktiv gilt: Setze im entscheidenden Moment alles auf eine Karte. Nicht nur bei der Bekämpfung von Missständen oder der Lösung von schwerwiegenden

Problemen, sondern auch beim Nutzen von Chancen und der positiven Gestaltung von Zukunft gilt dies sehr wohl. Gelegenheiten, die sich ergeben, muss man sofort ergreifen – niemals unfair oder tollkühn, aber doch stets konsequent und mutig. Nutze die Gunst der Stunde und nutze die Gelegenheit des Moments.

Keith blieb stets ein Freund. Ich werde ihm seinen Anstand niemals vergessen, und ich respektiere ihn bis heute sehr. Und sein Opfer sollte nicht umsonst sein: In der Wahl erhielt ich gegen einen englischen und gegen einen amerikanischen Mitbewerber allein etwa 60 Prozent der Stimmen. Und kurze Zeit später wurde ich zum Präsidenten aller Postgraduates aller der fast 40 Colleges Oxfords gewählt.

Kuchen backen, Frauen und Gedöns

Alles auf eine Karte zu setzen ist also oftmals karriereförderlich, niemals einen Kuchen zu backen bewahrt vor möglichem späteren Ungemach und unerwarteten Karriereknick. Wer im richtigen Moment richtig unbequem alles auf die richtige Karte setzt, hat Erfolg, gewinnt, macht Karriere. Doch für den Unbequemen, der die Bequemlichkeit sucht, gibt es noch sehr viel attraktivere Karriereoptionen. Eine besonders interessante ist die Geschlechtsumwandlung (jedenfalls aus Männersicht), wie sich nachfolgend noch zeigen wird.

Kommen wir also zur Frauenquote und wenden wir uns an dieser Stelle einmal dem Allgemeineren zu, nämlich dem gesellschaftlichen und politischen Aspekt des Kuchenbackens. Wer niemals einen Kuchen backen will, für den müssen Themen wie Frauen, Frauenquote oder »Familie und Gedöns« naturgemäß ohnehin eine besondere Bedeutung haben. Wer erinnert sich nicht an Gerhard Schröders Ausspruch aus dem Jahr 1998 in Anlehnung an den langen Namen für das Tätigkeitsgebiet des Ministeriums für Familie, Senioren, Frauen und Jugend?

Die folgenden Anmerkungen stammen im Übrigen von jemandem, der schon vor fast 20 Jahren als Finanzchef von SEAT auf der ihm unmittelbar nachgeordneten Managementebene gleich zwei von vier Direktorenposten mit Frauen besetzt und damit eine entsprechende Frauenquote von 50 Prozent bereits verwirklicht hatte. Diese herausragend qualifizierten Damen, Heidrun Zirfas de Morón, die später die vielleicht weltweit erste amtierende Finanzchefin eines Automobilherstellers und danach sogar Bankchefin wurde, und Ana Begoña Ruiz, die so exzellente Finanzplanerin, hatte ich gleichwohl nicht aufgrund irgendwelcher dubioser Quotenregelungen befördert, sondern – genau wie es sich auch gehört – allein vor dem Hintergrund ihrer herausragenden fachlichen Qualifikation und persönlichen Eignung für die jeweilige Position ausgewählt.

An früherer Stelle (»Denke quer und sage es«) war bereits davon die Rede, wie wichtig der oder die Andersdenkende sein könne, wie bedeutsam es mitunter sei, mehr Blickwinkel und Betrachtungsperspektiven zu haben, und wie sich die Entscheidungsqualität erhöhen könne, wenn die Entscheidungsgruppe doch nur ein wenig inhomogener und vielfältiger sei. Allein schon unter diesem Aspekt ist es eindeutig und offenkundig, dass unsere Gesellschaft tatsächlich deutlich mehr Frauen in wichtigen Positionen braucht. Aber das Beispiel der Diskussion um die Frauenquote zeigt ebenso deutlich, wohin es führen kann, wenn eine Gesellschaft den Willen, die Fähigkeit oder den Mut zum Querdenken – und zum Quersagen! – nicht mehr hat.

Und wenn sie die Fähigkeit oder die Bereitschaft verliert, Fragen zu stellen, Fragen und noch mehr Fragen. Die wirksamste Methode zur Vermeidung von Unsinn ist nämlich: »Fragen, fragen, fragen«! Doch darauf wird in einem späteren Kapitel im Detail zurückzukommen sein. Zunächst sei hier aber die Frage beleuchtet, wie viel Kuchen eigentlich in der gesellschaftlichen Diskussion gebacken werden muss, damit man auf ein Thema wie die Frauenquote für Führungspositionen in der Wirtschaft allen Ernstes kommt.

Frauen sind anders

Es ist zunächst einmal vollkommen eindeutig, dass wir mehr Frauen in Führungsetagen auch der privaten Wirtschaft haben sollten, ja geradezu haben müssen. Und zwar aus drei ganz einfachen Gründen: Zunächst einmal ist dies in der Tat eine Frage von Fairness, Chancengleichheit und Gleichberechtigung. Frauen sind über lange Zeit hinweg in unserer Wirtschaft wahrscheinlich tatsächlich benachteiligt gewesen. Aber nicht, weil sie Frauen waren. Sondern weil sie anders waren als die überwältigende Mehrheit der äußerst homogenen deutschen Wirtschaftselite.

Unsere Wirtschaftselite definiert sich selbst vorrangig nicht etwa als Leistungselite, sondern als vermeintliche Verhaltenselite, die offenbar durch bestimmte Homogenitätsmerkmale charakterisiert ist: Herkunft vorrangig aus Großbürgertum oder Bürgertum (der Soziologieprofessor Michael Hartmann hat unter anderem dazu unter dem Titel *Soziale Ungleichheit* ein spannendes Buch veröffentlicht), Abitur, Studium bestimmter Fächer wie Rechts-, Ingenieurs- oder Wirtschaftswissenschaften, Studium an bestimmten vermeintlich besonders guten Universitäten, die aufgrund des Reproduktionscharakters von Umfragen dann auch künftig wieder besonders gut oder zumindest gut angesehen sein werden, erfolgreicher Studienabschluss, nach Möglichkeit Promotion, vielleicht noch eine Honorarprofessur, am besten möglicherweise doch ohne Lehrverpflichtung, dunkler Anzug, dunkle Schuhe, weißes Hemd, Krawatte in gedeckten Farben, weißes Einstecktuch, hoher Zigarrenkonsum und noch höherer Rotweinverzehr, höflicher Umgang in Sitzungen, keine unbequemen Fragen, noch weniger unbequeme Antworten, strittige Themen in die Bataillone der zweiten Reihe delegiert. Und – dies hat ebenfalls der Forscher Michael Hartmann in seiner jüngsten Untersuchung festgestellt: Die Eliten der deutschen Wirtschaft sind nicht nur überdurchschnittlich alt, sondern auch überwiegend männlich.

Man hatte (und hat?) ein Problem mit Frauen also nicht etwa, weil sie Frauen waren (und sind), sondern weil sie *anders* waren, so wie eben auch Turnschuhträger, Goldkettchenträger und Ohrringträger – egal ob weiblich oder männlich! – (vermeintlich) anders sind. Und wer würde in dieser auf Oberflächlichkeit, Äußerlichkeit und Homogenität bedachten Welt schon auf die Idee kommen, ein turnschuhtragender Konzernchef, der Milliardenerträge für sein Unternehmen erwirtschaftet, zugleich aber auch noch einen Ohrring trägt, sei besser als einer, der den Laden korrekt in Nadelstreifen gekleidet vor die Wand fährt?

Und alles Andersartige ist zunächst auch einmal unbequem. Und scheint damit auch eine Bedrohung zu sein. Frauen sozusagen als Herausforderung für das klassisch männliche Establishment. Genauso wie Ohrring- oder Turnschuhträger. Und genauso wie junge Wilde, die unverblümt und unbefleckt mutige und vielleicht sogar erforderliche Fragen stellen. Oder wie ohnehin verdächtige Senkrechtstarter, die zudem auch noch Cola light aus Flaschen statt Rotwein aus dem Eimer trinken, um so spät am Abend zu einer nüchternen Gefahr für die altgedienten trinkerprobten Recken zu werden. Und nicht etwa aus Trunkenheit, sondern aus Überzeugung Mut zur Wahrheit zeigen.

Mehr Frauen!

Wir brauchen mehr Frauen in Führungsetagen nicht nur deshalb, weil Chancengleichheit und Gleichberechtigung es gebieten, die bisherige – auch männliche – Homogenität der Wirtschaftseliten zu durchbrechen. Auch der umgekehrte Wirkungszusammenhang gilt: Wir brauchen weniger homogene Eliten, also benötigen wir auch mehr Frauen in Spitzenpositionen.

Allzu homogene Entscheidungsgruppen führen nämlich zu suboptimalen Ergebnissen und suboptimaler Entscheidungsqualität. Nehmen wir an, in einem Vorstand eines großen Konzerns säßen sieben Personen, alles Männer, alle im Ruhrgebiet als Söhne erfolgreicher Manager oder Unternehmer geboren, alle mit ordentlichem Abitur an einem Schweizer Internat, alle mit Jurastudium an derselben deutschen Fakultät, alle mit Erfahrung als Trainees und Vorstandsassistenten im selben Konzern und so weiter und so weiter. Es liegt auf der Hand, dass selbst dann, wenn es sich um sieben Ultrahöchstbegabte mit exorbitantem Fleiß, grenzenloser Belastbarkeit und größtmöglicher Disziplin handelte, eine solche Entscheidungsgruppenstruktur nicht zu optimalen Entscheidungen führen könnte.

Nähme man hingegen einen aus dieser Gruppe von Spitzenentscheidern und fügte dann vielleicht einen kalifornischen Astrophysiker hinzu, eine Mathematikerin mit Studienabschluss der Lomonossow-Universität in Moskau, vielleicht auch eine Moralphilosophin und einen Anarchisten, der auf dem zweiten Bildungsweg einen betriebswirtschaftlichen Fachhochschulabschluss erlangt hat, dazu noch einen ehemaligen Betriebsrat mit Feinmechanikerausbildung sowie eine Biologin, die als alleinerziehende Mutter viele Jahre lang in der Erwachsenenbildung gearbeitet hat, dürfte sich die Entscheidungsqualität unseres Konzernvorstandes dramatisch erhöhen.

Es entspricht nicht nur den Erkenntnissen der modernen Entscheidungstheorie, sondern ganz einfach dem gesunden Menschenverstand, dass heterogen zusammengesetzte Entscheidungsgruppen bei annähernd vergleichbarem Qualifikationsniveau eine deutlich höhere Entscheidungsqualität hervorbringen als homogene Strukturen. Jeder zusätzliche Blickwinkel ist wertvoll, jeder weitere Erfahrungshintergrund bereichernd, jeder Gewinn an Betrachtungsvielfalt ertragreich, jede neue Perspektive schlichtweg spannend.

Hinzu kommt: Frauen neigen weniger als Männer zum Abnicken auf Basis von Komfort und Kumpanei. Wir brauchen mehr Frauen in Führungsetagen also vorrangig nicht etwa aus Mitgefühl, sondern aus Eigennutz. Der Einzug von Frauen in zuvor männlich dominierte Entscheidungsgremien führt durch neue Perspektiven und zusätzliche Erfahrungswelten schlicht und einfach zu einem Mehr an Entscheidungsqualität und damit zu besseren Entscheidungen und besseren Ergebnissen für alle.

Und es gibt noch einen dritten Grund, warum wir mehr Frauen in Spitzenpositionen auch der privaten Wirtschaft haben sollten: den ganz einfachen Ressourcenaspekt. 50 Prozent all unserer Talente – streng genommen sogar etwas mehr! – sind nun einmal weiblich. Und egal wie konservativ oder männlich-elitär unser Weltbild auch sein mag: In der harten und unbequemen Welt von Globalisierung und grenzenlosem Wettbewerb können wir es uns nicht leisten, auch nur ein einziges Talent links liegen zu lassen. Wir benötigen all unsere Talente, und wir müssen zu unser aller Wohl ihnen allen die Möglichkeit geben, sich bestmöglich zu entfalten. Dazu gehört der ohrringtragende Feinmechaniker im Vorstand genauso wie die Frau an der Spitze des Aufsichtsrates. Egal wie unbequem uns das auch erscheinen mag.

Diskriminierung durch Frauenquote

Wie ungewöhnlich und wie ungewohnt Frauen in Spitzenpositionen etwa von Aufsichtsräten zum Teil noch immer sind,
hat meine liebe Frau, die mittlerweile selbst stellvertretende Vorsitzende des Aufsichtsrates einer Aktiengesellschaft – der Syntellix AG – geworden ist, erst kürzlich auf fast schon humoreske
Weise erleben dürfen. Obwohl sie offiziell bereits Aufsichtsratsmitglied war und obwohl sie insofern auch korrekt auf dem
Verteiler eines entsprechenden an die Aufsichtsratsmitglieder
adressierten Einladungsschreibens des Vorstandes aufgeführt
war, begann dieses Schreiben – wie stets zuvor – mit der ge-
wohnten Anrede »Sehr geehrte Herren«. Dabei hatte sich meine
Frau trotz ihres Einzuges in den Aufsichtsrat nicht etwa einer
Geschlechtsumwandlung unterzogen.

Ein wenig diskriminierend mutete die Anrede meiner Frau als
Herr schon an. Weit weniger diskriminierend gleichwohl als die
Abqualifizierung eines ganzen Geschlechts mittels Quote. Nach
meinem persönlichen Empfinden gibt es nichts Diskriminieren-
deres und nichts Abqualifizierenderes für Frauen als eine »Frauenquote«. Würde meine heute siebenjährige kleine Tochter eines
Tages allein aufgrund einer Frauenquote in den Vorstand einer
Gesellschaft einziehen, dann würde ich mich schämen – und sie
selbst sich ganz sicher auch. Die Frauenquote ist schlichtweg
eine Beleidigung für Frauen. Nicht mehr und nicht weniger.

Und sinnvoll ist sie ohnehin schon einmal gar nicht. Zum einen ist die Frauenquote allein keineswegs ein geeignetes Instrument zur Überwindung exzessiver Homogenität konservativ-
elitärer Wirtschaftszirkel. Betrachtet man die real gelebte Praxis
der in den letzten Jahren in unserem Land zusätzlich in Vorstände oder Aufsichtsräte bestellten Frauen, drängt sich der Eindruck
auf, dass abgesehen vom Geschlecht die bisherigen Homogeni-

tätsmerkmale im Hinblick etwa auf Abstammung, sozialen Hintergrund und persönliche Entwicklung bei ihnen im Zweifelsfall eher noch stärker ausgeprägt sind als bei ihren männlichen Kollegen. Zudem dürfte sich bei strikter Anwendung einer Frauenquote etwa für Aufsichtsräte großer Aktiengesellschaften das so häufig kritisierte Problem der Mehrfachmandate noch deutlich verschärfen, da für eine vergleichsweise große Anzahl dann neu zu besetzender Aufsichtsratspositionen nur eine naturgemäß begrenzte Anzahl bereits hinreichend erfahrener und qualifizierter Frauen vorhanden ist.

Eine Überwindung der bisherigen Homogenität deutscher Aufsichtsräte oder Vorstände würde also einen weit differenzierteren Ansatz erfordern. Aber wollen wir wirklich im Sinne echter Gleichberechtigung und echter Chancengleichheit über die Frage des Geschlechtes hinaus am Ende auch eine Quote für Geisteswissenschaftler, eine Quote für Absolventen des zweiten Bildungsweges, eine Quote für Jeans- und Turnschuhträger, eine Quote für Ohrringträger oder – das erschiene mir persönlich besonders empfehlenswert – eine Quote für Cola-light-Trinker?

Und trotzdem wird die Frauenquote für die Wirtschaft ernsthaft diskutiert. In Deutschland. Und natürlich auch auf Ebene der Europäischen Union. Das hat allerdings nichts mit Gleichberechtigung zu tun, sondern vielmehr mit Kuchen backen. Frauen haben schließlich mehr als 50 Prozent der Wählerstimmen. Für die einen Kuchen zu backen, lohnt sich schon sehr. Und wenn man ihnen doch nur erfolgreich suggerieren könnte, hier würde etwas Gutes für sie getan, dann lohnte sich das noch umso mehr.

Fortschritt durch Transenquote

Nähmen wir es mit Gleichberechtigung und Chancengleichheit im Übrigen wirklich ernst, dann bräuchten wir doch wohl zumindest für die großen Publikumsgesellschaften mit ihren Millionen von Kunden in jedem Falle eine Schwulen- und nach meiner ganz festen Überzeugung auch eine Transenquote. Ja, wenn wir die Diskriminierung sexueller Minderheiten wirklich fortschrittlich und vollständig überwinden wollen, dann bin ich voll für die Transenquote! Das meine ich durchaus ernst. Erst diese erschiene mir wirklich angemessen liberal. Wie will ein Unternehmen schon die ganze Diversität seiner Kundschaft verstehen können, wenn Transsexuelle nicht systematisch in die Entscheidungsprozesse auf Vorstands- oder Aufsichtsratsebene eingebunden werden? Zudem werden durch die Frauenquote auch die Schwulen diskriminiert.

Wer eine Frauenquote will, kann nicht wirklich gegen eine Schwulen- und schon gar nicht gegen die Transenquote sein – es sei denn, er oder sie dächte oder handelte sexuell diskriminierend. Die systematische Berücksichtigung der unterschiedlichen Teilfacetten dieser vielfältigen Gruppe könnte dann ja in einem zweiten Schritt gesetzlich verankert werden. Doch das wäre ein Thema für ein ganz eigenes Buch.

Wie unsinnig die ganze Diskussion um die Frauenquote in Wirklichkeit ist, zeigt sich allein schon angesichts der diskutierten Zeitspannen. Es hat früher in aller Regel etwa 30 Jahre gedauert, bis sich jemand vom Berufseintritt bis in die höchste Führungsverantwortung vorgearbeitet hatte. Mittlerweile gibt es eine ganze Reihe von Mitgliedern von Vorständen, die nur etwa 20 Jahre vom Einstieg in die Wirtschaft bis zu höchsten Weihen benötigt haben. Deutlich kürzere Zeitspannen betreffen singuläre Einzelfälle, die sich selbst bei aller Talentförderung auch in Zukunft nicht verallgemeinern lassen werden.

Doch wenn es 20 Jahre dauert, bis man die Kompetenz, das Wissen, die Erfahrung und die Urteilsfähigkeit entwickelt hat, die die angemessene Wahrnehmung höchster Verantwortung für Tausende von Menschen und Milliarden von Euro zwingend voraussetzt, dann macht es überhaupt keinen Sinn, Quotenregelungen zu diskutieren, die auf deutlich kürzere Zeitspannen (und kurzfristige Wahltermine!) ausgerichtet sind – es sei denn, man ist bereit, wissentlich deutliche Kompromisse und Abstriche bei Erfahrung und Urteilsfähigkeit künftiger Organmitglieder in Kauf zu nehmen. Aber sollte der Mangel an Qualifikation in der Politik wirklich als Vorbild für die reale Wirtschaft gelten, die uns alle nährt?

Frauen sind unter keinen erdenklichen Umständen weniger talentiert oder weniger leistungsfähig als Männer. Im Gegenteil: Unter Studentinnen ist die Gruppe der Schulnotenbesten vielfach größer als bei Studenten. Aber Frauen sind historisch gerade in wirtschaftsaffinen Studienfächern wie Wirtschafts-, Natur- oder Ingenieurswissenschaften eindeutig unterrepräsentiert. Sie sind hingegen deutlich überrepräsentiert in Fachbereichen wie Kultur- und Sozialwissenschaften.

Dieser Effekt betrifft auch Studentinnen mit exzellentem Abitur, wenngleich weniger als die anderen Studentinnen. Gemäß in einer Langzeitstudie des Bundesministeriums für Bildung und Forschung zu »Frauen im Studium« veröffentlichten Daten aus dem Jahre 2004 entschieden sich unter den schulnotenbesten Universitätsstudentinnen mit einer Note von 1,0 bis 1,4 im Zeugnis der Hochschlreife nur 6 Prozent für ein Studium der Wirtschaftswissenschaften, immerhin 20 Prozent für ein Studium der Naturwissenschaften, jedoch nur ganze 4 Prozent für ein Studium der Ingenieurswissenschaften. Die entsprechenden Werte für Männer lagen bei 12, 39 und 11 Prozent.

An Fachhochschulen entschieden sich 15 Prozent der schulnotenbesten Studentinnen für die Wirtschaftswissenschaften, hin-

gegen 52 Prozent der schulnotenbesten männlichen Studierenden. Bei den Sozialwissenschaften lag das Verhältnis umgekehrt
bei 47 Prozent zu 5 Prozent. Wie die Studie zu Recht feststellt,
bestehen hier offenbar »traditionelle Entscheidungsmuster«.
Wichtiger als jede Frauenquote für Unternehmen ist insofern
eine entsprechende Attraktivität traditionell als »Männerfächer«
geltender Studiengänge für talentierte Frauen.

Dabei hat es in den letzten Jahren bereits fundamentale Fortschritte gegeben, die zweifelsfrei in der gelebten betrieblichen
Realität einen erheblichen Einfluss haben werden: Betriebswirtschaftslehre und Wirtschaftswissenschaften etwa liegen inzwischen in der Spitze der am stärksten von Frauen belegten Studiengänge. Meine eigene Lehrerfahrung an der Leibniz Universität
Hannover bestätigt die Statistik nicht nur quantitativ, sondern
auch qualitativ: Unter meinen besten Studierenden im Fach »Controlling und Wertschöpfungskette« sind Frauen stets stark vertreten, häufig mit leichtem osteuropäischen Akzent und umso stär-
kerer Motivation. Begeisterung und Qualifikation, Kompetenz
und Internationalisierung geben insofern zu großen Hoffnungen
Anlass. Und werden jegliche Quote überflüssig machen.

Umso fragwürdiger erscheint die bequeme politische Diskussion über einen Quotenzwang für die Wirtschaft. Frauen bringen zwar ganz sicher zusätzliche Erfahrungshintergründe und
damit auch zusätzliche Entscheidungsqualität. Qualifizierte
Frauen sind ein Gewinn für jeden Vorstand. Ohne jeden Zweifel.
Aber ist Quote wichtiger als Qualifikation? Kann das Geschlecht
per se wichtiger sein als die konkrete fachliche Eignung? Über-
wiegt die Geburt als Frau jedes Mannes Erfahrung? Glauben wir
wirklich, eine Quote sei fair? Und glauben wir wirklich, die Quote löse Probleme?

Und was ist mit den Bereichen ganz ohne Quote? Wer schützt
und hält eigentlich deren Talente? Wollen wir kluge Assistenz-

ärztinnen statt am Operations- künftig lieber am Vorstandstisch? Wollen wir hoffnungsvolle Zukunftstalente wirklich vorzeitig als »Vorständinnen« verheizen, indem wir sie mit einer
Verantwortung erdrücken, auf die sie noch nicht vorbereitet
sind? Oder wollen wir am Ende gar eine Frauenquote am Vorstandstisch und eine Kopftuchquote für die Abendnachrichten?
Quasi als zwei Seiten der Medaille der Verschmelzung von Frau-
enrechten und Integrationskultur?

Geschlechtsumwandlung als Karriereoption

Noch unsinniger und geradezu absurd erscheint das Thema einer gesetzlich vorgeschriebenen Frauenquote für Aufsichtsräte
oder Vorstände, wenn man sich man einmal im Umkehrschluss
die Auswirkung für das andere Geschlecht vor Augen führt.
Würde in einem Zeitraum etwa bis zum Jahr 2020 oder auch
2025 beispielsweise für Vorstände großer Gesellschaften eine gesetzliche Frauenquote von 30 oder gar 50 Prozent verbindlich
vorgeschrieben, dann hieße dies, dass in vielen betroffenen Unternehmen bis dahin und möglicherweise für zig Jahre kein einziger Mann mehr entsprechend befördert werden könnte, egal
wie qualifiziert, kompetent und sozial verantwortlich er auch sei
und wie gut er auch Kuchen backen mag. Das ist nicht etwa eine
Frage des Rezeptes, sondern ganz einfach eine Frage simpler
Arithmetik.

Schon eine Frauenquote von 35 Prozent ließe im konkreten
Einzelfall mitunter überhaupt keine Chance mehr für männliche
Führungskräfte. Doch dies würde eine schier unvorstellbare
Diskriminierung bedeuten, wie es sie für Frauen in unserem
Staate in dieser Form wohl noch nie gegeben hat. Und es bedeu-
tete darüber hinaus zudem auch eine wahre Perspektivlosigkeit

für eine ganze männliche Generation. Das Ergebnis wäre nichts anderes als die Bekämpfung potenzieller sozialer »weicher« durch stringente gesetzliche »harte« Diskriminierung.

Aber unsere Politik hat ja auch in der Finanzmarktkrise schon einmal Schulden mit Schulden bekämpft und so unsere Währung erfolgreich an den Abgrund geführt. Pseudoethische Erwägungen und eitelkeitsgetriebener Zeitgeist sind eben bequem. Zu unbequem hingegen erscheint manchen die Entscheidungsfindung aufbauend auf Fakten oder gar mittels entsprechender Qualifikation.

Für qualifizierte und ehrgeizige Männer blieben im Falle einer solchen Frauenquote für Vorstände nur noch zwei Auswege: Ausweg Nummer 1 bestünde darin, aus Deutschland oder – wenn die Quotenregelung für ganz Europa käme und auch tatsächlich in ganz Europa umgesetzt würde – aus Europa auszuwandern, dorthin, wo alle qualifizierten Talente – auch männliche! – gefragt und gesucht sind und wo man auch als Mann noch in einen Vorstand bestellt werden könnte. Ausweg Nummer 2 ließe sich selbst dann wählen, wenn man heimatverbunden ist: die Geschlechtsumwandlung als wahre, vielleicht sogar einzige langfristig wirksame Karriereoption.

Die Einführung einer gesetzlich verbindlichen Frauenquote für Vorstände börsennotierter Aktiengesellschaften in Höhe von vielleicht 30, 40 oder 50 Prozent würde nämlich zwingend dazu führen, dass fast jeder Mann seine Chancen, jemals in den Vorstand einer solchen Gesellschaft bestellt zu werden, dramatisch – möglicherweise sogar unendlich – steigern könnte, allein indem er sich einer Geschlechtsumwandlung unterzöge. Wer die Wahrscheinlichkeit für einen Spitzenjob in der Wirtschaft durch einen Eingriff der Medizin verzwanzig- oder verhundertfachen kann, mag schon einmal schwach werden – oder zum früher angeblich »schwachen Geschlecht«. Die völlig reversible

Geschlechtsumwandlung als Wachstumsbranche infolge der Frauenquote: auch so lässt sich Innovation erfolgreich gestalten. Und bequem.

Daraus könnte dann vielleicht auch gleich noch eine so fortschrittliche Institution wie die Universität Leipzig Inspiration ziehen, in deren neuer Grundordnung, die am 7. August 2013 in Kraft trat, »grammatisch feminine Personenbezeichnungen gleichermaßen für Personen männlichen und weiblichen Geschlechts« gelten, die also bei den Funktionsbezeichnungen die weibliche Form wählt, wobei sich die männliche Schreibweise mit einer Fußnote begnügen muss. Auch wenn dies keineswegs bedeutet, dass sich jeder männliche Hochschullehrer künftig »Herr Professorin« nennen muss, sei die Frage dennoch erlaubt: Was wäre schon erfahrungstechnisch ein Mann, der sich Professorin nennt, verglichen mit einer Professorin, die schon ein Mann war? Zumindest in der Wissenschaft sollte man schließlich ganz generell Progressivität und Liberalität auf höchstem Niveau erwarten können.

Einen besonders bemerkenswerten Aspekt hat indes ein erfahrener Praktiker der Diskussion hinzugefügt, der forderte, wir bräuchten »mehr Frauen in Führungskräften«. Das sagte im Jahre 2012 einer der angesehensten deutschen Manager auf einer großen und viel beachteten Podiumsdiskussion. Das Umgekehrte – mehr Führungskräfte in Frauen – hätte ich mir mit ein wenig schmutziger Fantasie vielleicht noch vorstellen können. Aber mehr Frauen in Führungskräften? Vielleicht meinte er ja auch nur »mehr Frauen in Führungspositionen«? Wer würde schließlich schon so feinsinnig unterscheiden wollen zwischen einer Position und der Person, die diese innehat? Wo doch Position und Person gerade auf der Spitzenebene nur allzu oft miteinander zu verschmelzen scheinen. Doch wenn auch dieser Vorstandschef sich letztlich gegen die Frauenquote aussprach,

bleibt für deren Befürworter und Befürworterinnen ein Trost:
Die »Führungsposition« ist wirklich stets weiblich.

Elternzeit für Vorstandschefs

Bei alledem bleibe keineswegs unbestritten, dass unsere Gesellschaft in der Frage der Förderung von Frauen, des angemessenen
Vorrangs für familiäre Belange im Rahmen höchstmöglicher beruflicher Flexibilität und auch der Toleranz sich noch sehr weit
entwickeln muss, bis wirklich alle weiblichen Talente angemessen gefordert, gefördert und zur Entfaltung gebracht werden
können. Die dringend erforderliche Erhöhung der Geburtenrate
und eine auf der Zeitachse vollumfänglich angemessene Reprä-
sentation von Frauen in obersten Führungsgremien lassen sich
nur dann in Einklang bringen, wenn die Unternehmenskultur
unserer elitären Führungszirkel sich ebenso weiterentwickelt wie
das gesellschaftliche Verständnis für Toleranz, Flexibilität und
Freiraum für Familie.

Ich selbst habe diesen Sachverhalt in großer Deutlichkeit erlebt,
als meine Tochter geboren wurde. Ich war damals Vorsitzender
des Vorstands der EnBW Energie Baden-Württemberg AG, also
eines großen börsennotierten Energiekonzerns. Selbstverständlich wollte ich nicht nur ein guter Konzernchef, sondern auch ein
guter Vater sein. Also befasste ich mich als eine mögliche Option
auch mit der Frage, ob ich Elternzeit nehmen könnte oder sollte.

Da es sich nicht gehört, einen professionellen Aufsichtsrat mit
unausgegorenen oder unsinnigen Vorschlägen zu konfrontieren,
ging ich zunächst einmal der Frage nach, ob ein solches »Recht«
auf Elternzeit auch einem Vorstandsvorsitzenden überhaupt
grundsätzlich zustehe. Ich befragte insofern einen mir befreun-
deten exzellenten Juristen und auch mehrere mir nahestehende

Anwaltskanzleien. Die drei in Nuancen geringfügig unterschiedlichen Antworten – drei Kanzleien, vier Meinungen … – lassen
sich in Summe und im Kern in etwa wie folgt zusammenfassen:

Das Recht auf Elternzeit, so wurde einvernehmlich befunden,
stehe auch mir als Vorstandsvorsitzendem zu, da es sich nicht
um ein tarifliches, sondern um ein gesetzliches Recht handele.
Insofern sei ich zunächst gleichzubehandeln, also so zu behan-
deln wie jede Mitarbeiterin und jeder Mitarbeiter des Unternehmens auch. Dem Aufsichtsrat einer Aktiengesellschaft, so wurde
mir zu bedenken gegeben, sei es allerdings nicht zumutbar, eine
so wichtige, ja für das Unternehmen sogar singuläre Position wie
die des Vorsitzenden des Vorstandes dann nur temporär mit einem Ersatzmann (oder einer Ersatzfrau) zu besetzen, der (oder
die) den Platz wieder freimachen müsse, wenn ich aus meiner
Elternzeit zurückkehre. Insofern sei das gesetzlich vorgesehene
Rückkehrrecht in meinem Falle vermutlich als nachrangig zu
den Interessen der Gesellschaft und ihres Aufsichtsrates zu betrachten. Da es sich aber nun einmal um ein gesetzliches Recht
handele, dessen Gewährung man mir gegenüber nicht negieren
könne, müsste das Unternehmen – so war die einhellige Auffassung meiner juristischen Gesprächspartner – mir als Ausgleich
für den dann ja verlorenen Arbeitsplatz als Vorstandsvorsitzender vermutlich meinen Vertrag ausbezahlen.

Auf diesem Wege wäre ich zwar vielleicht Deutschlands best-
bezahlter hauptamtlicher Vater geworden – und meine Tochter
hätte dies zweifelsfrei gerechtfertigt! –, doch es versteht sich von
selbst, dass man unter diesen Voraussetzungen davon Abstand
nimmt, einen Antrag auf Elternzeit zu stellen. Das Ziel des Ge-
setzgebers würde dadurch zudem nahezu in sein Gegenteil verkehrt. So blieb mir als einziger Weg, um mich angemessen um
meine kleine Tochter kümmern zu können, die Entscheidung,
meinen Vorstandsvertrag nach Ablauf nicht zu verlängern.

Windeln und Weicheier

Allein das zeigt, wie weit Anspruch und Realität bei der Vereinbarkeit von Beruf und Familie nicht nur für Frauen, sondern auch für Männer in unserem Lande noch immer auseinanderliegen. Noch bemerkenswerter erschien mir indes die Reaktion derjenigen vertrauten Menschen, mit denen ich meine Idee – der Vorstandschef in Elternzeit – seinerzeit im privaten und beruflichen Umfeld vordiskutierte. Die Damenwelt fand die Idee durchgängig genial.

Die Herren der Schöpfung indes waren nahezu allesamt der Meinung, dass ein Vorstandsvorsitzender einer großen Aktiengesellschaft, der es allen Ernstes wagen würde, Elternzeit zu beantragen, beruflich zerstört wäre. Wer würde schon, so lautete ein wiederholt benutztes Argument, jemals einen Manager als Sanierer einstellen wollen, der zuvor Windeln gewechselt hätte? Da könnte man sich doch auch gleich als Weichei bewerben. Kuchen backen im Sinne falscher Kompromisse in Vorstandssitzungen offenbar ja, aber kompromisslos Windeln wechseln zu Hause dann doch lieber nein.

Ich teilte diese Meinung meiner Freunde und Kollegen damals nicht, und ich teile sie auch heute noch nicht. Eine der eindrucksvollsten Persönlichkeiten, die ich kenne, ist ein Unternehmensberater, der vor etwa 25 Jahren bei McKinsey von seinem Umfeld fast als »Öko-Freak« abqualifiziert wurde und womöglich sogar irgendwann zum Outcast geworden wäre, weil er für seinen Nachwuchs nicht etwa Pampers verwendete, sondern bekennender Weise Stoffwindeln wusch. Und warum sollte die Fähigkeit, sich liebevoll um ein kleines Kind zu kümmern und auch mit Fläschchen und Windeln umgehen zu können, eigentlich zwingend zulasten der Fähigkeit gehen, ein Unternehmen stringent zu sanieren und dabei notfalls auch harte und unbequeme Maßnahmen zu ergreifen und umzusetzen?

Offensichtlich haben wir noch immer mehrheitlich sehr merkwürdige Vorstellungen vom vermeintlich Bequemen und von
der vermeintlichen Bequemlichkeit. Im Ledersessel Vorstands-
akten zu lesen und bei Häppchen und Kanapees Sitzungen zu
leiten ist jedenfalls weit bequemer, als fünfmal in der Nacht einem weinenden Baby auf der Schulter Gutenachtlieder vorzu-
singen oder regelmäßig Stoffwindeln zu waschen – allerdings
oftmals auch weniger nachhaltig. Und alles auf eine Karte zu setzen und niemals einen Kuchen zu backen kann sich gerade auch
darin widerspiegeln, zur richtigen Zeit die Windeln zu wechseln
und niemals das falsche Lied zu singen.

Reformen statt Kriege

Das Bequeme dominiert allenthalben das Denken der Welt, in
der kleinen Welt der Familie so wie in der Welt der großen Politik, beim Spielen mit Klötzchen so wie beim Spiel um die Macht,
auf dem Windel- ebenso wie am Kabinettstisch. Ganz besonders
in der modernen Mediendemokratie, in der die bequeme Meinung scheinbar mehr zählt als die unbequeme Handlung. In der
das Backen medialer und politischer Kuchen oft opportuner erscheint als die mutige Tat. Dabei vergessen die Politik im Allgemeinen und ein Teil der Medien oft, dass am Ende das Richtige
und Erforderliche doch nicht vermeidbar und insofern nachhaltig auch nur erfolgreich sein wird, wer es rechtzeitig erkennt, an-
spricht und ausspricht. Wer im entscheidenden Moment mutig
alles auf die richtige Karte setzt, ist am Ende doch erfolgreicher
als der oder die, die sich stets auf das Backen von Kompromiss-
und Konsenstorten beschränken.

Gerhard Schröder wird nicht als der abgewählte Kanzler des
Jahres 2005 in die Geschichtsbücher eingehen, sondern als der

vielleicht mutigste und erfolgreichste Bundeskanzler, den wir je
hatten. Bei den beiden wohl wichtigsten Entscheidungen seiner
Amtszeit lag er nämlich richtig, auch wenn es unbequem war:
mit der Agenda 2010 und mit der eindeutigen Positionierung
zum Irakkrieg. Nicht zu Unrecht listete *DIE WELT* am 14. März
2013, genau zehn Jahre nach Schröders Agenda-Rede, den Bundeskanzler a. D. als ersten der größten Gewinner der härtesten –
und damit unbequemsten – Sozialreform der deutschen Nach-
kriegsgeschichte auf.

Welch größeren zeitgeschichtlichen Beweis für den Erfolg des
Unbequemen könnte es geben als die Agenda 2010, die ihrem
Initiator weltweites Lob und globale Anerkennung brachte und
das von ihm damals regierte Land – um die Worte der *WELT* zu
verwenden – fast zu einer »Insel der Seligen« machte? Gerhard
Schröder hatte – das sei deutlich gesagt! – auch unter dem großen Druck wichtiger Freunde keinen »Kuchen gebacken«. Er
hatte vielmehr klare Kante gezeigt und alles auf die Karte von
Sozialreform und Kriegsvermeidung gesetzt. Sein Land hat damit gewonnen, und er selbst am Ende ganz sicher auch. Bloß
keine Kante zu zeigen, wäre hingegen das falsche Rezept. Wenn
danach nichts mehr folgt, nützen auch Wahlsiege nichts.

10. STELLE FRAGEN, AUCH WENN SIE UNERWÜNSCHT SIND

»Frau Wenger, warum war unter den Heiligen Drei Königen aus dem Morgenland ein Mohr?« Das war in meinem ersten Schuljahr meine erste Frage im Religionsunterricht der zweiten Klasse. Die Antwort auf meine historisch, kirchen- und kunstgeschichtlich durchaus interessante und keineswegs unberechtigte Frage war kurz und klar: »Utz, halt den Mund!« In diesem Moment hatte ich mit sechs Jahren zu meinem Entsetzen begriffen: Fragen sind manchmal unerwünscht.

Fragen sind sogar oftmals unerwünscht. Zum Beispiel – wie vielleicht im Fall meiner Lehrerin –, wenn der oder die Gefragte die Antwort nicht kennt. Oder umgekehrt auch deshalb, weil er oder sie die Antwort nur allzu gut kennt. Oder aber gar nicht kennen will. Vielleicht nicht einmal kennen darf.

Und Fragen können an den unterschiedlichsten Orten und in den verschiedensten Situationen unerwünscht sein. Umso mehr, je berechtigter sie im Einzelfall sind. Die Frage an den Präsidenten des Industrieverbandes, warum er Betriebsräten und Arbeitnehmern von Mitgliedsunternehmen denn allenthalben die Notwendigkeit zu Kostensenkungen erkläre, wenn sein persönliches Verbandsbudget doch gleichzeitig steigt. Die Frage an den Finanzvorstand eines großen Unternehmens, wie viele der vielen Beteiligungsgesellschaften denn eigentlich ihre Kapitalkosten verdienen, wenn das Ergebnis in Summe doch ganz offensichtlich ganz einfach nicht stimmt. Die Frage an den Rechtsanwalt, warum er hier vor Gericht denn eigentlich genau das Gegenteil dessen argumentiere, das doch so klar und ausführlich in seinem internen Gutachten für seine eigene Mandantschaft steht. Die Frage an den Fussballklub-Präsidenten, warum er denn heute das Gegenteil dessen tue, das er doch laut schriftlichem Protokoll noch gestern versprach. Die Frage an den Hochschuldozenten, ob Widersprüchlichkeit denn wirklich Qualitätsmerkmal (s)einer Vorlesung sei.

Fragen sind unerwünscht vor allem dann, wenn sie unbequem sind. In der Schule, beim Sport, in der Wirtschaft und manchmal sogar vor Gericht. Deshalb müssen sie dennoch gestellt werden. Denn wer nicht fragt, der nicht gewinnt. Das Kind lernt durch Fragen. Der Fortschritt der Wissenschaft basiert auf Fragen. Die Justiz sucht Gerechtigkeit mithilfe von Fragen. Ohne unbequeme Fragen und ohne den Mut der Unbequemen zum Fragen hätten wir weder Wahrheit noch Klarheit, gäbe es keinen Rechtsstaat und keine Universitäten, hätten wir weder Computer noch Kühlschrank, gäbe es kein Internet und nicht einmal die traditionelle Telekommunikation.

Kein Fortschritt ohne Fragen

Es gibt keinen Fortschritt ohne Fragen. Und man kann auch nicht Verantwortung tragen, ohne immer wieder zu fragen. Managen und Verantwortung tragen heißt, sich mit unendlich vielen Themen befassen zu müssen. Das gilt für den Regierungschef oder die Regierungschefin eines Landes mit 80 Millionen Einwohnern genauso wie für den privaten Familienvater. Es betrifft den Vorstandschef, der Verantwortung für Schicksal und Wohlstand von 100.000 Menschen und deren Familien trägt, genauso wie die alleinerziehende Mutter, die sich um die richtige Entscheidung für die Zukunft ihres einzigen Kindes sorgt.

Die Welt wird dabei täglich komplexer. Das gilt für größte Unternehmen in großen Metropolen ebenso wie für den einfachsten Haushalt im kleinsten Dorf. Es gilt für Wirtschaft und Wissenschaft, für Kunst und Kultur, für Politik und Gesellschaft, für Familie und Sport. Niemand kennt alle Themen, niemand kann alle Antworten kennen.

Es ist aber die oberste Pflicht jedes Verantwortungsträgers und jeder Verantwortungsträgerin, keine Entscheidungen zu Sachverhalten zu treffen, die er oder sie nicht versteht, geschweige denn durchdringt. Auch das ist für die alleinerziehende Mutter genauso bedeutsam wie für die Mutter der Nation. Insofern gibt es für uns alle eine ganz zentrale Entscheidungsbasis, ein ganz vorrangiges »Management-Tool«: Fragen, Fragen, Fragen! Stelle Fragen! Stelle viele Fragen! Frage nach allem, was du nicht verstehst! Frage so lange, bis du es begreifst und durchdringst!

Tue dies auch wissend, dass der Prozess schmerzhaft sein wird, dass andere nicht hinterfragt werden wollen und dass jede auch noch so sachliche Frage von denen, die sie nicht beantworten können, als feindseliger Akt verstanden wird. Nachfragen im Aufsichtsrat und mehr noch im Vorstand ist oft ein Tabubruch, macht in der Tat meistens unbeliebt. Aber es hilft und schützt. Dich und das Unternehmen!

Nichts ist am Ende gefährlicher als ein Mangel an Hinterfragung, als ein zu leichtes Abnicken, als ein zu oberflächlicher Konsens – im Büro oder auch daheim. Jede falsche Entscheidung, jeder übereilt gefasste Beschluss und jeder fragwürdige Kompromiss holt einen irgendwann ein. Und für die Familie kann die überstürzt erworbene Immobilie und die turmhohe Hypothek ebenso katastrophale Folgen haben wie für das Unternehmen die unnötige oder überdimensionierte Fabrik oder das falsche Finanzierungskonzept dafür.

Viele Fragen, gute Zahlen

Meine Mutter hat stets gesagt, ich sei als kleines Kind ein einziges Fragezeichen gewesen. Ich hätte ihr im wahrsten Sinne des Wortes geradezu Löcher in den Bauch gefragt. Anstrengend war das für sie, aber hilfreich für mich. Insofern habe ich mich im Grunde nie geändert. Fragen zu stellen, das war und ist für mich das wichtigste Management-Tool überhaupt, mein allerwichtigstes Instrument.

Als ich im Jahre 1994 mit 30 Jahren zu SEAT kam, um die Gesellschaft zu sanieren, wusste ich über die Situation des Unternehmens nur wenig, über die spanische Wirtschaft fast nichts. Also stellte ich Fragen. Viele Fragen. Viele mehrfach, manche vielfach, einzelne immer wieder und an jedem einzelnen Tag. Das Unternehmen hatte im Jahr 1993 einen Verlust in Höhe von ungefähr 2 Milliarden D-Mark, also etwa 1 Milliarde Euro, angehäuft und eine Umsatzrendite in Höhe von annähernd minus 40 Prozent ausgewiesen – ein kaum vorstellbarer Wert: 40 Cent Verlust pro umgesetztem Euro. Drei Jahre später, das heißt bereits mit dem Geschäftsjahr 1996, kehrte das Unternehmen in die Gewinnzone zurück. Meine Fragen waren stets unbequem gewesen, und die nötige Reaktion auf die erhaltenen Antworten teilweise noch viel mehr. Doch das Ergebnis unserer Sanierungsbemühungen und unserer Fragen war eine enorme Entschuldung, eine gewaltige Kostensenkung und ein äußerst zügig verbesserter Ertrag.

Als ich im Jahre 1997 mit 33 Jahren Vorstandsvorsitzender der Sartorius AG in Göttingen wurde, wusste ich über Wägetechnik nur sehr wenig und über Separationstechnik im Grunde nichts.

Um die zwei wesentlichen Sparten des Konzerns kennenzulernen, stellte ich also Fragen, wieder Fragen, und diesmal wahrscheinlich noch mehr als davor. Sechs Jahre später, am Ende meiner Amtszeit, war eine Neuausrichtung des gesamten Konzernverbundes auf die wichtigen Zukunftsmärkte der Mechatronik, Biotechnologie und Umwelttechnik erfolgt, der Konzernumsatz hatte sich weit mehr als verdoppelt und das kumulative operative Ergebnis (EBIT) im Vergleich zur vorhergehenden Sechs-Jahres-Periode sogar mehr als verzehnfacht. Wieder hatte sich das Fragen auch für das Unternehmen eindeutig gelohnt.

Als ich im Jahre 2003 mit 39 Jahren Vorsitzender des Vorstandes der EnBW Energie Baden-Württemberg AG wurde, wusste ich zugegebenermaßen nur sehr wenig über Strom. Also stellte ich wieder Fragen, noch mehr Fragen, und diesmal vielleicht schwierigere Fragen als jemals zuvor. Die erfolgreiche Sanierung des EnBW-Konzerns gelang in kürzester Zeit: Nach einem Milliardenverlust konnte durch erhebliche Kostensenkungen, eine Fokussierung auf das Kerngeschäft sowie eine nachhaltige Professionalisierung der Strukturen und Abläufe innerhalb von nur zwei Jahren ein Milliardengewinn erzielt werden. Und das nicht in D-Mark oder Peseten, sondern in Euro. In den Jahren 2004, 2005 und 2006 wurden bei allen wesentlichen Ertragskennziffern (EBITDA, EBIT, EBT) drei historische Rekordergebnisse in Folge erzielt. Ich verließ das Unternehmen nach drei Rekorddividenden und 15 Rekord-Quartalsergebnissen in Folge, mit einer mehr als halbierten Nettoverschuldung, einer in etwa verdreifachten Eigenkapitalquote und einer zwischenzeitlichen Wertsteigerung um nominal circa 8 Milliarden Euro. Wieder einmal waren meine Fragen und deren Unbequemlichkeit auch dem Unternehmen zugutegekommen.

Fragen lohnt sich. Für das Objekt der Frage immer. Für den Fragenden fast immer, zumindest langfristig. Für den Befragten meistens, es sei denn, er habe etwas zu verbergen oder er lügt. Nichts auf der Welt hat mich so unbeliebt gemacht, wie Fragen zu stellen, die keiner hören wollte, und Antworten zu finden, die niemand kennen mochte.

In meinen annähernd anderthalb Jahrzehnten Erfahrung im Vorstand verschiedener Unternehmen und in meinen inzwischen mehr als 25 Jahren Erfahrung intensiv gelebter Wirtschaftsrealität habe ich Unannehmlichkeiten, Unbequemlichkeiten, Widrigkeiten, Diffamierungen oder Diskreditierungen im Grunde immer genau dann erlebt, wenn ich nicht nur unbequem die richtigen und wichtigen Fragen stellte, sondern dazu auch noch die richtigen, richtig unbequemen Antworten fand. Spätestens dann, wenn es für mich selbst so richtig unbequem wurde, wusste ich stets: Ich war unbequem auf dem richtigen Weg. Denn nichts auf der Welt hat mich auch erfolgreicher gemacht, als die richtig unbequemen Fragen zu finden – und die noch unbequemeren Antworten darauf.

Wenig fragen heißt teuer bezahlen

Zu meinen Studentinnen und Studenten sage ich bekanntermaßen häufig ein wenig scherzhaft und doch zugleich mit dem gebotenen Ernst: Wer als Spitzenmanager Pech hat, wird einfach belogen. Wer Glück hat, dem wird derjenige Teil der Wahrheit berichtet, von dem die anderen meinen, dass man ihn auch in ihrem Interesse besser kennen sollte. Doch so viel Glück, dass einem ungefragt die ganze Wahrheit berichtet wird, hat man in aller Regel leider nicht.

Es kommt also auf das Hinterfragen und auf das Durchschauen an, auch wenn das häufig ein wenig unbequem sein mag. Auf das Stellen der richtigen Fragen zur richtigen oder auch zur falschen

Zeit. Die Finanzmarktkrise hat geradezu mustergültig unter Beweis gestellt, dass die Welt mit großer Bequemlichkeit bis an den Abgrund manövriert wurde, weil die Verantwortlichen allem Anschein nach weder den Mut noch die Fähigkeit hatten, rechtzeitig unbequeme Fragen zu stellen – jene Fragen, ohne deren Beantwortung das Eingehen unüberschaubarer Risiken schlichtweg unverantwortbar war, mit furchtbar unbequemen Folgen obendrein.

Das folgende Beispiel habe ich bereits mehrfach an ganz anderer Stelle außerhalb dieses Buches verwendet, aber wenn es um unbequeme Fragen geht, schadet Wiederholung sicher nicht: Nehmen wir einen fiktiven Aufsichtsrat einer fiktiven deutschen Regionalbank, die im Rahmen der realen Finanzmarktkrise durch bequeme Hypotheken auf nordamerikanische Ramschimmobilien in große Probleme geraten sei. Was hätte diesen Aufsichtsrat eigentlich daran gehindert, dem Vorstand einmal die wirklich nicht sehr unbequeme Frage nach der Aufteilung des Geschäftes und des Geschäftsrisikos auf die verschiedenen Länder zu stellen, in denen die Bank tätig ist?

Nehmen wir in unserem fiktiven Fall an, der Aufsichtsrat habe die Frage tatsächlich gestellt, und nehmen wir weiter an, der Vorstand habe die Antwort ganz einfach nicht gewusst. Was hätte den Aufsichtsrat dann eigentlich daran gehindert, ein ganz bisschen unbequem zu sagen: »Okay. Wir machen eine Aufsichtsratssitzung in ein oder zwei Wochen. Und bis dahin wisst ihr es.«

Nehmen wir weiter an, der fiktive Vorstand wäre nach zwei Wochen gekommen und hätte berichtet, dass 50 Prozent seines Geschäftes in Deutschland stattfänden, 2 Prozent hier, 3 Prozent dort und – gänzlich überraschend – nicht weniger als 45 Prozent in den USA. Was hätte den Aufsichtsrat dieser fiktiven Regionalbank daran gehindert, das überraschend große Engagement in den USA nun etwas unbequemer zu hinterfragen? Was hätte ihn hindern können zu fragen, in welchen Regionen, mit welchen Kunden und bei welchen Produkten man in Nordamerika besonders engagiert sei, und vor allem warum?

Nehmen wir an, der Vorstand hätte auch dies nicht gewusst. Was hätte den Aufsichtsrat daran hindern sollen, daraufhin ziemlich deutlich und unbequem zu sagen: »Okay. Wir machen noch einmal eine Sitzung, wieder in ein oder zwei Wochen. Bis dahin wisst ihr es. Sonst seid ihr nicht mehr da.«

Nehmen wir an, der Vorstand hätte in dieser neuerlichen Sitzung ehrlich berichtet, das Geschäft konzentriere sich auf Ramschimmobilien in denkbar unattraktiven Wohngebieten mit Kunden niedriger oder niedrigster Bonität, mit langjährig Arbeitslosen, dauerhaft Einkommenslosen, zuvor Obdachlosen. Hätte der fiktive Aufsichtsratsvorsitzende nicht spätestens dann einmal ganz unbequem fragen müssen: »Wer vom Vorstand, wer von euch war eigentlich einmal dort?«

Und hätte der Vorstand dann geantwortet: »Niemand von uns«, wäre der Aufsichtsrat dann nicht geradezu verpflichtet gewesen, den gesamten Vorstand kollektiv und konsequent abzuberufen, jetzt und sofort? Auch wenn dies äußerst unbequem gewesen wäre.

Das vorstehende Beispiel ist völlig fiktiv und mag vielleicht ein wenig überzeichnet anmuten. Eines jedoch kann es sehr schön und anschaulich verdeutlichen: Es gibt ein ganz einfaches Managementinstrument, das in jeder nur erdenklichen Lage angewendet werden kann, übrigens nicht nur in der Wirtschaft, sondern auch in Wissenschaft und Politik. Dieses Instrument ist: fragen. Unbequem fragen. Nochmals fragen. So lange fragen, bis man die Dinge begreift und durchdringt.

Man sollte nie etwas tun und entscheiden, das man nicht wirklich versteht. Wenn man wichtige Entscheidungen treffen muss, ist es stets gefährlich, Dinge zu tun, die man nicht richtig kapiert. Das gilt für Finanzprofis ebenso wie für Kleinsparer, für Vorstandsvorsitzende ebenso wie für Regierungschefs, für den Vater der Großfamilie ebenso wie für die alleinerziehende Mutter oder auch ihr frühreifes Kind.

Doch wie sehen Verhaltenskodex und gängiges Verhalten vieler Spitzenentscheider eigentlich wirklich aus? Sieht der Kodex auf der obersten Ebene nicht eher Abnicken, Zigarrerauchen und Rotweintrinken vor? Gilt es nicht als vorbildlich, einfach nett zueinander zu sein? Werden nicht diejenigen, die in Sitzungen kritische Fragen stellen, am Ende als Querulanten hingestellt, die nur unnötig aufhalten und irgendwie stören oder gar lästig sind? Und die eben scheinbar ganz einfach nicht wissen, wie man sich im Kreis der oberen Zehntausend nun einmal benimmt?

»Ich blick nicht mehr durch«

Zunehmende Komplexität und einlullender Nebel sind Probleme, die nicht nur große Unternehmen oder die Politik belasten und teilweise lähmen, sondern unsere Gesellschaft in Summe vor eine große Herausforderung stellen. Wer den Nebel lichten will, muss die Komplexität beherrschen und beherrschbar machen. Man kann die Komplexität bekämpfen, reduzieren oder zerlegen. Aber vor allem verstehen muss man sie dafür zunächst.

Das Verstehen setzt aber Fragen voraus und Antworten, Anregungen oder Kritik, jedenfalls eine offene Kommunikation. Eine solche pflegte ich in meinen verschiedenen Vorstandspositionen jeweils unter Berücksichtigung der jeweiligen Situation. Während meiner Zeit an der Spitze des Energieversorgers EnBW beispielsweise hielt ich – auch dies ist bereits öffentlich bekannt –

unter dem Titel »Vor Ort bei Claassen« in unregelmäßigen Abständen Treffen mit beliebig zusammengestellten Mitarbeiterinnen und Mitarbeitern aus den unterschiedlichsten Funktionsbereichen des Konzerns ab. Die Teilnehmerinnen und Teilnehmer, die auch aus ganz unterschiedlichen Gesellschaften oder Hierarchieebenen kamen, hatten dabei die Gelegenheit, sich einmal aus erster Hand über die für sie wichtigsten Themen zu informieren, einmal direkt beim Chef ihre eigenen Anregungen für Verbesserungen vorzutragen – oder auch jegliche bequeme oder unbequeme Frage zu stellen, die ihnen vielleicht schon lange bedeutsam erschien.

Bei dem allerersten solchen Treffen merkte eine Mitarbeiterin an, der Konzern sei inzwischen so unübersichtlich geworden, dass sie oft nicht mehr richtig durchblicke, wer überhaupt zu bestimmten Themen die richtigen Ansprechpartner seien. Diese – zutreffende – kritische Bemerkung war für mich ein Aha-Erlebnis. Sie war Ausgangspunkt zu meiner Erkenntnis, dass eines der größten Probleme des inzwischen weitverzweigten Konzerns offenbar seine außerordentlich hohe Komplexität war. Das war eine unbequeme Wahrheit, die zu kennen jedoch ungemein wichtig war.

Wenn schon einzelne Mitarbeiterinnen oder Mitarbeiter nicht mehr genau wussten, wer ihre relevanten Ansprechpartner waren, dann stimmte vermutlich irgendetwas nicht. Offenbar mussten die Dinge strukturell, ablaufseitig und personell deutlich einfacher werden. Infolgedessen haben wir dann nach entsprechender Analyse die Abläufe vereinfacht, die Hierarchien verflacht und auch den Konzern als Ganzen in wesentlichen Teilen reorganisiert.

Am Ende dieses Komplexitätssenkungsprogrammes waren – es war schon die Rede davon – mehr als 150 Tochterunternehmen bzw. Beteiligungen verkauft, fusioniert, in Partnerschaften eingebracht oder anderweitig entkonsolidiert. Nach Abschluss der Sanierung erzielte der EnBW-Konzern mit einer Belegschaft von circa 20.000 Menschen etwa 30 Prozent mehr Umsatz als zuvor mit circa 46.000 Mitarbeiterinnen und Mitarbeitern, und zwar ausdrücklich ohne betriebsbedingte Kündigungen. Wesentliche Konzernteile außerhalb des Kerngeschäftes der Energie waren an neue Eigentümer verkauft worden, zu denen sie geschäftlich besser passten. Und im Kerngeschäft liefen die Dinge besser als zuvor. Damit hatten Unternehmen und Belegschaft profitiert. Letztlich war das alles auch auf den Beitrag der Mitarbeiterin zurückzuführen, die den Mut hatte zu sagen: »Ich blick nicht mehr durch.« Sie hatte sich um das Unternehmen und um die Belegschaft verdient gemacht.

Wie Komplexität uns alle überfordert

»Ich blick nicht mehr durch.« Das, was die Mitarbeiterin in der Mittagsrunde gesagt hatte, hat viele Aspekte. Den Mut zu einer unbequemen Äußerung. Den wichtigen Beitrag zu einem erfolgreichen Programm. Den Ablauf von sorgfältiger Analyse, klarer Diagnose (zu viel Komplexität) und notwendiger Therapie (nämlich der Reduktion dieser Komplexität). Und die mutige Aussage der tüchtigen Mitarbeiterin beleuchtet zudem in fast schon programmatischer Weise den Zustand unserer Gesellschaft insgesamt: einer Gesellschaft, die nicht mehr durchblickt und in der der oder die Einzelne oftmals gar nicht mehr durchblicken kann.

Die exponentiell zunehmende Komplexität in der Welt von Bits und Bytes, von Europäisierung und Globalisierung, von grenzenloser Mobilität und Internet ist wahrscheinlich das Megathema des 21. Jahrhunderts. Die Folge für den Bürger ist klar:

das »Umherlaufen«, ja vielleicht sogar das »Schwimmen«, »Schlingern« oder gar »Verirren« in einer Situation, in der wir immer weniger wissen, immer weniger vertrauen und (uns und unser Schicksal) zugleich immer mehr (anderen) anvertrauen. Und das, obgleich wir doch eigentlich wissen, dass die, denen wir unser Schicksal anvertrauen, es (auch) nicht können. Ja, dass sie nicht einmal die erforderlichen Fragen stellen.

Und in der Tat scheinen alle wesentlichen Akteure von der Komplexität überfordert: Politiker und Manager, Investoren und Banker, auch Journalisten und Wissenschaftler und mitunter sogar Aufsichtsbehörden und die Justiz. Ein schönes Beispiel für die Überforderung wirtschaftlicher Eliten liefern die Komplexität und die Irrationalität der Finanzmärkte: Kein (noch so böser) Investmentbanker der Welt hat die Finanzmarktkrise als solche gewollt oder hätte sie je wollen können, kein (noch so angesehener und noch so wohl informierter) Topbanker der Welt wäre oder ist realistisch in der Lage, irgendwelche auch nur halbwegs verlässlichen Zukunftsprognosen etwa über die Zukunft des Euro oder der Staatsschuldenkrise zu stellen. Kein Volkswirt der Welt kann garantieren, dass oder ob der Euro in zehn Jahren noch existiert oder wir dann in Rubel, Dollar oder Yuan oder vielleicht sogar alternativ in »Globo« oder »Zechin« bezahlen, um die interessanten Begriffsfindungen eines kreativen Unternehmensberaters und eines seriösen Landrichters zu verwenden. Doch zu diesen potenziellen Währungen der Zukunft später noch mehr!

Die Politik hat die Krise nicht verhindert, sondern vielmehr letztlich forciert. Im Risikomanagement der betroffenen Manager hat es ebenfalls nicht nur ein wenig gehakt, sondern es hat vielfach gar nicht funktioniert und eigentlich sogar kläglich versagt. Viele Investoren haben Risiken nicht richtig erkannt. Die Presse hat die Probleme ebenfalls erst recht spät thematisiert.

Auch der Mainstream der Wissenschaft hat auf kritische Stimmen erst zu spät gehört. Und wo das Böse handelt, kommt der Rechtsstaat ebenfalls vielfach zu spät.

Demokratieverführung nach Feierabend?

Die enorme Komplexität überfordert uns also alle, und naturgemäß am allermeisten die Politik. Dies kann nicht überraschen, da das Gesamtsystem »Staat« noch sehr viel komplexer ist als etwa das System »Unternehmen«, das System »Bank« oder auch das System »Gericht«. Zudem ist die Politik vergleichsweise weniger gut auf diese Komplexität vorbereitet und für die Beherrschung der Komplexität ausgebildet. Dabei geht es hier ausdrücklich nicht um eine Politikerschelte, sondern um eine faktische Beschreibung der Situation einer hoch entwickelten Mediendemokratie. Wer als Politiker in einer abendlichen Talkshow einräumen muss, mit nächtlichen Initiativen aus Brüssel allein schon sprachlich überfordert zu sein, wird tagsüber die konkreten Probleme seines Landes ebenso wenig lösen können wie die großen Probleme dieser Welt.

Die Komplexität ist nicht nur auf Mega- oder Metaebene deutlich zu groß geworden. Selbst einzelne Projekte innerhalb des großen Gesamtsystems sind offensichtlich nicht mehr beherrschbar, jedenfalls für die Handelnden. Die Beispiele reichen wie gezeigt vom Hauptstadtflughafen Berlins bis hin zur Hamburger Elbphilharmonie. Die Protagonisten, denen man das Übermaß an Komplexität an sich im Grunde gar nicht vorwerfen kann, bemühen sich aber oftmals gar nicht mehr, die Komplexität zu durchdringen und zu beherrschen. Sie versuchen vielmehr, von den Problemen – und vor allem auch von ihren eigenen Problemen – abzulenken und »Nebelkerzen« zu werfen. Dadurch wird die Intransparenz für die Bürger und Wähler noch größer, und ihre Ratlosigkeit dazu natürlich auch.

Zudem steigen in einer solchen Situation die Anreize für und die Risiken von Missbrauch von Macht und Position weiter an. Die Protagonisten der Politik überdecken durch ihre (scheinbare) Eloquenz ihre (offenkundige) Sprachlosigkeit: die Talkshow-Demokratie mit dem 20-Sekunden-Statement als Antwort auf komplexeste Probleme von größter Tragweite. Können Antworten auf nicht gestellte Fragen wirklich ein Ersatz sein für Fragen ohne Antwort? Ist alles wirklich nur ein großer Spaß?

Demokratieverführung oder verführerische Demokratie? Ist es das, was wir wollen? Wenn wir wirklich nicht mehr durchblicken, weil uns die Komplexität tatsächlich überfordert, dann hilft es nur noch, Fragen zu stellen. Doch Mediendemokratie nach 20:00 Uhr heißt nicht selten: Beliebigkeit, Belanglosigkeit, Mangel an Durchdringung. Bloß keine zu komplexen Fragen, und schon gar nicht zu lange Antworten darauf. Plakative Oberflächlichkeit als Handlungsmaxime. Dann kommen die Nachrichten. »Drusische Milizen überfallen Konvoi im Libanon« – was sagt uns das eigentlich, was heißt das überhaupt? Wer stellt die Frage, was eine drusische Miliz ist, und wer gibt uns die Antwort darauf?

Nebelkerzenland

Europa steht vor dem und kämpft mit aller Kraft gegen den Zusammenbruch. Aber die dahinterstehenden Themen sind höchst komplex, und die allermeisten von uns blicken nicht mehr durch. Wie einfach und schön ist es doch da für uns alle – Politiker, Wähler oder Talkshow-Moderatoren – polarisierende Einzelthemen wie Frauenquote, Schwulenehe oder Reichensteuer herauszugreifen und zu Megathemen hochzustilisieren. Die versteht (scheinbar) jeder, da kann jeder was zu sagen, dazu hat jeder eine Meinung (und/oder ein Interesse). Aber können Frauenquote und Schwulenehe – bei aller Bedeutung der dahinterstehenden Grundsatzfragen – wirklich allen Ernstes *so* wichtig sein wie die Themen, die die Existenz und Zukunft eines ganzen Kontinents betreffen?

Das Wesentliche ist nicht mehr im Fokus. Doch was ist wesentlich? Worum geht es wirklich? Um nur zwei Themen zu nennen: Erstens: Schulden! Ohne eine grundlegende, durchgreifende Sanierung der staatlichen Finanzen in Deutschland und in Europa wird unsere Währung nicht halten, und wir hinterlassen unseren Kindern ein Erbe, das sie nicht abtragen können. Zweitens: Energiewende! So, wie die Energiewende bei uns bisher umgesetzt wird, lässt sich die Elektromobilität nicht in großem Maße umsetzen, lassen sich die CO_2-Emissionen nicht zügig reduzieren, die Strompreise werden steigen, und die geostrategischen Abhängigkeiten auch – für uns und noch für Generationen danach.

Unsere Schulden und die aktuelle Energiewende sind zwei Themen, die uns wirklich in den Abgrund reißen können – wenn nicht anders gesteuert wird. Frieden und Krieg können im Extremfall davon abhängen, ob an den Themen der Staatsfinanzen und der Energieversorgung vernünftig und zukunftsorientiert gearbeitet wird. Bürgerbeteiligung, Kinderbetreuung, Mindestlohn und Integration sind alles wichtige Themen, sehr wichtige sogar. Doch ohne sicheres Geld ist der Lohn nur wenig wert, und ohne sichere Energie haben unsere Kinder nur wenig Zukunft.

Und wir sind desorientiert. Was wirklich gilt, weiß kaum noch jemand, so sieht jedenfalls häufig das Ergebnis ernsthafter Nachfrage aus. Und diese Entwicklung scheint zum Teil gewollt zu sein. Der Staat weiß in der Cyberwelt (fast) alles über seine Bürger (und andere Staaten wissen oftmals noch viel mehr!). Doch der Bürger weiß (fast) nichts und zunehmend noch immer weniger über seinen Staat (und dessen Wissen). Das Verhältnis zwischen dem Volk als Souverän und seinem Staat als Diener wird so faktisch auf den Kopf gestellt. »Es fehlt nur noch der Schießbefehl, dann ist es wieder wie in der DDR«, sagte vor Kurzem ein vor dem Mauerfall in den neuen Bundesländern geborener Bekannter mit besorgter Stimme zu mir. Dies hat mir sehr zu denken gegeben.

In unserer Multioptionsgesellschaft fehlen uns zunehmend die Deutungsmöglichkeiten. Und im Sommer 2013 wurden wir noch weiter desorientiert: Der Wahlkampf trieb die Entwicklung weiter voran. Spitzenkandidaten stehen im Wahlkampf generell eher zweimal für die halbe Wahrheit, die zusammen beileibe nicht die ganze Wahrheit ergeben muss, ja oft nicht einmal ergeben kann.

Wirklich interessant ist in aller Regel, was uns die Kandidaten nicht sagen und wonach sie uns niemals fragen. Das sind die wahren komplexen Zusammenhänge hinter den wichtigen Themen, um die es wirklich geht. Stabile Preise, sicheres Geld, eine lebendige Wirtschaft. Ein Leben mit Würde und Arbeit, echte Chancengleichheit und Chancen noch für die kommende Generation. Dazu wirkliche Bildungsanstrengungen, bei denen man weder reich noch spitze sein muss, um sein Recht und eine vernünftige Zukunft zu bekommen. Wir müssen gewichten. Aber vorher müssen wir dazu in die Lage versetzt werden, gewichten zu können. Gewichten zu können, deuten zu können, urteilen zu können.

Doch in der Realität wird die öffentliche Meinung dekonstruiert, im Wahlkampf sogar in besonderem Maße. Und mit ihr die Fundamente der Demokratie. Vernebelung wird im Wahlkampf zum System, und das Land zum *Nebelkerzenland*. Das

Normale wird als Absurdität und das Absurde als Normalität hingestellt. Gezielt, systematisch, geschickt.

Nun muss der Nebel wieder gelichtet werden. Soweit das überhaupt noch geht. Doch eines ist klar: Wo Vernebelung zum System wird, hilft nur noch, Fragen zu stellen. Das gilt für dubiose Wahlkampf- ebenso wie für blumige Werbeversprechen, für das vollmundige Partei- oder Wahlprogramm ebenso wie für die hochtrabende Unternehmensmeldung oder auch den verlockenden Anleiheprospekt.

Luxusprobleme und Dekadenz

Nicht nur als Individuen, auch als Gesellschaft müssen wir wieder lernen, Fragen zu stellen – gerade auch die, die unerwünscht sind, und die, die gar niemand hören will. Und wir müssen uns vor allem auch trauen – allein und im Kollektiv –, diese richtigen und wichtigen Fragen zu stellen, und sei dies auch noch so unbequem. Die richtigen Fragen sind ohnehin häufig auch die wirklich richtig unbequemen.

Der Konflikt zwischen dem Opportunen und dem Notwendigen, Erforderlichen stellt in der Tat das Kernproblem unserer Demokratie schlechthin dar, noch dazu in einer Mediendemokratie, in der nicht nur die Politik, sondern auch die Medien selbst sich möglichst gut verkaufen wollen. Der Umgang mit der Agenda 2010 ist ein Paradebeispiel dafür, dass die politisch Verantwortlichen ebenso wie ihre Wähler oftmals nicht aus dem Erfolg und von den Erfolgreichen lernen wollen, sondern sich aus Angst vor zu viel Unbequemlichkeit stattdessen in das Gegenteil dessen flüchten, das doch so offensichtlich richtig und erforderlich ist. Am deutlichsten wird dies in unserer Gesellschaft stets in den zwölf Monaten vor einer Bundestagswahl, in denen das Ver-

teilen von Wohltaten ebenso wie das Verschweigen demografi-
scher Wahrheiten parteiübergreifend Hochkonjunktur hat.

Es entspricht nicht dem Höchstmaß, sondern allenfalls dem
Mindestmaß an Anstand und Unbequemlichkeit, einen angemessenen Umgang mit der Wahrheit zu pflegen. Wir müssen
schon noch bereit sein, ein paar Wahrheiten und auch ein paar
natürliche Gegebenheiten als Fakten zu respektieren und uns
dazu auch ein paar kritische Fragen anzuhören. Zu solchen offenbar unliebsamen Fakten gehört etwa auch, dass – wie die
hochintelligente und attraktive parlamentarische Staatssekre-
tärin Katherina Reiche Anfang des Jahres 2013 in der Talkshow
von Günther Jauch zu bester Sonntagabendzeit mutig, unbequem und gegen teilweise recht grenzwertige Kritik sinngemäß
äußerte – mit heutigen natürlichen Mitteln und nach derzeiti-
gem Kenntnisstand nur ein Mann und eine Frau gemeinsam ein
Kind zeugen können. Wie wahrlich unbequem. Wie unbequem
wahr. Im Internet wurde danach sogar ein Aufruf veröffentlicht,
Frau Reiche sofort das Recht zur Kindererziehung zu entziehen.

Doch auch die stinknormale, mittlerweile in der Wahrnehmung
einzelner fast zur degenerierten Spießigkeit verkommene Ehe hat
offensichtlich schon noch ihren Reiz und ihre Besonderheiten –
auch wenn es dem Hang zum Bequemen offenbar inzwischen
widerspricht, Derartiges öffentlich kundzutun. Unbequemlichkeit scheint im vorgenannten Sinne mittlerweile sogar zu einer
gewissen Grundvoraussetzung dafür zu werden, das Überleben
schlechthin sicherzustellen. Welch stärkeres Indiz für die Bedeutung des Unbequemen könnte es überhaupt noch geben? Ist der
Beweis nun endlich erbracht?

Glauben wir allen Ernstes, Caesar hätte seine großen Erfolge
feiern können, wenn er sich gleichzeitig auch noch um Themen
wie die Frauenquote gekümmert hätte? Würde irgendjemand
behaupten, Napoleon hätte Europa und der in Hollywoods Bil-

dern bisexuelle Alexander die Welt verändern können, wenn sie ihre Zeit vorrangig der Diskussion über die Schwulenehe oder die Schwulensukzessivadoption gewidmet hätten? Die Epoche des Bequemen und der Bequemlichkeit manifestiert sich allein schon in den Luxusthemen, mit denen wir uns in einer Ära befassen, in der der Kontinent und seine Währung vor dem Zusammenbruch stehen – und möglicherweise mit ihnen unser höchstens Gemeingut, die Demokratie.

Doch anders als zu Zeiten Caesars (dem Wiederholungen ohnehin nicht gefielen) wollen Politiker heute (immer wieder) gelobt werden, die Demoskopie (mit ihren immer wiederkehrenden Erkenntnissen) ist inzwischen wichtiger als der Respekt. Und all das, was gute Umfragewerte gefährdet, wird verdeckt, verkleistert, wegdiskutiert und versteckt.

Von den existenziellen Problemen wird gezielt abgelenkt. Frauenquote oder Homo-Ehe, Pkw-Maut und Veggie-Day sind doch viel interessantere, scheinbar zukunftsweisendere Themen als die Analyse etwa der Frage, wie und ob Europas Finanzen jemals saniert werden können und wer eigentlich die 1000 Milliarden Euro zur Finanzierung der Energiewende aufbringen soll. Wir leben eben inzwischen im Nebelkerzenland der modernen Mediendemokratie, in der die diffuse Berieselung und das Oberflächliche im permanenten Wettstreit allenfalls noch mit der gezielten Ablenkung zu stehen scheinen.

Trash und Talk, Brot und Spiele. Rom ist immer noch überall. Und alle Wege führen noch immer dorthin. Ein zerstückelter und verfütterter Spieler und ein geköpfter und gevierteilter Fußballschiedsrichter im Brasilien des Vor-WM-Jahres 2013, dessen aufgespießter Kopf auf einem Stock in der Mittellinie prangt, belegen, wie eng Antike, Mittelalter und Gegenwart miteinander verbunden sind. Das düstere Mittelalter ganz aktuell und digital in grellen Farben auf Smartphone-Video.

Böte ein anonymer Pay-TV-Sender einen Schwergewichts-
boxkampf live nicht über 12 oder 15 Runden, sondern bis zum
Tode des Verlierers an, die Quoten wären vermutlich phä-
nomenal. Und würden nicht die Gesetze dem entgegenstehen,
wären Gladiatorenschulen wieder ein Wachstumsmarkt. Die Gesellschaft zeigt Erscheinungen des Zerfalls. Und wir schwelgen
im medial-digitalen Luxus in Zeiten des Niedergangs. Das ist –
mit Verlaub – im Grunde nicht nur furchtbar bequem, sondern
sogar ziemlich dekadent.

Schwulenehe und Homo-Sukzessivadoption

Gerade Alexander der Große, vielleicht der Größte von allen, ist
im Übrigen ein geradezu monumentales Beispiel dafür, dass die
Konzentration auf eine große wirklich zukunftsweisende Vision
nicht durch Tausende kleiner Randthemen zerbröselt werden
darf. Alexander hat schon vor mehr als 2300 Jahren bewiesen,
dass vor allem der Mut zur maximalen Unbequemlichkeit gegenüber anderen wie auch gegenüber sich selbst und der Wunsch
nach einer neuen vernetzten, Grenzen überwindenden und vor
allem auch toleranten Welt keinesfalls im Widerspruch zueinander stehen. Im Gegenteil: Sie bedingen sich vielmehr wechselseitig. Heute hingegen scheinen wir mit dem entgegengesetzten
Paradigma zu leben: mit der Vorstellung nämlich, Toleranz zeige
sich zuallererst im Weichgespülten.

Toleranz, Chancengleichheit und vollständige Gleichberechtigung für alle friedlichen und verfassungskonformen Minderheiten jeglicher Art – ob ethnisch, religiös, politisch oder sexuell – sind ein absolutes Muss für jede Gesellschaft und jeden
Staat. Daran kann und darf niemals auch nur der geringste Zweifel bestehen. Aber zwei Fragen müssen erlaubt sein: die nach der

relativen Priorität unserer Themen und auch jene nach den Grenzen zwischen vollständiger Gleichberechtigung und artifizieller Gleichheitssuche.

Um es ganz deutlich zu sagen: Ich bin ausdrücklich dafür, *dass* gerade auch solche vermeintlich unbequemen Themen, die vielleicht nicht für die gesamte Gesellschaft durchgängig gleich wichtig sind, angemessen und ernsthaft diskutiert und behandelt werden. Und ich bin überhaupt kein Gegner der Schwulenehe. Aber ich frage mich, ob es sinnvoll ist, einzelne Themen derart zu *überhöhen*, dass von den für die Gesamtgesellschaft existenziellen Fragen letztlich abgelenkt wird.

Sind Frauenquote, Homo-Ehe, Schwulenadoption oder die »Sukzessivadoption homosexueller Paare« wirklich *noch wichtigere* gesellschaftliche Themen als die Frage der Rechtsstaatlichkeit der europäischen Bankenrettung oder die Frage nach Schuldenabbau und Innovationsförderung? Ist die Schwulenehe ebenso wichtig wie die Rettung unserer Währung und ist die Schwulenadoption wirklich so bedeutsam wie die Sicherung unserer Demokratie? Oder wie die Ausbildung unserer Kinder?

Und kann man wirklich gleichmachen, was weder vom Schöpfer noch von der Biologie als völlig gleich definiert wurde? Lag Katherina Reiche mit ihrer Vorstellung von Zeugung wirklich so völlig falsch? Das Grundgesetz spreche in Artikel 6 nicht von Mutter und Vater, sondern von »geschlechtlich nicht spezifizierten Eltern«. Das sagt uns nicht irgendein Schwulenverband oder irgendeine Lesbeninitiative, sondern unser allerhöchstes und allerwichtigstes über alle Maßen respektiertes Gericht. Sicher zu Recht. Auch »eine aus gleichgeschlechtlichen Lebenspartnern und einem Kind bestehende, dauerhaft angelegte, sozial-familiäre Gemeinschaft« sei »eine Familie im verfassungsrechtlichen Sinne«. Dies gelte auch dann, wenn die »rechtliche Elternschaft nur im Verhältnis zu einem Partner begründet« sei.

Anders als *WELT KOMPAKT*-Kommentator Sebastian Jost in ganz anderem Zusammenhang würde ich ausdrücklich nicht so weit gehen wollen zu sagen, das Bundesverfassungsgericht habe, »bei allem Respekt, gewisse Gemeinsamkeiten mit dem Münchener Oktoberfest.« Nein, so unbequem ist dieses Buch nun auch wieder nicht. Doch zumindest Zitieren der Verfassungsrichter muss erlaubt sein. Und zwar differenziert: »Es gibt keine Anzeichen dafür, dass eingetragene Lebenspartner ihre Elternrechte gegenüber einem gemeinsamen Kind weniger einvernehmlich ausüben könnten als Ehepartner.« Dies ist sicherlich wahr. Hier haben die Verfassungsrichter zweifelsfrei recht.

Auch der vorstehend zitierte Satz steht – als Schlusssatz von Randnummer 76 – im bereits im vorletzten Absatz zitierten Urteil des Ersten Senats des Bundesverfassungsgerichtes vom 19. Februar 2013 mit den Aktenzeichen 1 BvL 1/11 und 1 BvR 3247/09. In Randnummer 81 stellen die Verfassungsrichter sodann wörtlich fest, der Gesetzgeber *fördere* »das Zusammenleben des Kindes mit seinem Adoptivelternteil und dessen eingetragenem Lebenspartner.«

Heißt akzeptieren immer auch fördern? Ist Förderung dasselbe wie Toleranz? Will das Bundesverfassungsgericht – die wohl wichtigste Institution unseres Rechtsstaates überhaupt – mir wirklich allen Ernstes erklären, dass es in letzter Konsequenz im Grunde dasselbe sei, ob unsere kleine Tochter bei meiner Frau und mir aufwächst oder (in Anlehnung an eine eigene Begrifflichkeit des Bundesverfassungsgerichtes) bei zwei gleichgeschlechtlichen »geschlechtlich nicht spezifizierten Elternteilen in einer sozial-familiären Gemeinschaft«?

Und heißt wirkliche Toleranz und vollständige Akzeptanz automatisch, dass Homosexualität – wie von einzelnen namhaften Politikern bereits angedacht – »Pflichtstoff« in den Bildungsplänen weiterführender Schulen werden muss, etwa in den

Textaufgaben der Mathematik? Ist ein Detailverständnis von Homosexualität wichtiger als ein Grundverständnis für Ökonomie? Wollen wir in Sexualkunde der Welt bequem und grandios enteilen, um in unbequemen Fächern wie Mathematik oder in der Datenverarbeitung unaufhaltbar und unaufholbar hinter die Chinesen und Koreaner zurückzufallen?

Zwei meiner besten und wertvollsten Freunde sind schwul und leben in fantastischen Partnerschaften. Sie verdienen das Glück einer Ehe genauso wie meine Frau und ich. Bei einem davon werde ich im November Trauzeuge seiner von ihm selbst so benannten »Verpartnerung beim Standesamt« sein. Und ich fühle mich von diesem großen Beweis von Vertrauen und Freundschaft nicht nur sehr geehrt, sondern auch zutiefst positiv berührt. Im Grunde geradezu gerührt.

Aber hat eine Gesellschaft, in der die Schwulenehe *mehr* diskutiert wird als die Politikerhaftung und in der der wahre Zustand der Währung *stärker* tabuisiert wird als die Homo-Sukzessivadoption, nicht ein echtes Problem? Diese Frage mag unerwünscht sein. Doch illegitim ist sie ganz sicher nicht.

Dabei sei eines sehr deutlich gesagt: Liebe ist auf dieser Welt das allerhöchste Gut. Der einzige Weg zur Überwindung der Ich-Einsamkeit. Die Basis der allerhöchsten Harmonie. Für Menschen, zwischen Menschen. Schwule oder lesbische Liebe können nicht weniger wert sein als die Liebe zwischen Mann und Frau. Doch schwul oder lesbisch zu lieben ist in unserer Gesellschaft noch immer unbequem. Wer schwule oder lesbische Liebe lebt, nimmt Unbequemlichkeit in Kauf. Das allein verdient höchsten Respekt. Und rechtlichen Schutz.

11. SEI KONSEQUENT, AUCH ZU EINEM HOHEN PREIS

Zwei Dinge, die damals vielleicht niemand verstand und heute wohl jeder verstehen dürfte, sind meine Entscheidung aus dem Jahre 2007, für eine Verlängerung meines Vertrages als Vorstandsvorsitzender der EnBW Energie Baden-Württemberg AG nicht zur Verfügung zu stehen, und mein Entschluss aus dem Jahr 2010, mein Amt als Vorstandsvorsitzender der Solar Millennium AG niederzulegen und mein Dienstverhältnis mit sofortiger Wirkung zu kündigen.

Zur ersten Entscheidung ist alles wirklich Relevante in diesem Buch bereits an anderer Stelle gesagt. Im Jahre 2007 konnte vielleicht niemand richtig nachvollziehen, dass und warum jemand ein so interessantes, prestigeträchtiges und hoch dotiertes Amt wie das des EnBW-Konzernchefs mit Verantwortung für Multimilliardenumsätze und zigtausend Mitarbeiterinnen und Mitarbeiter, noch dazu mit permanentem Kontakt zur hohen und höchsten Politik in Berlin, Brüssel und anderswo, nicht über die zunächst vereinbarte Vertragsdauer hinaus würde bekleiden wollen. Manche Beobachter dachten sogar fälschlicherweise, ich sei zu dieser Entscheidung gedrängt worden oder hätte bei der EnBW keine Zukunft mehr für mich gesehen. Eine mir sehr wohlgesonnene Berliner Spitzenpolitikerin fragte mich schier fassungslos, wie man denn freiwillig auf eine so herausragende

Position an der Spitze eines großen Konzerns verzichten könne, nach der sich so viele andere inständig sehnen würden, ohne sie je zu erreichen.

Wohl nur wenige hätten so wie ich beim Spielen im Sandkasten mit der kleinen Tochter einen so konsequenten, unbequemen und weitreichenden Entschluss gefasst. Doch mir wurde schlagartig klar, dass meine Verantwortung für meine Tochter bedeutsamer war als die Teilnahme an scheinbar glanzvollen Energiegipfeln im Kanzleramt, deren wirkliche Ergebnisse doch trotz Kamerabegleitung und Blitzlichtgewitter stets mehr als überschaubar waren. Und wer würde wirklich bestreiten wollen, dass der Diskurs mit einem neugierigen und an allem Neuen wirklich interessierten Kleinkind ganz generell deutlich spannender und im Einzelfall auch etwas niveauvoller sein kann als schier endlose Argumentationsschleifen in mitunter nicht enden wollenden Gremiensitzungen, deren Teilnehmer gemeinhin auch nicht immer zwingend den Eindruck vermitteln müssen, an wirklichem Fortschritt und echter Innovation ganz vorrangig interessiert zu sein?

Noch weniger als die Nichtverlängerung meines Vorstandsvertrages bei der EnBW auf meinen eigenen Wunsch hin verstand die Öffentlichkeit meinen zweiten vorstehend genannten Beschluss, jenen nämlich aus dem Jahr 2010, mein Amt als Vorstandsvorsitzender einer im Bereich der Solarwirtschaft tätigen Aktiengesellschaft nach nur 74 Tagen im Amt niederzulegen und mein Dienstverhältnis mit sofortiger Wirkung zu kündigen. Dass auch diesen Beschluss, der für mich im Gegensatz zur öffentlichen Wahrnehmung übrigens ganz erhebliche finanzielle Nachteile mit sich brachte, nicht jeder nachvollziehen konnte, hing ganz entscheidend damit zusammen, dass ich mich trotz eines zweifelsfrei gegebenen berechtigten Interesses zur Darlegung meiner Kündigungsgründe medial äußerst zurückhielt, und dies obwohl in der Presse zum Teil gezielt und von Dritten lanciert infame Unwahrheiten verbreitet wurden. Ich maß der aktienrechtlichen Schweigepflicht und der strikten Loyalität gegenüber dem Unternehmen, seiner Belegschaft und seinen vertrauensvollen Anlegern ganz einfach eine höhere Priorität und Bedeutung bei als meinen eigenen persönlichen Interessen. Ich nahm für mich Nachteile in Kauf, um anderen nicht zu schaden. Das hat mir selbst sehr geschadet, und es war dennoch richtig. Ebenso wie mein Entschluss zur Amtsniederlegung an sich.

Zu diesem Entschluss hat der etwa zwei Jahre nach meinem Ausscheiden infolge später eingetretener Entwicklungen bestellte Insolvenzverwalter der Solar Millennium AG inzwischen im Grunde alles gesagt, was zu sagen war: Am 8. April 2013 erschien auf der Homepage der Solar Millennium AG eine Pressemeldung über den zwischen dem Insolvenzverwalter Volker Böhm und mir zuvor geschlossenen Vergleich. In dieser Pressemeldung hieß es unter anderem: »*Böhm hatte eine ausführliche Prüfung des Sachverhalts vorgenommen und war zu dem Ergebnis gekommen, dass Claassens Kündigung begründet und rechtmäßig war ...*« Wohlgemerkt: Meine Kündigung war nicht nur rechtmäßig, sondern auch ausdrücklich begründet. Ich hatte gute Gründe dafür. Ich hatte schlichtweg professionell, korrekt und rechtmäßig gehandelt.

Die *Süddeutsche Zeitung* vom 9. April 2013 kommentierte den entsprechenden Inhalt der genannten Pressemeldung mit den Worten: »*Das ist eine schallende Ohrfeige gegen die früheren Macher bei Solar Millennium, die Claassens Kündigung als unrechtmäßig dargestellt hatten.*« Darüber hinaus hieß es in der Pressemeldung des Insolvenzverwalters vom 8. April 2013 auch: »*Weitergehend haben sich die Parteien im Rahmen des Vergleichs darauf verständigt, dass Claassen den Insolvenzverwalter bei Bedarf umfassend bei der möglichen Geltendmachung etwaiger*

Schadensersatzansprüche der Masse gegenüber ehemaligen Aufsichtsratsmitgliedern der Solar Millennium AG unterstützen wird.« Ein weitergehender Kommentar dazu erübrigt sich.

Begründete und rechtmäßige Kündigung, aussichtsloser Rechtsstreit

Im Schlussabsatz der zitierten Pressemeldung stellte der Insolvenzverwalter dann noch wörtlich fest: *»Bei realistischer Einschätzung bestand keine Aussicht, den Rechtsstreit zu gewinnen.*« Dieser an Deutlichkeit nicht mehr zu überbietenden Feststellung ist nichts, aber auch gar nichts hinzuzufügen. Wann in der deutschen Wirtschaftsgeschichte hat man wohl jemals zuvor ein offizielles Eingeständnis gefunden, dass eine Aktiengesellschaft einen aussichtslosen Rechtsstreit geführt hatte?

Mein Vertrag war also völlig in Ordnung. Meine Kündigung war rechtmäßig und begründet. Und meine Klage begründet und schlüssig. In allen drei entscheidenden Punkten war alles, was drei Jahre lang an Kritik, Unverständnis bis hin zur Grenze der Verleumdung über mich hereingebrochen war, offenkundig haltlos und ohne jede Substanz. Doch ich hielt es aus. Weil ich wusste, nicht nur rechtmäßig und korrekt, sondern auch verantwortungsvoll und professionell gehandelt zu haben. Jederzeit.

Sei konsequent, auch zu einem hohen Preis! Das hatte ich zu mir schon immer gesagt. Davon ließ ich mich stets leiten. Auch am 15. März 2010, als ich zu der Bewertung kam, dass es für mich weder zumutbar noch verantwortbar sei, meine Tätigkeit für Solar Millennium fortzusetzen. Nicht mehr für einen Monat, nicht mehr für eine Woche, und nicht einmal mehr für einen einzigen Tag.

Ich würde niemals etwas tun, das ich mit meinem Gewissen und mit meinen Werten nicht vereinbaren kann. Eher würde ich zum eigenen Nachteil handeln, den Verlust meiner Position in Kauf nehmen und den Verlust eines attraktiven Einkommens noch dazu. Ich war konsequent, zu einem hohen Preis. Aber die Geschichte hat gezeigt, dass ich richtig lag. Und konsequent richtig zu liegen, kann so falsch nicht sein.

WM in Deutschland, Exotik in Karlsruhe

Doch die tragende Erfahrung meines Lebens im Hinblick darauf, dass man niemals einen Kuchen backen darf, sondern konsequent sein muss, notfalls auch zu einem hohen Preis, sollte ich weder in der Politik noch in der Wirtschaft machen, sondern vielmehr mit einer Staatsanwaltschaft und auf der Anklagebank. Vor dem Landgericht Karlsruhe in der sogenannten »WM-Ticket-Affäre«, die eine wirkliche Affäre niemals war.

Die Staatsanwaltschaft Karlsruhe warf mir, wie presseöffentlich bekannt ist, vor, als Vorsitzender des Vorstandes der EnBW Energie Baden-Württemberg AG sechs Mitglieder der Landesregierung Baden-Württembergs und einen Staatssekretär der Bundesregierung zu je einem Spiel der Fußballweltmeisterschaft 2006 eingeladen zu haben. Und sie tat dies, obwohl die EnBW bekanntermaßen nationaler Sponsor dieses Großereignisses war, obwohl die Einladungen Teil eines mit der Landesregierung abgestimmten Einladungskonzeptes waren, obwohl es sich ausschließlich um Repräsentationszwecke handeln sollte, obwohl die Minister ohnehin die eigene Landesloge hätten nutzen können, obwohl auch FIFA-Kontingente für VIPs verfügbar waren und obwohl die EnBW insgesamt mehr als 10.000 Gäste hatte, unter denen ein halbes Dutzend hochrangiger öffentlicher

Repräsentanten allenfalls als eine freundliche Geste der Würdigung des EnBW-Engagements für die WM zu verstehen gewesen wären. Und obwohl, wie jeder live am Fernseher sehen konnte, bei fast jedem Spiel jener wunderbaren Fußballweltmeisterschaft ohnehin zahlreiche Spitzenpolitiker dem Sommermärchen im Stadion direkt beiwohnten.

Abgesehen von dem Tag der Geburt meiner Tochter (und abgesehen von einzelnen großen Fußballfesten sowie einzelnen privaten Momenten, deren Darstellung ohnehin nicht in ein öffentlich zugängliches Buch gehört) sollte der Tag der Entscheidung in dieser Angelegenheit der vielleicht schönste Tag meines Lebens werden.

Bei der Urteilsverkündung meines Freispruchs aus sachlichen und aus rechtlichen Gründen sprach der Vorsitzende Richter der 3. Großen Strafkammer des Landgerichtes Karlsruhe mit Blick auf die Staatsanwaltschaft von einem »exotischen Verfahren«, im schriftlichen Urteil attestierte er ihr, »öffentlichkeitswirksam« (!) ein Ermittlungsverfahren gegen mich eingeleitet zu haben, »**nachdem zuvor in der Presse** über die Versendung der WM-Gutscheine berichtet worden war«. Als ich auf der Treppe vor dem Gericht in die Mikrofone und vor den Kameras sprach, sagte ich dazu nur, dass ich zu dieser Staatsanwaltschaft, die hier »grandios gescheitert« sei, nichts mehr sagen wolle. Das sei nicht mehr nötig, der Richter habe bereits alles gesagt.

Der überregional renommierte und äußerst angesehene Stuttgarter Anwalt Brun-Hagen Hennerkes wurde deutlicher. Er sagte gemäß in dem in der *DIE WELT* online veröffentlichten Zitat über das Verfahren wörtlich: »Eine Staatsanwaltschaft, die ein Verfahren mit Steuergeldern betreibt, das von vornherein gegen jedes elementare Gefühl von Anstand und Gerechtigkeitsgefühl verstößt, fügt dem Rechtsstaat schweren Schaden zu.« Das sei »kein normales Staatsverfahren, sondern ein mit öffentlichen

Mitteln finanzierter Racheakt der Staatsanwaltschaft« gewesen. Ich will dies nicht weiter kommentieren.

Vor dem Bundesgerichtshof kam es für die Ermittler dann sogar noch schlimmer: Die Bundesanwaltschaft, die die Revision der Generalstaatsanwaltschaft vorzutragen hatte, plädierte selbst auf Verwerfung der Revision. Dieser fraglos ungewöhnliche Vorgang war für die Ankläger nach meinem Empfinden nicht nur im Grunde die Höchststrafe, sondern auch völlig verdient. Der BGH verwarf die Revision dann auch. Ich hatte auch in zweiter Instanz gesiegt. Vorausgegangen war ein fast dreijähriges Verfahren, das den Steuerzahler sehr viel Geld gekostet hatte, doch niemandem irgendeinen Nutzen brachte.

Bis heute erschließt sich mir nicht, wie jemand, der für die unvergessliche Fußballweltmeisterschaft in Deutschland nur Gutes getan hat und nur Gutes tun wollte, fast drei Jahre lang mit unbegründeten Vorwürfen konfrontiert werden konnte – weil er als Geste Repräsentanten des Landes zu einem Fußballspiel einlud, zu dem sie ohnehin freien Zugang hatten und noch dazu über eine eigene Landesloge verfügten. Diese lag übrigens gleich nebenan. In Spanien würde man treffend sagen: »Mucho ruido y pocas nueces« – »viel Lärm und wenig Nüsse«, oder ganz einfach: viel Lärm um nichts.

Ich war ganz einfach unschuldig, hatte nichts Strafbares getan. Als ich früh im Verfahren zur Vernehmung erschien, hatte die ermittelnde Staatsanwältin in ihrer uns gezeigten Akte nicht viel mehr als ein paar Zeitungsschnipsel. Ich war verblüfft, und ich war schockiert. Als sie mir dann die Einstellung des Verfahrens gegen Zahlung einer Geldauflage in Aussicht stellte, sagte ich zu ihr, dass das für mich vollkommen undenkbar sei.

Ich würde in einem solchen Falle keine 2500 Euro zahlen, keine 250 Euro, und auch keine 2,50 Euro – nicht einmal dann, wenn man sie mir schenkt. Denn Schuld oder Unschuld sind für mich nicht relativierbar. Und einem Ablasshandel stimme ich ohnehin niemals zu.

Mir war damals klar, wie unangenehm und wie langwierig ein solches Verfahren sein könne, wie belastend und wie schwer es durchzustehen möglicherweise sei. Doch all dies konnte mich nicht schrecken. Denn zwischen Schuld und Unschuld gab und gibt es für mich nichts. Und ich war von meiner Unschuld überzeugt.

So war es dann auch: Die Staatsanwaltschaft Karlsruhe klagte mich an, und ich war und blieb unschuldig. Sei konsequent, auch zu einem hohen Preis! Lass niemals deine Unschuld relativieren! Und bewege dich niemals in eine Grauzone hinein! Es war der vielleicht wichtigste Sieg in meinem Leben. Nicht für mich. Aber für den Glauben an den Rechtsstaat, für den Diskurs zwischen Wirtschaft und Politik und auch für den Sport.

Schauspieler und Showmaker

Dabei muss einem immer klar sein, wenn man unbequem ist und konsequent, wenn man einen hohen Preis riskiert, dass man diesen Preis möglicherweise auch zahlen muss, dass man also – wenn es schlecht läuft – auch verlieren könnte. Das hätte in dem Verfahren in Karlsruhe angesichts des enormen auf die verschiedenen Beteiligten wirkenden Drucks unabhängig von der völlig eindeutigen Sachlage und der ebenso klaren Rechtslage möglicherweise auch passieren können. Aber ich habe nie daran gedacht. Nicht eine einzige Sekunde. Sonst hätte ich das alles vielleicht gar nicht durchstehen können. Doch wenn wir die Überzeugung von unserer Unschuld bereit sind zu tauschen gegen Bequemlichkeit und Komfort, dann geben wir uns im Grunde ohnehin völlig auf.

Dass das Unbequeme im Einzelfall durchaus auch verlieren und scheitern kann, selbst dann, wenn es im Recht ist, das kann und darf gleichwohl nicht wegdiskutiert werden. Fast jeder hat das schon einmal im Kleinen erlebt, und auch die große Geschichte hat es oft genug gezeigt. Man muss gar nicht 2500 Jahre bis hin zu Perikles oder Phidias zurückgehen, um entsprechend prominente und extreme Beispiele zu finden. Vor knapp 500 Jahren bediente sich im Jahrhundertprozess von Blackfriars der berühmt-berüchtigte englische König Heinrich VIII. gegenüber seiner Ehefrau, Katharina von Aragon, nicht nur unfassbarer Lügen, sondern legte gleich noch eine gefälschte Unterschriftenliste katholischer Bischöfe vor, um sein Ziel zu erreichen. Wahrheit und Recht standen aufseiten der unbequemen Königin, doch dies half ihr nur wenig. Der mutige Bischof Fisher wurde für das unbequeme Zeugnis der Wahrheit in der Verhandlung vom König im Nachhinein sogar mit dem Tode, der Enthauptung, Entmannung und Ausweidung bestraft – und sein ganzer Orden dazu.

Unbequemlichkeit und Mut zahlen sich nicht in jedem Einzelfall aus. Sie können mitunter sehr gefährlich sein. Aber das darf uns nicht abschrecken, und das ist auch nicht der Regelfall! Der Regelfall ist: Das Unbequeme ist erfolgreich, jedenfalls, wenn man die Dinge nicht vom Anfang, sondern vom Ende her denkt.

Und wenn man konsequent für sein Recht und für seine Werte kämpft. Für den Rechtsstaat und im Rechtsstaat! Ich habe es bereits an anderer Stelle gesagt: Der Rechtsstaat ist unser höchstes kollektives Gut. Das habe ich an verschiedensten Orten und auf verschiedenste Weise immer wieder erfahren, gespürt, erlebt und zu schätzen gelernt. Ich selbst habe keinen einzigen für mich bedeutsamen Rechtsstreit oder Prozess je rechtskräftig verloren. Ich habe am Ende immer bekommen, was ich wollte, und in vielen Fällen noch deutlich mehr. Mit einem meiner Anwälte konnte ich sogar die sagenhafte Erfolgsquote von 30:0 erreichen.

Auch wenn es manchmal ziemlich unbequem und auch einigermaßen ungemütlich war.

Und das Unbequeme ist dann erfolgreich, wenn es authentisch ist. Scheitern wird das Unbequeme und scheitern werden der und die Unbequeme, wenn ihre Unbequemlichkeit nicht authentisch, sondern nur eine Masche oder eine Show ist. Industrieschauspieler und Showmaker mögen Sekundenerfolge landen, langfristig erfolgreich sind sie jedoch nie.

Wahrheit, Klarheit, Konsequenz gehen Hand in Hand. Wahrheit und Klarheit sind bedeutungslos ohne Konsequenz. Sei immer konsequent! Sei auch dann konsequent, wenn dir dafür ein hoher Preis abverlangt wird. Es wird sich zu einem späteren Zeitpunkt auszahlen, und zu einem späteren Zeitpunkt wirst du dankbar sein, konsequent geblieben zu sein. Für mich selbst kann ich eindeutig sagen, dass die Momente der höchsten Konsequenz kurzfristig die größten Schmerzen, Probleme und Friktionen nach sich zogen, langfristig aber stets die allerwichtigsten Entscheidungen in meinem Leben gewesen sind, die mich nachhaltig vor großen Problemen bewahrt haben. In Erlangen genauso wie in Karlsruhe.

Es gibt einfache strukturelle Gründe dafür, dass Konsequenz kurz- und mittelfristig häufig bestraft wird, obwohl sie langfristig – um es mit einem Wort der Bundeskanzlerin Angela Merkel zu sagen – »alternativlos« ist. Wahrheit, Klarheit und Konsequenz sind im Übrigen vielleicht die drei einzigen Dinge, die zumindest für einen integren Menschen wirklich alternativlos sind oder dies zumindest sein sollten. Was politische Einzelentscheidungen oder unternehmerische Strategien angeht, gibt es nichts, das alternativlos ist oder sein darf. Mit Verlaub: Diesbezüglich hat die Kanzlerin in ihrer Rhetorik geirrt. Und auch die Sparguthaben sind nicht einfach deshalb sicher, weil dies politisch alternativlos erscheint. Doch dazu später mehr.

Unbequemlichkeit durch Veränderungsverlierer

Kommen wir zunächst zu den drei wesentlichen Gründen dafür, dass Konsequenz für den Konsequenten in aller Regel unbequem ist – sowie auch Wahrheit für den, der sie ausspricht, in aller Regel unbequeme Folgen haben kann. Zunächst einmal sind Wahrheit und Klarheit per se unbequem, und damit sind natürlich auch die konsequente Anwendung von Wahrheit und Klarheit und die konsequente Schlussfolgerung aus Wahrheit und Klarheit unbequem – zunächst einmal für den Adressaten und damit mittelbar natürlich auch für den Absender.

Zum Zweiten hat Konsequenz vielfach, eigentlich sogar in aller Regel, mit Veränderung zu tun. Veränderungsprozesse jedoch haben Veränderungsgewinner und Veränderungsverlierer. Die Gewinner von guten und fundierten Veränderungsprozessen freuen sich in aller Regel friedlich, ruhig und intern. Die Verlierer der entsprechenden Veränderungen hingegen ärgern sich laut, extern und nicht selten auch unter Verwendung unfairer Mittel.

Nehmen wir als Beispiel eine erfolgreiche Unternehmenssanierung, als Folge derer zigtausend Arbeitsplätze erhalten werden konnten, aber zwei oder drei Dutzend überforderter, veränderungsunwilliger oder vielleicht gar korrupter Manager ihre ach so geliebte Position verloren haben: Die Mehrzahl der im Unternehmen verbliebenen Arbeitnehmerinnen und Arbeitnehmer wird voll hinter dem erfolgreichen Unternehmenssanierer stehen, ihren Chef also loyal unterstützen und vermutlich in Unternehmen, Familie und Bekanntenkreis gut über ihn reden. Die hasserfüllten Exmanager hingegen, die ihre gut dotierten Positionen vielleicht aus gutem Grund auch noch ohne Abfindung oder goldenen Handschlag verloren, werden nicht davor zurückschrecken, alles daranzusetzen, denjenigen, den sie für ihre Misere verantwortlich machen, mit allen ihnen zur Verfügung stehenden Mitteln zu diffamieren und zu diskreditieren.

Und wer die Prozesse und Gesetzmäßigkeiten der modernen Mediengesellschaft kennt, der weiß, dass ein unfairer Gegner oder Feind viel mehr Schaden anrichten kann, als viele faire Freunde an Nutzen stiften können. Dies gilt für die harte Sanierung eines Großkonzerns ebenso wie für die moderate Modernisierung eines Forschungsinstituts, für gekränkte Eitelkeit ebenso wie für verlorene Pfründe.

Unwahre rufschädigende Presseberichte oder »einfache« Verleumdung oder üble Nachrede sind bei Weitem nicht die einzigen Ausdrucksformen medialer Diskreditierungstechniken, die ich selbst schon erleben musste. Ein langwieriges (unbegründetes, aber öffentlichkeitswirksames) Strafverfahren infolge eines »Hinweises« durch einen Journalisten an die Staatsanwaltschaft; eine massive (ebenfalls medienwirksame) Durchsuchungsmaßnahme kurz nach einem Anruf desselben Journalisten bei einer anderen Staatsanwaltschaft; die gezielte Verteilung umfangreicher rufschädigender Dossiers an ausgewählte Presseorgane; eine Ermittlungsakte, deren eigentlicher »Inhalt« mit einem Foto, einem Online-Bericht eines Medienorgans, einem Internet-Suchausdruck und einem Internet-Eintrag beginnt; nächtliche Blog-Einträge rufschädigenden oder auch bedrohenden Inhaltes, die trotz verschiedener »Absender« offenbar von derselben IP-Adresse stammen; die Verbreitung falsch übersetzter und grob verzerrter deutscher Presseberichte ins Ausland als elektronisches Dossier: all das gibt es tatsächlich in der Welt von Bits und Bytes, von Neid und Missgunst, von falschem Ehrgeiz und primitiver Rache.

Jeder konsequente Veränderer ist hiervon im Grunde bedroht. Veränderung ist eben unbequem, und Veränderungsverlierer haben oft ein langes Gedächtnis. Und mitunter ein erstaunliches Standardrepertoire an Reaktionsmöglichkeiten.

Man mag nun fragen, ob es etwa bei Sanierungsprozessen als Beispiel nachhaltiger Veränderung wirklich stets auch Veränderungsverlierer geben muss. Die Antwort lautet: Ja. Aus einem ganz einfachen Grund: Diejenigen, die einen Laden vor die Wand gefahren haben, sind nun einmal in aller Regel nicht dafür prädestiniert und qualifiziert, ihn auch wieder in Ordnung zu bringen. Mir selbst wäre jedenfalls kein einziger Fall bekannt, in dem die Leute, die ein Unternehmen, einen Sportverein oder eine sonstige Organisation zunächst kaputt gemacht hatten, dann auch diejenigen gewesen wären, die die Dinge wieder in Ordnung gebracht hätten. Wenn dir jemand unfair ein Bein bricht, bittest du schließlich auch nicht den Verursacher, die anstehende Operation durchzuführen. Du gehst vielmehr ins Krankenhaus und suchst einen guten Arzt.

Im Übrigen ist es sehr viel sozialer, die Verantwortlichen von Missständen zur Verantwortung zu ziehen (und damit zu Veränderungsverlierern zu machen), als – wie es bei Sanierungen leider allzu häufig der Fall ist – die Menschen, die an der Basis anständig ihre Arbeit leisten und die den Missständen zugrunde liegenden unternehmerischen Fehlentscheidungen weder getroffen noch verantwortet und im Zweifelsfall nicht einmal gekannt haben, für die Folgen der Misswirtschaft etwa durch Massenentlassungen und Arbeitsplatzverlust »zahlen« zu lassen.

Die Treppe sollte immer von oben gefegt werden. Das ist im Einzelfall zwar unbequem, aber es ist auch richtig, konsequent und sozial. Die schwere Sanierung der EnBW ist ebenso wie der Umbau von Sartorius ohne betriebsbedingte Kündigungen erfolgt. Gleichwohl habe ich in meiner Karriere insgesamt mehr als 200 zum Teil oberste Führungskräfte entlassen, deren Verbleib nach meiner persönlichen Überzeugung jeweils die Potenziale der Zukunft hätte gefährden können. Aus heutiger Sicht habe ich mich nur einmal geirrt.

Schwache reproduzieren sich selbst

Hinzu kommt bei Sanierungen, dass der Sanierer nicht wie ein Arzt als Heiler, sondern – anders als der Arzt – als Verursacher der Krankheit oder der Verletzung gesehen wird. Wer sich durch Unfall oder Fremdeinwirkung ein Bein bricht, wird nicht auf die Idee kommen, den ihn behandelnden oder operierenden Arzt als Verursacher dieses Beinbruchs zu betrachten. Das ist bei Sanierungen jedoch ganz anders. Wenn eine Sanierung beginnt, haben sich die Verursacher der Misere in aller Regel schon aus dem Staub gemacht und häufig noch mit einer dicken Abfindung verabschiedet. Adressat aller Unmutsbekundungen ist dann in aller Regel die neue Unternehmensleitung, auch wenn diese mit den Ursachen der Unternehmenskrise und des Sanierungsbedarfs im Einzelfall nichts, aber auch gar nichts zu tun haben mag.

Die Unbequemlichkeit, die konsequentes Handeln so für den Handelnden kurzfristig mit sich bringen kann, ist evident. Sanierung ist unbequem. Für alle. Aber eine gut gemachte Sanierung ist stets auch ein sozialer Akt. Dabei ist ein guter Sanierer im Grunde nicht etwa allein ein Unfallchirurg, sondern vielmehr auch ein Neurochirurg – der Gehirnchirurg quasi des Unternehmens (oder des Ministeriums, der Partei, des Vereins, des Museums, der Universität oder sonstigen Organisation): der nicht nur repariert, sondern das Unternehmen, für das er Verantwortung trägt, zugleich auch in einer Art und Weise neu vernetzt, die langfristigen, dauerhaften und nachhaltigen Erfolg ermöglicht.

Wenn Sanierung erforderlich ist, darf sie nicht am Mangel der Bereitschaft, Unbequemes und Unbequemlichkeit auf sich zu nehmen, scheitern. Wir müssen als Manager häufig Dinge umsetzen und durchsetzen, die unbequem sind. Wir müssen den bequemen Weg des geringsten Widerstandes häufig verlassen,

wenn wir für uns selbst und vor allem auch für andere erfolgreich sein wollen, also etwa für Unternehmen, Belegschaft und
Gemeinwohl.

Das gilt für alle Bereiche unternehmerischer Gestaltung, von
Forschung und Entwicklung über operative Kostensenkung bis
hin zur Personalauswahl. Und es gilt auch für Wissenschaft und
Kultur, für Sport und Politik. Der Weg des geringsten Widerstandes mag der bequemste Weg sein, aber er führt stets in die
Irre – oder aber in eine Sackgasse. Schwache reproduzieren sich
selbst. Im Management, in der Wissenschaft und in der Politik.

Der Zweck heiligt nicht die Mittel

Kommen wir damit zum dritten Grund für die Unbequemlichkeit
der Konsequenz: Wer aufbauend auf Wahrheit und Klarheit mit
Konsequenz handelt, hat, wie schon Fabienne Felsenstein, die
charmant-unbequeme Protagonistin meines Wirtschaftskrimis
Atomblut, in ihrem Tagebuch festhielt, generell einen strukturellen Nachteil gegenüber demjenigen, den schon die Wahrheit als
Grundlage entsprechender Konsequenz nicht interessiert.

Stellen wir uns – ähnlich wie Fabienne – das Leben oder unser
Handeln im Leben als eine Vier-Felder-Matrix vor, bei der auf
der einen Seite zwischen Wahrheit und Unwahrheit und auf der
anderen Achse zwischen Rechtmäßigkeit und Unrechtmäßigkeit
unterschieden wird. Der Integre bewegt sich definitions- und
naturgemäß in mitunter unbequemer Enge nur auf einem der
vier Felder, dem von Wahrheit und Rechtmäßigkeit nämlich.
Sein nicht integrer Gegenspieler hingegen hat den vierfachen
Bewegungs- und Manövrierspielraum: Er hat kein Problem damit, auch die Felder für sein Spiel zu nutzen, auf denen Wahrheit
und Rechtmäßigkeit nicht oder nur eingeschränkt zählen; der

Einsatz von Lüge und Rechtsbruch für seine Zwecke schreckt ihn nicht. Damit ist es völlig klar, dass derjenige, der stets integer handelt, sein Leben durch seine Integrität nicht etwa bequemer, sondern in aller Regel deutlich unbequemer gestaltet – ist er doch schließlich unbequem für diejenigen, die in der Wahl ihrer Mittel nicht zimperlich sind.

Es ist völlig einleuchtend: Wer mehr Mittel und Maßnahmen zur Hand hat, ist zunächst im Vorteil. Das gilt für das Arsenal an Kriegswaffen genauso wie für die Kriege mit Stift und Papier. Doch der Zweck heiligt niemals die Mittel. Wer sich in seinem Handeln auf Wahrheit und Anstand beschränkt, wird am Ende erfolgreich sein – wenn er hinreichend unbequem ist und hinreichend stark und sich auf seine rechten Waffen besinnt. Nichts ist mächtiger als eine Idee, deren Zeit gekommen ist. Das wissen wir vom großen französischen Literaten Victor Hugo. Und nichts ist stärker als eine unbequeme Konsequenz, die auf echten Überzeugungen und wahrhaftigen Werten basiert. Und auch für die Wahl von Worten und Waffen gilt schließlich ohnehin: Jedes Problem holt einen irgendwann ein.

Wie der Staat die Kinder bequem ins Verderben führt

Eines der Probleme, die uns täglich einholen, ist unsere öffentliche Verschuldung. Die Fähigkeit jedes Schuldners zur Rückzahlung seiner Schulden ergibt und bemisst sich aus seiner künftigen finanziellen Leistungsfähigkeit, im Falle eines Unternehmens also aus seinen künftigen Erträgen, das heißt aus seinen zukünftigen Umsätzen abzüglich seiner zukünftigen Kosten, und im Falle von Privatpersonen aus dem Saldo ihrer künftigen Einnahmen und Ausgaben. Jeder Häuslebauer, der ein Hypothekendar-

lehen beantragt, muss deshalb genaue Auskunft über seine Ein-
kommenssituation und seine monatlichen Kosten erteilen.
Keineswegs ergibt sich die Fähigkeit eines Schuldners zur Rückzahlung seiner Schulden aus der Finanzkraft Dritter, die für ihn
weder gebürgt noch seinen Kreditvertrag unterschrieben haben.
Das wissen wir alle. Das verstehen wir alle. Und das akzeptieren
wir auch so.

Doch im Falle öffentlicher Schulden scheinen die Gesetze der
Vernunft außer Kraft gesetzt zu sein. Das beginnt schon damit,
dass Politik, Medien und leider auch der allergrößte Teil der Wissenschaft widerspruchslos eine irreführende Messgröße zur Beurteilung öffentlicher Schulden- und Verschuldungsniveaus heran-
ziehen, nämlich den Prozentsatz, der sich ergibt, wenn man den
jeweiligen Verschuldungsbetrag in Relation zum Bruttoinlandsprodukt (BIP) setzt. Ein Verschuldungsgrad von mehr als 100 Prozent eines jährlichen Bruttoinlandsproduktes wird dann gemeinhin als zu hoch, exzessiv oder auch unverantwortbar bewertet.
Doch die Kennziffer Schulden pro Euro BIP (oder auch Neu-
verschuldung pro Euro BIP) führt uns in die Irre, vernebelt uns
quasi den Blick auf die Wirklichkeit.

Denn der Umsatz bzw. die Einnahmen bzw. das Einkommen
des Staates darf nicht mit dem Einkommen aller seiner Wirt-
schaftssubjekte verwechselt werden. Der Staat als öffentlicher
Schuldner muss seine Schulden ja schließlich aus seinen Steuereinnahmen verzinsen und tilgen, so wie jeder private Schuldner
seine Schulden aus seinem jeweiligen Einkommen abtragen
muss. Das Einkommen des Staates sind seine Steuereinnahmen,
sein Jahresumsatz also eine gesamte Jahressteuereinnahme. Eine
angemessene Beurteilung des Verschuldungsgrades eines Staates
lässt sich also trefflich vornehmen, wenn man seine Schulden
und seine Zins- und Tilgungslasten in Relation zu seinen Steuereinnahmen setzt. Doch dann werden alle roten Linien über-

schritten und alle Kriterien maßvoller Verschuldung maßlos verletzt.

Hinzu kommt: Der Staat bildet, anders als er es selbst von den Unternehmen zu Recht fordert, für sich selbst keine Pensionsrückstellungen und auch keine Rückstellungen für in Zukunft drohende Verluste aus in der Vergangenheit bereits umgesetzten Maßnahmen und getroffenen Entscheidungen. Und solche zukunftsbelastenden Maßnahmen gibt es viele – wer von uns wüsste das nicht ganz genau?

Warum wendet der Staat die Grundsätze, die er anderen vorschreibt, nicht auch bei sich selbst an? Täte er es, dann dürfte der wahre Schuldenberg Deutschlands einschließlich bisher vom Staat bilanziell nicht verarbeiteter Pensionsverpflichtungen und Drohverlustrückstellungen bei etwa 6000 bis 7000 Milliarden Euro liegen. Und wenn endlich angemessene Transparenz über die in Finanzmarkt- und Eurokrise wirklich in Summe überstürzt zusätzlich eingegangenen Verpflichtungen des Staates geschaffen und sauber darüber bilanziert würde, könnte das nachhaltige Schuldenvolumen unseres Gesamtstaates potenziell sogar auf über 10.000 Milliarden Euro ansteigen. Wir sollten uns von den offiziellen Zahlen, die mit mehr als 2000 Milliarden Euro ohnehin schlimm genug sind, also nicht über die Ernsthaftigkeit der Lage hinwegtäuschen lassen. Unsere Staatsverschuldung ist massiv. In Langfristperspektive ist sie dramatisch.

Um bequem die Stimmen der Wähler von heute zu gewinnen, führt der Staat unsere Kinder und Kindeskinder ins Verderben. Die Stimmen von übermorgen interessieren den bequemen Politiker von heute nicht. Und Demokratie in Zeiten der Mediengesellschaft heißt ohnehin, Wahlen zu gewinnen, indem man Wahlgeschenke macht – man könnte vielleicht auch sagen: Wahlsiege mit Geschenken zu kaufen –, für die man am Ende die Beschenkten selbst teuer bezahlen lässt.

Milliardenteure Wahlkampfgeschenke sind ganz furchtbar bequem. Doch 30 Milliarden Euro an Wahlgeschenken hieße selbst in Zeiten hoher Staatseinnahmen nichts anderes als 30 Milliarden Euro leichtfertig unterlassener Schuldenabbau. Die Wähler des Jahres 2050 zahlen so für jede heutige Wahl. Wenn die Politik den Mut zur Konsequenz nicht hat, müssen wir Wähler ihn haben, gegebenenfalls auch zu einem hohen Preis. Institutionelle Untreue gegenüber künftigen Generationen darf jedenfalls nirgends und niemals sein.

Bequeme Steuern, bequeme Enteignung

Kehren wir nochmals zurück zur Frage nach der richtigen Bemessungsgrundlage für die Beurteilung staatlicher Verschuldungswerte. Indem Politik, Medien und auch die internationale Finanz-Community quasi unisono und recht unreflektiert nach wie vor staatliche Verschuldungshöhe in Prozent des Bruttoinlandsproduktes auszudrücken gewillt und die Höhe der dem Staat wirklich zur Verfügung stehenden Steuereinnahmen weitgehend auszublenden bereit sind, unterstellen sie nichts anderes als die jederzeit mögliche Enteignung der Bürger durch den Staat. Sie gehen bei der Bonitätsbewertung staatlicher Schuldner von vornherein davon aus, dass diese im Ernstfall ihre Bürger enteignen, deren Besitz verstaatlichen oder die Steuereinnahmen nach Belieben erhöhen und notfalls ins Unermessliche steigern könnten.

Auf dieser Grundlage macht es in der Tat auch Sinn zu fragen, wie viel Einkommen das gesamte Volk zu erzielen in der Lage ist, und nicht der Staat allein. Und dann wird tatsächlich das Bruttoinlandsprodukt, also das BIP, zur viel interessanteren Betrachtungsgröße als die staatlichen Steuereinnahmen.

Dass dies keinesfalls eine rein theoretische Überlegung ist, zeigen eindrucksvoll die Ereignisse auf Zypern im März 2013. Die Europäische Union höchstselbst als vermeintlicher Hort des sicheren Spargroschens und der sicheren Bankeinlage machte in Aussicht gestellte Hilfen für den Inselstaat abhängig von Bedingungen, die ihrerseits zu einer beträchtlichen Zwangsabgabe der zypriotischen Sparer und Anleger führen sollten. Unabhängig davon, ob eine solche Abgabe nun bei zunächst 4, dann bei knapp unter 10, schließlich bei 20 oder doch 30 und am Ende vielleicht sogar bei 40, 50 oder 60 Prozent liegen sollte, bedeutete sie in der Wirkung nichts anderes als eine Enteignung oder eine indirekte partielle Geldentwertung.

Und allein die sprunghafte Entwicklung der diskutierten und am Ende beschlossenen Zahlen zeigt, wie erratisch, beliebig und scheinbar unerwartet ein solcher Prozess ablaufen kann – beliebig und bequem für die Politik und für die Mehrheit der (zunächst) nicht Betroffenen, unbequem nur für die Minderheit derer, die am Ende die Lasten zu tragen haben.

Doch wer sich heute als Teil der nicht betroffenen Mehrheit wähnt, kann morgen schon Teil einer sehr wohl betroffenen Mehrheit sein. In einem demokratischen Rechtsstaat müssen Minderheiten vor der Mehrheit geschützt werden. Die deutsche Geschichte hat uns dies in furchtbarster und erschreckendster Weise gelehrt. Doch wer schützt eigentlich im Extremfall die Mehrheit vor der Minderheit? Und wer die Interessen realer Mehrheiten vor denen fiktiver Minderheiten? Wer schützt am Ende die Mehrheit vor der von ihr selbst gewählten Politik? Und vor den von ihr selbst gewählten Politikern?

Aus Sicht Deutschlands, das von Angela Merkel noch im September 2013 als »Stabilitätsanker« bezeichnet wurde, mag Derartiges abwegig klingen. Doch wie stabil ist eigentlich ein Stabilitätsanker mit Schulden im Billionenbereich?

Zypern als Vorbild

In welche Dimensionen faktisch enteignende Eingriffe hinein-
reichen können, lässt sich ebenfalls eindrucksvoll dem zypriotischen Beispiel entnehmen: Dabei wurde schließlich – wen wun-
dert es? – ein zweistufiger Prozess beschlossen, bei dem in einem
ersten Schritt eine Zwangsabgabe in Höhe von 37,5 Prozent (auf
Einlagen bei der Bank of Cyprus, die 100.000 Euro übersteigen)
erhoben wurde und ein zweiter Schritt mit weiteren 22,5 Prozent
folgen können sollte, sodass sich für die Betroffenen dann potenziell eine Zwangsabgabe in Höhe von bis zu 60 (!) Prozent ergeben könnte.

Der zweite Schritt ließ – auch dies sollte niemanden gewundert
haben – nicht lange auf sich warten. Bereits im Juli einigten sich
die Zentralbank und das Finanzministerium des Inselstaates mit
Vertretern der Geldgeber dann tatsächlich auf eine Erhöhung der
Zwangsabgabe: Vermögende Kunden der Bank of Cyprus sollten
weitere 10 Prozent ihrer Einlagen verlieren, sodass insgesamt
47,5 Prozent der Guthaben über 100.000 Euro zur Bankensanie-
rung eingesetzt werden. Wie schnell doch aus ursprünglich ange-
dachten 4 Prozent fast über Nacht tatsächliche 47,5 und vielleicht
sogar 60 (oder auch 100?) Prozent werden können!

Wie bequem und einfach ist es da doch für unsere Politik, sich
zu Hause an Zypern und mithilfe der Zyprioten (oder russischer
Anleger auf Zypern) zu profilieren. Mit der Eurokrise haben derartige Maßnahmen nichts, aber auch gar nichts zu tun. Dass sie
gleichwohl als Blaupause für die Bekämpfung auch unserer
Staatsschuldenkrise dienen könnten, haben nicht nur professio-
nelle Anleger, sondern hat auch ein Großteil der Bevölkerung
inzwischen mit Schrecken verstanden. Wie sonst ließen sich
Umfragewerte erklären, die große Zweifel an unserer Währung
ausdrücken und zugleich erstaunliche Hoffnungen auf eine

Wiedereinführung der D-Mark reflektieren? Und wie sonst lie-ßen sich DAX-Rekordwerte in Zeiten erklären, in denen diverse DAX-Schwergewichte mit klar erkennbarem Sanierungsbedarf offenbar schwierigen Zeiten entgegentaumeln?

So konnte es wohl auch niemanden mehr überraschen, dass das Zypern-Modell der Enteignung vermeintlich Wohlhabender, sofern es nicht ohnehin als Pilotprojekt für das Austesten der Re-aktion des europäischen Wahlvolkes konzipiert war, sehr schnell Schule gemacht hat und als Vorbild für ganz Europa propagiert wurde. So wurde schon kurz nach den denkwürdigen Zypern-Ereignissen auch hierzulande und in Brüssel ganz unumwunden zunächst diskutiert und dann sogar als quasi normal – etwa von EU-Kommissar Barnier – sinngemäß ganz offen gefordert, dass dann, wenn große Banken vor die Wand fahren, nicht nur die Eigentümer bzw. Aktionäre dieser Banken, sondern insbe-sondere auch ihre Anleger und Gläubiger zum Zwecke der Ban-kensanierung zur Kasse gebeten werden müssten. Zuerst sollen die Aktionäre zahlen, danach die übrigen Kapitalgeber wie z. B. Anleihebesitzer, und wenn auch das nicht mehr reicht, dann eben die Sparer.

Bundesfinanzminister Wolfgang Schäuble, der die Zypern-Rettung zunächst als »speziellen Einzelfall« bezeichnet hatte, er-klärte dann bereits im April, die »Beteiligung von Eigentümern, nachrangigen Anleihegläubigern und dann ungesicherten Anle-gern« – also auch Sparern! – müsse der »Normalfall« sein, »wenn ein Finanzinstitut in eine Schieflage gerät«.

Mit anderen Worten: Die seinerzeitige Garantie der Bundes-kanzlerin Merkel (und des damaligen Bundesfinanzministers Steinbrück), dass die Spareinlagen in Deutschland sicher seien, ist (trotz zaghafter Wiederholung im TV-Duell vor der Wahl) allem Anschein nach nichts (mehr) wert. Gar nichts! Zumin-dest nicht oberhalb des zypriotischen Schwellenwertes von

100.000 Euro, an dem sich bemerkenswerterweise auch EU-Kommissar Barnier bei seinem Vorschlag orientierte, dem die EU-Finanzminister sofort folgten. Ende Juni verständigten sie sich dann abschließend auf die neuen Haftungsregeln. Dem europäischen Wahlvolk wurde das vorrangig als Entlastung von Millionen kleiner Steuerzahler in allen EU-Staaten verkauft.

Am selben Apriltag 2013, an dem die EU-Kommission ihre Absicht bekannt gab, in Zukunft Sparer in Europa haften zu lassen und an den Kosten einer Rettung ihrer Bank zu beteiligen, und Michel Barnier ankündigte, hierfür einen Gesetzesantrag mit klaren Regeln vorzulegen, kündigte der französische Minister Moscovici seinerseits eine Initiative zur Aufhebung des Bankgeheimnisses in Europa mit den Worten an: »Das Bankgeheimnis ist von gestern.« Es dauerte nur etwas mehr als einen Monat, bis sich die Mitgliedstaaten der Europäischen Union im Mai darauf einigten, das Bankgeheimnis tatsächlich bis Jahresende praktisch abzuschaffen. Wenn die Themen bequem sind, kann sogar Europa schnell sein. Das Bankgeheimnis ist inzwischen offenbar von vorgestern. Und von gestern ist eben ganz offensichtlich das Versprechen der Bundeskanzlerin Merkel, die Sparguthaben seien sicher.

Bequeme Kurswechsel um unbequeme 180 Grad

Wie schnell veränderte Gemengelagen und veränderte Bequemlichkeiten doch zu Kurswechseln um 180 Grad führen können! Es ist wahrlich irre – und allem Anschein nach doch wohl auch irgendwie furchtbar bequem: Zunächst hat unsere Politik die Sparer schützen wollen und dafür die Steuerzahler zur Kasse gebeten und sogar künftige Generationen von Steuerzahlern ins

Risiko getrieben. Nunmehr wollen EU und Bundesregierung bei künftigen Bankenpleiten die Steuerzahler besser schützen und stattdessen im Ernstfall die Sparer haften lassen. Es gibt eben wahrlich nichts, das es nicht gibt.

Es ist noch nicht lange her, dass unsere Politik Hunderte von Milliarden an Steuergeldern heutiger und künftiger Generationen ins Risiko brachte, um mit dem Argument der »Systemrelevanz« Banken zu stützen und somit Sparer zu schützen – Banken im Übrigen, deren Systemrelevanz überhaupt nicht angemessen überprüft worden war, was im Übrigen auch gar nicht möglich gewesen wäre, da dieselbe Politik sich nicht einmal die Mühe gegeben hatte, für den Bürger einmal transparent und nachvollziehbar zu beschreiben, was diese angebliche »Systemrelevanz« denn eigentlich sei oder ausmache. Wie will man schon eine Systemrelevanz attestieren, deren Inhalt und Charakter man gar nicht definiert hat?

Ein Hoch auf das Bequeme und auf die Bequemlichkeit! Als mittelgroße und später auch sehr große Banken zu straucheln drohten und die Politik um die Stimmen eventuell betroffener Sparer fürchtete, zögerten die handelnden Politiker nicht und nahmen Hunderte von Milliarden in die Hand, um rettend einzuspringen – Hunderte von Milliarden fremden Geldes im Übrigen, Geldes der Steuerzahler unserer und der nachfolgenden Generationen nämlich. Als sodann das kam, was kommen musste, eine weitere deutliche Verschärfung der Staatsschuldenkrise nämlich, und als die Masse der Steuerzahler begann, sich um ihr Erspartes und um ihre Währung sowie wegen der immer höheren öffentlichen Schuldenberge zu sorgen, riss die Politik – erneut ohne zu zögern und ohne unnötige unbequeme Analysen und Alternativbetrachtungen – das Steuer herum, um nunmehr ungebremst genau in die entgegengesetzte Richtung zu fahren: in die der Enteignung der Sparer nämlich.

Wirklich überraschend ist all dies indes nicht. Schon in meinem im Jahr 2007 erschienenen Buch *Mut zur Wahrheit* schrieb ich:

>*»Doch betrachten wir auch den zweiten Fall: denjenigen also, in dem die Fehlentwicklungen so weit gediehen sind, dass harte Sanierungsmaßnahmen unumgänglich werden. Bilanzielle Überschuldung ist eine solche Situation in der Welt der Wirtschaft. Und auch hierzu gibt es eine gesamtgesellschaftliche Analogie: Staatsfinanzen nämlich, die aus den Fugen geraten sind. Historisch dominieren dabei zwei Wege zur Überwindung ausgeuferter öffentlicher Schuldenberge: einerseits Krieg, den wir als Problemlösungsansatz für die Zukunft ausschließen wollen, und andererseits Enteignung oder Währungsreform. Es könnte auf unserer heutigen Kulturstufe jedoch einen dritten Weg geben:* **Mut und Intelligenz**. *Nehmen wir die Herausforderung an!«*

Globo und Zechin

Die Prioritäten zwischen Einlagensicherheit, Bankenrettung und Eurorettung wechseln offenbar im Sauseschritt, fast so wie jene zwischen Klimaschutz und Atomausstieg. Und Enteignung oder Währungsreform scheinen noch immer die präferierten Instrumente des Umgangs mit öffentlicher Überschuldung zu sein, wenn Mut und Intelligenz eben nicht ausreichen. Die Idee von Globo oder Zechin liegt offenbar gar nicht so fern.

Damit könnte man das Verschuldungsproblem und das Verteilungsproblem dann gleich simultan lösen. Für die ersten 100 Euro erhält man für jeden Euro 1 Zechin, für die nächsten 1000 Euro schon etwas weniger, für die nächsten 10.000 Euro wieder etwas weniger, bis zu einem Betrag von 100.000 Euro erhält man dann vielleicht für je 10 Euro noch 1 Zechin, und ab 1 Million Euro Barvermögen benötigt man dann vielleicht 1000 Euro, um 1 Zechin zu erhalten.

Und wer ein solches Szenario des Berliner Honorarprofessors Nikolaus Fuchs aufgrund eines fälschlichen Vertrauens in die Stabilität unserer Grundordnung und unserer Währung für vollkommen undenkbar hält, dem sei gesagt, dass die zypriotische Zwangsabgabe ja auch erst nach sozialen Unruhen nur auf Einlagen von mehr als 100.000 Euro erhoben werden sollte. »Kleinanleger bei Banken bleiben verschont – doch Großkunden müssen bluten.« Das meldete *FOCUS Online* um 6:32 Uhr in den frühen Morgenstunden des 25. März 2013, des Montags der Karwoche. Wie treffend. Wie scheinbar gerecht! Und was folgt als zweite Stufe?

Man sei an dieser Stelle vielleicht auch daran erinnert, dass Jürgen Trittin, der vielleicht kompetenteste Umweltminister, den die Bundesrepublik je hatte, und auf jeden Fall der, der die sichtbarsten Spuren hinterließ, schon fünf Tage zuvor, am 20. März 2013, in der Talkshow von Anne Will zur Situation in Zypern wohlklingend und vorausschauend erklärt hatte, die Abgabe müsse »sozial vernünftig gestaffelt sein«. Das hört sich doch sehr gut und auch recht bequem an – wer würde schon ernsthaft gegen soziale Vernunft sein wollen? Wie voraussehbar Politik doch ist, und auch wie bequem. Auch außerhalb von Umwelt- und Energiepolitik.

Ob es sozial vernünftig und gerecht sein mag, dass – wie laut einem Bericht der *Frankfurter Allgemeinen Sonntagszeitung* auch aus Berechnungen der Dekabank und des Instituts der Deutschen Wirtschaft (IW) hervorgeht – Sparer und Besitzer von Geldvermögen auf unserem Erdball mittlerweile ohnehin mehr als 100 Milliarden Euro pro Jahr verlieren, weil in einer beträchtlichen Anzahl von Ländern die Zinsen inzwischen unter der Inflationsrate liegen, bleibe dabei einmal dahingestellt. Dieser Effekt betrifft zudem Kleinsparer deutlich stärker als Millionäre oder Milliardäre, die ihr Geld im Zweifel nicht auf dem nahezu zinslosen Sparbuch bei der nächstgelegenen Kreissparkasse deponieren.

Der Nebel ist jedenfalls gelichtet. Die Politik – einzelne ihrer Repräsentanten einschließlich Jürgen Trittin selbstverständlich ausgenommen – und ihre Gläubiger gehen offenkundig bereits davon aus, dass der Staat im Zweifel auf das (gesamte!) Einkommen und Vermögen seiner Bürger zurückgreifen wird. Doch das sollte uns umso mehr zu denken geben. Kaum ein öffentlicher Schuldner hat je seine Schulden zurückbezahlt – zumindest dann nicht, wenn er nicht etwa ein teures Stadtwerk oder eine wertvolle Immobilie zum Versilbern hatte. Der Weg zum Schuldenschnitt lag dann stets in Krieg, Enteignung oder Geldentwertung. Das wissen offensichtlich auch die Gläubigerinstitute.

Es gibt also nur einen Weg für den Bürger: Schuldenabbau sofort, Schuldenbremse sofort, Vorfahrt für Kinder! Wer künftige Generationen mit Schulden überhäuft, gefährdet Frieden, Demokratie und die Zukunft unserer Nachkommen. Wer als Pilot eine Schuldenbremse in der Verfassung verankert und zuvor noch neue Schulden anhäuft, ignoriert die Instrumente an Bord.

Die Zahlen bleiben eben immer die Zahlen. Und die kann man immer nur für einen begrenzten Zeitraum schönen, verkleistern, beschönigen oder frisieren. Im Unternehmen wie im Staate, im Fußballklub wie auch daheim. Und am Ende steht dann, wenn man nicht konsequent war, meistens die Katastrophe. Ein weiterer wichtiger Grund, immer konsequent zu sein!

12. DENKE DAS UNDENKBARE

Das wohl größte und großartigste Ereignis des 20. Jahrhunderts war ohne jeden Zweifel die Mondlandung. Vor John F. Kennedy erschien sie kaum denkbar, mit ihm wurde ihre Erreichbarkeit zur Vision – und nach seinem viel zu frühen Tode sogar zur Realität. Das Undenkbare zu denken schafft neue Perspektiven, es sogar anzustreben ist mitunter die beste Option.

Das bisher für den Menschen in der Grenzenlosigkeit des Universums wirklich Erreichbare war der Mond. Als das realistisch zu erreichen Denkbare gilt noch immer der Mars. Doch wenden wir uns einmal den heute noch schier undenkbaren Dimensionen möglicher künftiger Reisen zu: Von der Erde bis zur Sonne sind es etwa 150 Millionen Kilometer. Von der Erde in die andere Richtung, zum äußeren Ende unseres Sonnensystems also, etwa zum Neptun als dem von der Sonne am entferntesten kreisenden Planeten, sind es mehr als 4 Milliarden Kilometer – circa 30-mal so weit wie bis zur Sonne, mehr als 10.000-mal so weit wie bis zum Mond. Das Licht benötigt von der Sonne zur Erde in etwa 8 Minuten und 19 Sekunden, für seine deutlich längere Reise zum Neptun ungefähr 4 Stunden und 10 Minuten, also vielleicht so lange wie ein ICE von Duisburg nach Berlin.

Der nächste Stern außerhalb unseres Sonnensystems ist Alpha Centauri, streng genommen ein Doppel- oder sogar Dreifachsonnensystem mit zwei umeinander rotierenden Sonnen und einem weiteren sehr viel kleineren Stern als ständigem Begleiter. Alpha Centauri ist etwa 4,3 Lichtjahre entfernt, eine Reise des Lichtes dorthin und zurück dauert mithin knapp 9 Jahre. Könnten wir Menschen mit einem Flugzeug Alpha Centauri besuchen, so müssten wir für die Hin- und Rückreise auch ohne die Einplanung irgendwelcher Besichtigungen ungefähr 9 Millionen Jahre veranschlagen.

10 Trilliarden Sterne, 100 Milliarden Galaxien

Doch mit unserem und mit dem Sonnensystem von Alpha Centauri hätten wir als Weltraumtouristen erst zwei und nur zwei von etwa 100 Milliarden Sternensystemen unserer eigenen Galaxie, der Milchstraße, kennengelernt. Das Licht, das von der Sonne zur Erde weniger als 9 Minuten und von der Erde nach Alpha Centauri etwas mehr als 4 Jahre unterwegs ist, benötigt etwa 180.000 Jahre, um ein einziges Mal von der einen zur anderen Seite unserer Milchstraße zu reisen. Und wir selbst bräuchten auch mit modernster Raketentechnologie länger für diese Reise, als unsere Erde überhaupt existiert.

Doch auch diese Reise ist gemäß den Maßstäben des Universums nur ein Kurztrip, übersetzt in die Maßstäbe der für uns vorstellbaren Welt wohl nicht einmal ein Caféausflug von München nach Starnberg. Wollten wir nämlich mit Lichtgeschwindigkeit zu unserer Nachbargalaxie Andromeda reisen, so bräuchten wir dafür ungefähr 2,5 Millionen Jahre. Blieben wir jedoch auf die Geschwindigkeit moderner Langstreckenjets beschränkt, so müssten wir ungefähr 2,5 Billionen Jahre für unsere Reise veranschlagen, 2500 Milliarden Jahre also, und damit ein Vielhundertfaches des Zeitraumes irdischer Existenz.

Und selbst dies wäre in menschliche Maßstäbe übersetzt kaum mehr als ein Kurzurlaub von Hamburg nach Sylt. Hätten wir nämlich den Andromeda-Nebel als Vielflieger schließlich erreicht, so müssten wir feststellen, dass wir noch immer nur zwei von etwa 100 Milliarden Galaxien des Universums bereist hätten.

Was all dies mit unserem Thema und mit diesem Buch zu tun hat? Nun, ich denke, um das Undenkbare zu denken – um es denken zu wollen und um es denken zu können! –, müssen wir zunächst eine gewisse Vorstellung davon haben, wie undenkbar klein mitunter unsere eigene Vorstellungskraft ist und wie undenkbar begrenzt damit fast ständig auch unser Lösungsraum. Suchen wir nämlich nach Lösungen für Probleme jeglicher Art, so tun wir dies in aller Regel innerhalb der Gedankenwelt, die wir kennen, in den Bahnen, die wir gewohnt sind, und in der Dimension, die sich unserem Denken am besten erschließt.

Der Gordische Knoten

Es gibt nichts, das es nicht gibt. Das gilt leider für die Perfidie und Perversion des Denkens und Handelns mancher Menschen, aber zum Glück auch für die große Bandbreite und Auswahl von Problemlösungsmöglichkeiten in noch so schwieriger Situation. Denke also stets das Undenkbare, wenn du anderen in schwierigen Situationen gegenüberstehst, und beziehe stets in dein Handeln und Denken mit ein, dass andere zu Handlungsoptionen greifen könnten, die für dich undenkbar erscheinen, und dass sie möglicherweise Denkstrukturen anwenden, die dir fremd waren und sind. Aber denke auch stets daran, dass das scheinbar Undenkbare dir selbst helfen kann, deine Probleme zu lösen.

Die Erweiterung des Lösungsraumes als entscheidenden Hebel für bahnbrechende Fortschritte hat schon Alexander der

Große vorgelebt, etwa beim Durchschlagen des Gordischen Knotens. Da, wo viele, ja alle gescheitert und verzweifelt waren an der Aufgabe, einen derart komplexen Knoten zu entflechten, tat er das, was für alle anderen außerhalb ihrer Denkmöglichkeiten gelegen hatte: nämlich den Knoten nicht zu entflechten, sondern ihn vielmehr zu durchschlagen. Erweitere den Lösungsraum und schaffe damit durch scheinbar undenkbare Lösungen auch unerwartete Lösungen für jedes denkbare Problem.

Die größten Probleme, die ich je hatte, die zu lösen auch mir fast unmöglich erschien, bewältigte ich am Ende stets, indem ich den Lösungsraum erweiterte, indem ich das tat, womit niemand rechnete und auch nicht rechnen konnte – niemand außer mir selbst. Indem ich neue Lösungsräume mit neuen Lösungen fand. Indem ich immer wieder neue, auch unbequeme Wege ging. Indem ich Spielregeln akzeptierte, aber neue Spielzüge ersann. Mein Handeln war im Hinblick auf seine Richtung und seine Regeln stets klar und stets planbar, da ich meine Werte kaum je verschob. Aber die konkrete Handlung ließ sich niemals erwarten, auch wenn ich über meine Ziele und Intentionen nie jemanden belog.

Erinnern wir uns an Maccobys Kategorisierung: Ich bin ein Jungle Fighter. Ein Dschungelkämpfer verändert nicht die Spielregeln. Aber er erweitert den Lösungsraum. Für Dschungelkämpfer gibt es weder eingetretene noch ausgetretene Pfade. Dschungelkämpfer beschreiten Neuland. Auf dem Wege mutiger Exkursion. Dschungelkämpfer wissen niemals, was sie erwartet. Und müssen deshalb oft selbst das Unerwartete tun.

Das Unerwartete zu tun kann beispielsweise bedeuten, demjenigen Widerstand entgegenzusetzen, der dieses nie kannte. Demjenigen zu widersprechen, für den es Widerspruch nie gab. Demjenigen zu trotzen, dessen Druck stets obsiegte. Ihn genau dort anzugreifen, wo er noch nie verlor.

Im Extremfall kann es bedeuten, den Gegner mit den eigenen Waffen zu schlagen, aber nicht etwa indem man sich selbst auf die Felder von Unrecht und Lüge begibt, sondern vielmehr indem man den Gegner erfolgreich in den Bereich von Wahrheit und Anstand lockt. Den Lösungsraum zu erweitern heißt also nicht, die Spielregeln zu verändern. Es heißt vielmehr, die eigenen Möglichkeiten zu vergrößern, indem man dem Gegner gewohnte Wege versperrt.

Die Physiker Dürrenmatts lassen uns lernen, dass alles Denkbare irgendwann gedacht wird und dass das einmal Gedachte nicht mehr zurückgenommen werden kann. Doch das Undenkbare zu denken, ist vielleicht der wichtigste Schlüssel überhaupt für persönlichen und institutionellen Erfolg. Das Undenkbare zu denken, ermöglicht zum einen die Erweiterung des Lösungsraumes für eigene Handlungen und gibt damit mehr und auch bessere Optionen für erfolgreiche Aktion.

Das Undenkbare zu denken hilft zum Zweiten, besser die – vielfach wirklich schier unfassbaren und manchmal geradezu unvorstellbaren – Handlungen von Gegenspielern vorauszuahnen und damit auch zu entschärfen. Und zum Dritten hilft das Denken des Undenkbaren auch dabei, die Absurdität unserer Welt ein wenig besser zu verstehen und zu verinnerlichen. Das wissen wir ja schon von dem berühmten französischen Schriftsteller Camus und aus seinem großen Werke *Die Pest*: Wer die Absurdität unserer Welt verstanden und verinnerlicht hat, kann auch leichter mit ihr umgehen und mit ihr fertigwerden. Wer den Umgang mit der Absurdität gelernt hat und das Absurde als ständigen Begleiter akzeptiert, der fühlt sich auch freier, gegen die Unterdrückung zu kämpfen – auf politischer Ebene und solidarisch, im eigenständigen Handeln und moralisch, oder physisch direkt im Angesichte der Pest.

Und damit kann er auch durch »undenkbares Denken« zu undenkbarem Erfolg gelangen.

Bleib immer du selbst!

Das Undenkbarste von allem Undenkbaren ist für viele vermeintlich erfolgreiche Manager und Politiker in unserer auf Anpassungs- und Verhaltenseliten fokussierten Mediengesellschaft, auch nur ein einziger Tag sie selbst zu sein. Den Erwartungen einer schablonenhaften chiffrierten Welt der Vorstandsetagen und Regierungskorridore an homogenes Auftreten, konforme Verhaltensmuster und stereotype Entscheidungsregeln zu entsprechen, hat für sie oberste Priorität. Unter keinen Umständen wollen sie ihr individuelles Fortkommen und ihren individuellen Vorteil durch zu viel Individualität gefährden. Bloß nicht aufzufallen – und schon gar nicht durch allzu unbequeme Ideen oder allzu individuelle Kreativität –, erscheint ihnen als gebotene Handlungsmaxime zur Risikominimierung auf dem eigenen sorgfältig vorprogrammierten Karriereweg.

Und alle, aber auch alle, die so denken und handeln, irren! Es ist nämlich nicht nur die vielleicht höchste Form der Unbequemlichkeit, sondern auf jeden Fall die höchste Form des Glücks, man selbst sein zu dürfen, und auch den Mut zu haben, man selbst sein zu wollen.

Wir leben zwar in aller Regel so, als hätten wir viele Leben, doch auch da irren wir stark. Wir haben nämlich nur eines. Und wenn wir uns in diesem einen Leben nicht einmal trauen, wir selbst zu sein, wofür haben wir es dann geschenkt bekommen, wofür haben wir dann am Ende gelebt?

Welchen Wert hat es, ein Individuum zu sein, wenn man sich nicht traut, es auch sein zu wollen? Solange wir uns dabei innerhalb der Grenzen von Legalität, Anstand und Toleranz bewegen, sollte es fast eine Verpflichtung sein, das Geschenk des individuellen Lebens anzunehmen und dementsprechend auch individuell leben und das Leben als echtes Individuum wahrnehmen zu wollen.

Sei du selbst! Und bleib du selbst! Stets und immer. An jedem Tag, in jeder Stunde, in jeder Minute, zu jeder Sekunde. Das soll keineswegs heißen, dass Exzentrik um der Exzentrik willen weiterführt oder sinnvoll ist. Doch unbestreitbar ist, dass Authentizität, Individualität und Integrität des persönlichen Handelns untrennbar miteinander verbunden sind. Akzeptier und ertrag dafür auch den Neid derer, die nie den Mut haben, sie selbst zu sein!

Wie traurig ein Leben sein und enden kann, in dem um des Erfolges willen die Individualität und das Man-selbst-Sein stets verdrängt wurde, mag das fiktive Beispiel eines Spitzenmanagers belegen, der sein gesamtes Leben einem einzigen großen Oberziel untergeordnet hat, sich dementsprechend stets angepasst, eingezwängt und politisch korrekt verhielt, sich nicht ein einziges Mal traute, das zu sagen, was er für die Wahrheit hielt, und schon gar nicht die Kühnheit besessen hätte, auch nur einen einzigen Tag er selbst zu sein. Und man stelle sich nun vor, aus Gründen, die vielleicht auch noch außerhalb seiner Kontrolle lagen, hätte er sein Lebensziel am Ende dann doch nicht erreicht, wäre womöglich sogar erst einige Zentimeter vor dem Zieleinlauf gestoppt worden – und auf dem Weg dahin niemals er selbst gewesen.

Die persönliche Tragödie eines solchen Menschen ist so tief und vielschichtig, dass es für denjenigen, der so etwas nicht erleben musste, wohl kaum möglich ist, das erlittene Leid nachzuempfinden. Und schlimmer wird das Ganze noch dadurch, dass der ein Leben lang verpasste Mut und Wille, man selbst zu sein, am Ende nicht mehr nachholbar ist. Ein verfehltes Lebensziel und ein verpasstes Leben. Das hat wahrlich fast niemand verdient.

Zeiten, Räume und Wege

Daraus können wir ein Weiteres lernen: Wir sollten uns stets zeitraum- und nicht zeitpunktbezogene Ziele setzen. Wer das Ziel hat, einmal im Leben eine ganz bestimmte Position zu erreichen, geht damit gleich zwei große Risiken ein: Erreicht er dieses Lebensziel nie, ist er im Grunde gescheitert. Erreicht er es jedoch am Ende – egal ob zügig, spät oder zu spät –, dann hat er Zufriedenheit und Glück doch erst danach wirklich erlebt.

Wer sich jedoch stets zeitraumbezogene Ziele setzt, provoziert diese Risiken nicht. Er kann seine Ziele stets modifizieren, anpassen an jede neue Situation. Er kann seine Ziele stets auch erreichen, egal ob er schon alt ist oder noch jung. Am einfachen Beispiel veranschaulicht: Wer plangemäß immer eine Hierarchiestufe höher und erfolgreicher war als seine Altersgenossen, aber am Ende den letzten Schritt an die Spitze nicht mehr ging, hat zeitraumbezogen gewonnen und deutlich übererfüllt. Für wen hingegen nur der größte Schritt zählte, hat nichts auf dem Wege je wirklich gezählt, er hat auf dem Wege nicht wirklich gelebt.

Der Weg ist das Ziel. Das gilt für den persönlichen Lebenslauf des Einzelnen genauso wie für die großen Aufgaben der Allgemeinheit und für die große Politik. Und der Weg nimmt unerwartete Wendungen, im Privaten fast immer, und im Großen doch auch. Und unerwartete Wendungen resultieren mitunter aus radikalen und undenkbar scheinenden Lösungen, oder sie zwingen umgekehrt sogar dazu. Die Energiewende beispielsweise wird, anders als die meisten meinen, ganz sicher nicht mit 1 Million über Jahrzehnte im Voraus geplanten Klein-Klein-Maßnahmen erreicht werden. Sie wird viel eher mit ein oder zwei völlig überraschenden, radikalen und fundamentalen Maßnahmen irgendwo zwischen Erdkern und Strom aus dem Weltall gelingen. Mit Visionen und Visionären, die die Kraft haben, die Energiewelt zu transformieren – so wie Mark Zuckerberg die Welt von Kommunikation und persönlicher Relation mit vermeintlich einfachen, aber umso fulminanteren Grundideen für immer verändert hat.

Aus welchem Holz er geschnitzt ist, konnte man allein daran sehen, dass er laut Medienberichten angeblich schon mehrere Milliardenangebote für sein damals vergleichsweise noch recht kleines Unternehmen abgelehnt hat. Solche Menschen, die für ihre Ideen vor Begeisterung brennen, werden die Energiewende bewerkstelligen und ihr unerwartet positive Wendungen geben – und nicht fachfremde Politiker, sachfremde Verwalter oder irgendwelche Steigbügelhalter auf der vermeintlichen Erfolgsleiter in einem großen Konzern.

Vom Ausnahme- in den Normalzustand

Und die Energiewende wird auch eine ganz andere, entscheidende positive Folgewirkung haben: den Übergang der Energiewirtschaft nicht etwa in den Ausnahmezustand, sondern vielmehr in den Normalzustand einer Branche mit Wettbewerb.

Gemäß einer in diesem Jahr durchgeführten Umfrage halten angeblich mehr als 70 Prozent der Konzernführungskräfte der Energiewirtschaft ihre aktuellen Geschäftsmodelle für nicht überlebensfähig. Das ist dramatisch, und das klingt wahrlich nach Ausnahmezustand. Doch mit der Energiewende als solcher hat das im Grunde gar nichts zu tun. Die Energiewende – dies ist ausdrücklich zu konstatieren – hat nicht etwa einen Ausnahmezustand zur Folge, und sie verunmöglicht schon gar nicht die langfristige Überlebensfähigkeit vernünftiger Geschäftsmodelle; sie kann vielmehr zu einem Normalzustand einer wettbewerbsorientierten Energiebranche führen. Der Weg ist auch hier wohl das Ziel.

In der Energiewirtschaft regierte über Jahrzehnte das Paradigma infrastruktureller Macht, die sich selbst perpetuiert. Wer vorgestern die Macht über Kraftwerke und Netze hatte, bestimmte gestern über Umsatz und Ertrag. Doch in der normalen Wettbewerbswirtschaft gelten andere Regeln. Hier ist derjenige oder diejenige erfolgreich, der oder die am besten weiß, was die Kunden übermorgen wollen und wie man dies vielleicht schon morgen erfüllen kann. Innovation und Kunde sind die Schlüsselworte für Erfolg. Und wenn die angekündigte und vielleicht irgendwann auch einmal realisierte Energiewende zumindest dies eine erreichen kann, dass auch in der Stromwirtschaft in Zukunft Innovationskraft und Kundenorientierung über Ertrag und Erfolg bestimmen, dann hat sich die ganze Anstrengung tatsächlich gelohnt.

Kehren wir ein letztes Mal zu Sven Gábor Jánszki, dem zukunftserforschenden Wissenschaftler und geschäftsführenden ThinkTanker, zurück. In seinen Worten hört sich das wie folgt an: Der Infrastrukturbesitz trennt sich von der Macht über den Geschäftsmodellbesitz. Oder vereinfacht ausgedrückt: In der alten Welt zählte der Besitz von Infrastruktur, in der neuen Welt zählt die Macht von Ideen.

Und damit die Macht des Unbequemen! Und das keineswegs nur im Bereich von Strom und Energie. Schwimmen wir mit undenkbaren Ideen und undenkbarer Energie doch einfach erfolgreich gegen den Strom!

DAS BEQUEME UND
DAS UNBEQUEME: TEIL 2

Bequem ist der Kernenergieausstieg, unbequem sind seine Folgen.

Bequem sind unsere Schuldenberge, unbequem ist ihre Last.

Bequem ist ein jedes Wahlkampfversprechen, unbequem aber die Arbeit danach.

Bequem ist die Abschaffung des Sitzenbleibens, unbequem seine Vermeidung durch Leistung mit Spaß.

Bequem muss es wohl sein, aus der Kindertagesstätte direkt auf einen Ministersessel zu wechseln, unbequem wäre die alternativ nötige Plackerei.

Bequem ist der politisch-mediale Populismus, unbequem die kompetenzbasierte Demokratie.

Bequem ist die Erhöhung weniger Steuern für wenige, unbequem die Erhöhung aller Steuern für alle, noch unbequemer die Reduktion der Ausgaben für den Staat.

Bequem ist die Forderung einer Frauenquote, unbequem das Schaffen wirklicher Chancen.

Bequem ist die Einführung der Schwulenehe, unbequem das Vorleben wahrhafter Toleranz.

Bequem und unterhaltsam wären Diskussionen über eine Quote für Transen, unbequem und anstrengend hingegen die Rettung von Währung und Geld.

Bequem wünschen wir uns das Heute und Morgen, unbequem wird die Zeit noch danach.

Bequem wäre stetiges Glück mittels gespritzter Substanzen, unbequem ist vielfach das Streben nach Sinn.

Bequem wäre es, ohne Not zu leben, unbequem erscheint oftmals das Helfen in der Not.

Unbequem sind Leben und Sterben, wirklich bequem ist einzig der Tod.

NACHWORT: RICHTIG UNBEQUEM

So bleibt am Ende noch eine Frage offen. Eine Frage zu unserem Leben. Zur Nutzung unseres Rechtes auf Unbequemlichkeit. Und unserer einmaligen Chance dazu.

Denken wir zum Schluss einmal das wahrlich Undenkbare. Vergessen wir all das, was wir von Einstein schon wissen, ignorieren wir Wurmlöcher, vernachlässigen wir die Frage der Überwindung von Zeit und Raum. Stellen wir uns stattdessen eine ganz einfache Fragen, die Unbequemste von allen vielleicht: Würden wir unser Leben, dieses wohl einzige, das wir haben, noch einmal genau so nutzen? Würden wir alles wieder genau so tun – auch mit der Möglichkeit der nochmaligen Chance?

Eine wahrlich schwierige Frage, vermutlich für jeden von uns: Würde ich, falls ich es könnte, rückblickend in meinem Leben heute irgendetwas anders machen? Oder käme wieder alles genau so, hätte ich noch einmal die Wahl?

Würde ich wieder dieselbe Frau lieben? Ja! Wäre ich noch einmal ein Fan von Joe Jordan, Kenny Dalglish und Ian Rush? Ja! Würde ich wieder träumen zur Musik von Rod Stewart, Stevie Nicks und Jeff Lynne? Ja! Würde ich wieder mit Jimmy Connors fiebern? Ja! Würde ich wieder dieselben Entscheidungen treffen? Mit den damaligen Erkenntnissen und den damaligen Informationen: Ja. Mit dem heutigen Wissen: Ja – fast alle zumindest. Zwei konkrete Einzelentscheidungen sähen wohl heute ganz anders aus, aber das ist ohnehin längst Geschichte, von einem bösen und auch einem verlorenen Traum.

Doch eines, ja, eines würde ich grundsätzlich ändern, sehr grundsätzlich sogar, hätte ich rückblickend noch einmal die Chance dazu: Könnte ich mein Leben noch einmal leben, dann wäre ich *unbequemer* – gewagter in meinen Fragen, konsequenter bei meinen Sanierungen, revolutionärer in meinen Gedanken, härter in meinen Auseinandersetzungen, radikaler in meinen Positionen, ehrgeiziger in meinen Zielen, provokanter in meinen Visionen, kompromissloser bei der Verwirklichung eines jeden Traums.

Unbequemer würde ich sein wollen, unbequemer als nur unbequem, und vor allem in allen Gedanken unbequem frei. Das können wir lernen von Alexander dem Großen und von Caesar, von Ferdinand Piëch und von Steve Jobs, von James Watt und von Alexander Bell. Unbequem erfolgreich sein und erfolgreich unbequem, erfreulich unbequem und fast grenzenlos frei.

Das wäre es, was ich mir wünschte: *Richtig unbequem* sein. Und richtungsweisend unbequem, ganz im Sinne dieses Buches.

„Der Staat hat sich erpressbar gemacht."

376 Seiten | gebunden mit Schutzumschlag
ISBN 978-3-96774-066-1

In seiner erstmals im Juni 2009 erschienenen messerscharfen Analyse von Finanzmarkt- und Bankenkrise erklärt Utz Claassen, warum eine Politik, die Schulden mit Schulden bekämpft, in die Katastrophe führen muss. Mit verblüffender Klarheit hat der Autor die Eurokrise und die Schuldenkrise Europas vorausgesagt – Jahre vor anderen und mit unvergleichlicher Deutlichkeit. Eine Pflichtlektüre gerade heute!

Zu bestellen unter www.utz-claassen.de

Utz Claassen

„Deutschland ist ein Sanierungsfall!"

384 Seiten | gebunden mit Schutzumschlag
ISBN 978-3-938017-83-8

Der *WirtschaftsKurier* bezeichnete dieses erstmals im März 2007 erschienene Buch als „Pflichtlektüre für Politik und Wirtschaft" und als die vielleicht „beste Analyse die zu den wirtschaftspolitischen Problemen Deutschlands in den letzten zehn Jahren geschrieben wurde". Claassens Vorhersagen zu öffentlicher Schuldenkrise und Schuldenrepublik haben sich präzise und erschreckend bewahrheitet. Zur Bundestagswahl 2013 wurde sein Buchtitel sogar als Wahlkampfslogan verwendet.

Zu bestellen unter www.utz-claassen.de

Utz Claassen